这才是好看的
化学史

［美］亚瑟·格林伯格 著
Arthur Greenberg

梁思思 译

Picturing Chemistry from Alchemy
to Modern Molecular Science

A CHEMICAL
HISTORY
TOUR

北京时代华文书局

图书在版编目（CIP）数据

这才是好看的化学史 / (美) 亚瑟·格林伯格著；梁思思译. -- 北京：北京时代华文书局，2025. 1.

ISBN 978-7-5699-5859-1

Ⅰ. O6-091

中国国家版本馆CIP数据核字第2024JE6501号

A Chemical History Tour: Picturing Chemistry from Alchemy to Modern Molecular Science

by Arthur Greenberg

ISBN 978-0-471-35408-6

Copyright © 2000 John Wiley & Sons, Inc.

All Rights Reserved. This translation published under license with the original publisher John Wiley & Sons, Inc. Simplified Chinese translation copyright ©2025 Beijing Times Chinese Press.

No part of this book may be reproduced in any form without the written permission of the original copyrights holder.Copies of this book sold without a Wiley sticker on the cover are unauthorized and illegal.

北京市版权局著作权合同登记号 图字：01-2020-0667

ZHE CAI SHI HAOKAN DE HUAXUESHI

出 版 人：陈 涛
策划编辑：周 磊
责任编辑：周 磊
责任校对：陈冬梅
装帧设计：程 慧 迟 稳
责任印制：刘 银

出版发行：北京时代华文书局 http://www.bjsdsj.com.cn
　　　　　北京市东城区安定门外大街138号皇城国际大厦A座8层
　　　　　邮编：100011 电话：010-64263661 64261528

印 　 刷：天津裕同印刷有限公司
开 　 本：710 mm×1000 mm 1/16　　成品尺寸：170 mm×240 mm
印 　 张：21　　　　　　　　　　　　字 　 数：346千字
版 　 次：2025年1月第1版　　　　　　印 　 次：2025年1月第1次印刷
定 　 价：78.00元

"欢乐，欢乐，欢乐，欢乐的眼泪！"

——摘自缝在布莱瑟·帕斯卡①一件衣服衬里中的手稿的译文

现在，我内心的喜乐，

汇集成一首歌；

全能的爱激发着我的心，

快乐使我的舌头变得柔和。

——摘自《非洲》，选自美国作曲家威廉·比林斯创作的《歌唱大师的助手》（1778 年）

---

① 布莱瑟·帕斯卡（1623—1662），法国数学家、物理学家、哲学家、散文家。

前　言

亲爱的读者，这本书精选了化学史的要点，旨在使您拥有轻松愉快的阅读体验。我希望能够为教授化学相关课程的老师和学习化学相关知识的学生、从事科学和医学相关事业的专业人士，以及对科学、艺术品及插图鉴赏感兴趣的大众读者提供一本有趣、有吸引力并且信息丰富的图书。本书图文并茂，以翔实的文字解释细节和概念，并且像任何一场旅行一样向游客展示与众不同的风景。

一场化学历史之旅意味着既要浏览又要阅读。本书从化学的实用、医学和神秘起源开始，通过图片①和文字介绍了化学演变为现代科学的过程。我们的旅程始于1738年出版的《物理学的秘密》隐喻性的扉页，这是德国化学家约翰·约阿希姆·贝歇尔（1635—1682）提出燃素概念的文本的最后一个版本，并以48个铁原子的"量子围栏"——使用扫描隧道显微镜（STM）将它们——放到对应位置作为结束。本书的后记包括了现代诗人谢默斯·希尼②的三篇诗作中的描述意象的部分。本书追溯了炼金术向燃素演变的过程，并研究现代化学发展的关键步骤。本书介绍的内容从19世纪开始逐渐减少，并且经过慎重考虑有意减少叙述20世纪的相关内容。

人类将事物具象化的需要是本书的另一个非常重要的主题：四种元素、三个原理、柏拉图多面体（如立方体）、带有或不带有"钩子"的微粒或原子、原子的二维"团"、二维分子、三维分子、"手挽着手的仙女"、"球棍式"和"空间填

---

① 本书中很多图片出自化学文献的珍本、善本，图中与本书主要内容相关的部分均有相应文字说明。为了让读者能够更好地赏析图片，编者仅对极个别图片进行修改，请读者对图中的内容注意辨析。

② 谢默斯·希尼（1939—2013），爱尔兰诗人，获得1995年诺贝尔文学奖。

充式"模型、原子行星模型、电子排布在立方体角上的八隅体结构、共振结构、用"弹簧"连接的原子、原子和分子轨道以及在计算机屏幕上的原子图像。这些图像将在本书中多次出现。

化学史是非常有趣的，它的起源既神秘又实用。物质的起源是什么？它是从"虚无"中产生的，还是从亚原子粒子中产生的，或是由一些基本的初级物质（原初物质）产生的？底层结构物质又是怎么样的呢？它是无限可分的吗？它达到分割的极限了吗？即使在今天，可能也有人质疑一个金原子是否真的是黄金：要制造一个导电且有光泽的亚微观簇，需要多少个金原子？酸的"原子"有尖锐的角吗？水的"微粒"是光滑的吗？物质会进化吗？长生不老药是什么？是青春之泉吗？我们是用更强的毒药来对抗毒药（或疾病），还是试图中和它？一方面，我们可以用苏打中和胃酸，减轻胃酸过多引起的不适；另一方面，我们可以用有毒的金属物质治疗性病，就像我们用攻击DNA的毒性药物治疗癌症一样。

本书中关于20世纪的化学进展内容比较少，因为如果增加这方面内容的话，本书将会被指数级爆炸的信息淹没。此外，目前的化学教科书中已经包括不断得到证实的现代发现。本书可以对化学教科书进行补充，并使课程的内容变得生动。除此之外，本书还包括了亚原子结构的发现过程、X射线晶体学、基于八隅体规则[①]的柯塞尔-路易斯-朗缪尔键合图、量子力学的发展——元素周期表的基础及共振理论等内容。本书也介绍了DNA双螺旋结构，因为这是结构化学的胜利，DNA的结构解释了它的功能。实际上，DNA的功能——复制，意味着DNA的结构可能具有"二元性"。

本书以21世纪的两个结构化学的例子作为结束。第一个例子是使用预先构建的"玩具部件"（线性或弯曲的双功能分子；三角形平面或三角锥体三功能分子）合成纳米多面体。只要按正确的比例混合，我们即可在约10分钟内以接近100%的收率形成多面体。这一方法的诀窍是通过利用次级键的特点复制自然过程，次级键会不断成键、断键、成键……直到系统自我组装成理想的结构。由

---

① 八隅体规则是化学领域的一个简单规则，它指出各个原子趋向组合，使各原子的价层都拥有八个电子，与稀有气体的原子拥有相同的电子排布。主族元素，如碳、氮、氧、钠、镁等都依从这个规则。

此获得的纳米十二面体使人想起了约2 500年前毕达哥拉斯对天体或第五种元素（"以太"）的假设。第二个例子是使用扫描隧道显微镜及其改进版观察单个原子，我们甚至可以逐个移动原子。在这方面，本书介绍了约翰·道尔顿在1803年提出原子论后，人们在100多年内一直不愿意承认原子存在的情况。实际上，在20世纪初，原子论被普遍接受之前的"几分钟"里，路德维希·玻耳兹曼[①]自杀了，部分原因据说是他未能说服所有物理学家和化学家相信原子的存在。扫描隧道显微镜将48个铁原子"结合"在一起形成"量子围栏"，甚至提供了直观的"波粒二象性"的图像。

因为有很多没有涉及的地方，所以我期望书评家对本书进行合理的批评。我坦率地承认，化学史上还有无数其他发现。对于那些被遗忘或受到冷遇的发现，我在此表示歉意。然而，我希望这本书是有用的，能够让非专业人士体验到阅读的乐趣，而更百科全书式的介绍将无助于实现这一目标。尽管我试图多介绍一些西方世界以外科学家对化学的贡献，但我知道本书对中国、印度、阿拉伯世界等地区的学者对早期科学贡献的介绍并不多，我对此深表歉意。实际上，这主要是因为我可以获取的印刷书籍是有限的，而非有意为之。

在试图让我们的旅行愉快和轻松的同时，本书也解决了一些重要的问题，这些问题在入门课程中常常过于轻率或令人困惑，很难教会。然而，我确实尝试运用了幽默的语言和一些在乔叟和拉伯雷的文艺复兴时期的作品中显而易见的朴实的风格。通过提供一些插图，我希望能让读者了解化学史的表达和阐释方式，以及化学史与更广泛的文化之间的联系。我希望本书的趣闻轶事可以让学习化学知识的过程变得轻松一些。如果读者在阅读本书的过程中发现了学习化学的乐趣，那我将深感欣慰。

亚瑟·格林伯格

----

① 路德维希·玻耳兹曼（1844—1906），奥地利物理学家，气体动理论的奠基人之一。

致　谢

　　我创作这本书的灵感是受罗阿尔德·霍夫曼[①]与艺术家维维安·托伦斯合作撰写的《想象中的化学：对科学的反思》激发的。我要感谢罗阿尔德·霍夫曼教授对我的部分手稿给予善意的回复及他对我的其他慷慨帮助，我也非常感谢杰斐瑞·斯达奇欧博士对这个项目的早期鼓励。我要感谢我的女儿蕾切尔对本书中大部分内容进行细致的检查，她的合理怀疑给了我动力。我的儿子大卫在艺术上的努力是另一种激励。我还要感谢我亲爱的妻子苏珊对我作品的支持、宽容和评论。我要感谢我的老朋友和同事乔尔·利伯曼教授的评论和建议，感谢我在北卡罗来纳大学夏洛特分校化学系的同事丹尼尔·拉比诺维奇教授提出的意见与建议。我还要感谢我的父亲穆雷·格林伯格，他在工业化学领域有着漫长且成果颇丰的职业生涯。艺术系同事丽塔·舒梅克为本书绘制了两幅原创插图，以助于理解相关的文字。英语系苏珊·加德纳教授使我对该项目重拾信心，并成为我想象中的读者。她温柔地鼓励我创造性地进行写作尝试，为本书增添了多元文化视角，帮我进行了轻松又严格的编辑，提醒我注意英语和法语中的错误。我还要感谢约翰威立国际出版集团的芭芭拉·戈德曼博士对该项目的早期建议和她对该项目的信心，以及约翰威立国际出版集团的吉尔·罗特和北卡罗来纳大学夏洛特分校的罗恩·刘易斯，和他们一起工作很开心。除非另有说明，本书中的图画均来自我自己收藏的图书或艺术品。

---

① 罗阿尔德·霍夫曼（1937—　　），美国化学家，康奈尔大学教授。他主要从事物质结构的研究，在固体与表面化学方面有突出贡献，并于1981年获得诺贝尔化学奖。

目　录

第一章
实用化学、采矿和冶金

第二章
精神炼金术和寓言炼金术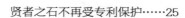

第三章
医用化学和散剂制备

第四章
新兴科学——化学

第五章
现代化学的诞生

第六章
化学变得专业化，并应用于农业和工业

第七章
普及化学知识

第八章
对化学键的现代观点的探讨

结语

第一章
实用化学、采矿和冶金

这到底是什么东西？

这个寓言人物（图1）代表什么呢？这个肌肉发达的秃子的头部周围排列着代表着金属的原始符号。过于完美的圆形头部似乎与代表黄金的完美圆圈对应。

这些元素也出现在了人物的肠子中，其中包括锑和硫。现在，我们对这幅图本质的认识开始有了一些端倪。任何对这幅图进行进一步解释的尝试都属于心理学领域，而非科学领域了。实际上，著名的心理学家卡尔·荣格拥有一批珍贵的关于炼金术的书籍和手稿，并就此主题创作了大量文章。

炼金术的核心是假定一种基本物质或状态，即原初物质（Prima Materia），这是所有物质形成的基础。原初物质的定义很广泛，一部分是属于化学层面的，而另一部分是属于神话层面的：汞、铁、金、铅、盐、硫、水、空气、火、土、月亮、龙、露水。从更接近哲学的层面来说，原初物质被定义为地狱和地球。卡尔·荣格认为17世纪有关炼金术的书中的另一幅图像描述了原初物质，那是一个类似的肌肉发达的地球的人物，正在哺育"哲学家之子"，图像中的人物也有乳房。这种雌雄同体的人让人想起从亚当衍生出夏娃以及随后人类繁衍生息的故事。

我们应当使用地球这一比喻，因为它似乎能够帮助我们理解元素的存在方式。位于胸口下部的小人可以被认为是一种大地精灵，滋养着万物生长（参见下方的植被）和金属的"繁殖"。金的独特位置（头部以及肠的最高层）暗示着嬗变，即贱金属向贵金属转化。人物分别拿着代表和声的竖琴和代表对称的等腰三

1

图1 约翰·约阿希姆·贝歇尔的《物理学的秘密》的最终版本（莱比锡，1738年）的扉页。这幅画像可能代表着原初物质

角形。这是真正的炼金术士感知到艺术和自然合二为一的隐喻。

此幅图是德国化学家和内科医生格奥尔格·恩斯特·施塔尔（1660—1734）在1738年出版的《物理学的秘密》一书的扉页。这是约翰·约阿希姆·贝歇尔于1669年出版的那本著名的《物理学的秘密》的最后一个版本。贝歇尔从炼金术的概念演化出化学的第一个统一理论——燃素理论，随后被施塔尔加以利用。因此，让我们从炼金术的演变、精神信仰和早期化学科学等主题开始我们的阅读之旅。

物质的实质：四种（或五种）元素；三种（或两种）原理；三种（或更多）原子微粒

古希腊哲学家不是科学家，但他们是最初的思想家，试图在逻辑的基础上解释自然，而非通过关于神的幻想。这项运动之父被认为是泰勒斯[①]。在公元前6世纪，泰勒斯认为水是一切事物的本质（我们将在后文指出，在17世纪中叶，扬·巴普蒂斯特·范·海尔蒙特[②]有相似的观点）。泰勒斯被认为曾预测过公元前585年的日全食，据说那是在一次海战中发生的，不过目前没有任何证据表明他拥有预测日全食的知识基础。他在迈尔斯学校的继任者之一是恩培多克勒。恩培多克勒是第一个提出所有物质都由四种同等重要的原始元素组成的西方人。在公元前1500年前后，在埃及、印度和中国也有人提出了类似的想法（五元素理论）。图2描绘了四种地球元素，它出现在塞维利亚主教圣伊西多尔创作于公元7世纪的《世界之星的回答》（奥格斯堡，1472年）中。

尽管恩培多克勒撰写了关于物质实际的物理结构的文章，但直到公元前5世纪，米利都学派的两位哲学家才阐明了一种条理清晰的原子论。留基伯[③]的文章没有流传下来，但人们普遍认为他是真实存在的，而他的学生德谟克里特[④]的一些著作也广为人知。这些学者认为，万物的本原有两个：原子（希腊文为atomos，意思是"不可分割的"）和空间（源自真空，意思是"空的"）。他们认为，空间与原子一样是真实存在的，"水原子"是光滑的，而"铁原子"是锯齿状的。

亚里士多德（前384—前322）被认为是古希腊最伟大的两位思想家之一。他提出，在天空上层有一种原始元素"以太"，并认为地球上的四种元素分别代表四种基本特性（干、湿、冷、热）中两种特性的组合：土=干+冷；水=湿+冷；气

---

① 泰勒斯（约前624—约前547），古希腊时期的思想家、科学家、哲学家，希腊最早的哲学学派米利都学派的创始人。

② 扬·巴普蒂斯特·范·海尔蒙特（1580—1644），比利时化学家，是炼金术向近代化学过渡时期的代表性人物，他认为元素是相互嬗变的。

③ 留基伯（约前500—约前440），古希腊唯物主义哲学家，原子论的奠基人之一。

④ 德谟克里特（约前460—前370），古希腊唯物主义哲学家，原子论的奠基人之一。

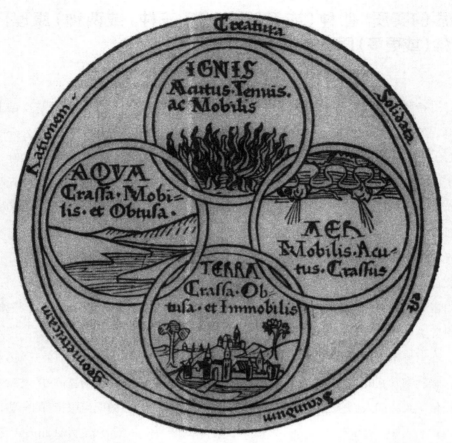

图2 古人认为的四元素：火、气、土和水。图片出自圣伊西多尔的《世界之星的回答》（奥格斯堡，1472年）（由耶鲁大学拜内克古籍善本图书馆提供）

=湿+热；火=干+热。元素和它们的特性之间的关系可以用一个正方形来描述，该正方形很好地在对边放置了相反的特性。直到18世纪，正方形是经常出现在炼金术手稿和书籍中的基本符号之一。液体（富含水）既冷又湿，而其蒸气（富含空气）又热又湿。要使液体蒸发，只需要增加热量，从正方形的冷的一边移到热的一边。溶解固体（富含土），则要加湿；燃烧固体，则要加热。火不是固体、液体或气体，而是内部能量的一种形式。18世纪安托万−洛朗·拉瓦锡（1743—1794）提出的"热质说"也许与此有关。

亚里士多德并不认同原子论，部分原因是他不相信空间可以是空的。伟大的数学家和哲学家勒内·笛卡尔（1596—1650）认同这种观点，他只设想了物质的两种原则（范围和运动），却不认同亚里士多德提出的四种基本特性。范围的观念使笛卡尔拒绝了有限原子的观念和他认为荒谬的真空的观念，他认为"自然界中不存在真空"。因此，在17世纪和18世纪，笛卡尔学派和微粒学派（微粒在概念上与原子相似，但在本质上是不同的）之间发生了论战，微粒学派的代表人物包括罗伯特·玻意耳（1627—1691）和艾萨克·牛顿（1643—1727）。

在文艺复兴时期，古希腊的自然观最终受到了帕拉塞尔苏斯[①]等人的挑战。帕拉塞尔苏斯扩展了早期的一种物质观点，认为物质是哲学家的崇高硫黄（"智慧之硫"，通常被描述为具有男性特征）和哲学家的高贵水银（"智慧之汞"，通常被描述为具有女性特征）的结合体。这些与我们现在公认的硫和汞的化学元素无关。帕拉塞尔苏斯在此基础上添加盐作为第三本原。他认为：水银是精神，硫黄是灵魂，盐是物质实体。这种关系被描绘成一个三角形，这是整个18世纪关于炼金术的手稿和书籍中的一个伟大的隐喻：万物由三种本原以不同的比例组成。

---

① 帕拉塞尔苏斯（1493—1541），瑞士医生、炼金术士和社会伦理学家，被誉为"药理学之父"，他将化学元素单质和化合物应用于医学治疗。

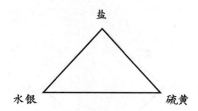

在本书的后文（图43）中，我们在16世纪的帕拉塞尔苏斯学派化学家奥斯瓦德·克罗尔的《皇家化学》中看到了两个这样的三角形符号。奥斯瓦德·克罗尔提出了帕拉塞尔苏斯式的炼金术：下方的三角形代表生命、精神、身体（或火、空气、水，或动物、植物、矿物质）。在炼金术中，三角形和正方形的符号比比皆是。北美印第安人中的苏族人把圆形视为他们的最高理想："生命之环"、帐篷、篝火。在19世纪的讽刺作品《平面国》中，埃德温·艾勃特描绘了一种世代完善的机制：三角形衍生出正方形，正方形衍生出五边形，依此类推，一个边很多的多边形就接近于圆了，这暗示一种代际演变。

现代观点认为：原子是可分割的，并且构成所有元素的所有原子的基本粒子是质子（带正电荷）、中子（不带电荷）和电子（带负电荷）。由质子和中子组成的原子核密度大得难以想象，而且只占据了原子体积的很小一部分。带正电荷的原子核和带负电荷的电子可以被认为是现代意义上的"对立面"（顺便说一下，正电荷和负电荷是本杰明·富兰克林[1]命名的）。电子被认为是具有无限寿命的基本粒子，实际上是被称为轻子的六种亚原子粒子之一。质子和中子不被认为是基本粒子，它们是被称为强子的一类非常复杂的亚原子粒子中的两种。在原子核外部，一个自由中子的半衰期约为15分钟。一个中子会衰变为一个质子、一个电子（β粒子）和一个反中微子（另一个轻子）。因此，基于这种观点，我们可以画出一个帕拉塞尔苏斯式的三角形，但不是等边的，因为中子可以产生其他两种粒子。现代的原初物质可以被认为是一颗致密的中子星。

---

[1] 本杰明·富兰克林（1706—1790），美国政治家、科学家、作家、发明家以及外交官，美国开国元勋之一。

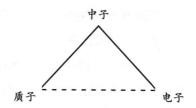

统一无穷小和无穷大

试图使宇宙协调统一是人类的天性，因此我们试图使无穷小与无穷大统一。毕达哥拉斯和他的追随者发展了一个纯粹的数学概念的宇宙。伯纳德·普尔曼[①]指出："事实上，毕达哥拉斯学派认为数字是万物的本质，数字是真实事物的源泉，数字构成了世界。"

在毕达哥拉斯去世大约2 400年后，德米特里·伊万诺维奇·门捷列夫（1834—1907）创建了元素周期表。当时，他不太可能理解元素周期率产生的原因。但是在1926年，埃尔温·薛定谔（1887—1961）提出的量子力学以现在学生在高中会学到的四个量子数（n、l、m和s）为基础，解释了元素周期表。如果毕达哥拉斯听到这些理论，他一定会很高兴，但并不会感到惊讶。

图3摘自约翰内斯·开普勒（1571—1630）于1619年出版的《宇宙和谐论》。这幅图的右中部有五种柏拉图多面体（正多面体），它们的表面由正三角形、正方形或正五边形组成。人们普遍认为，毕达哥拉斯学派的菲洛劳斯将四种地球元素等同于这些正多面体。从上中部开始，按照逆时针顺序，我们可以看到正四面体（代表火）、正八面体（代表气）、立方体（代表土）和正二十面体（代表水）。柏拉图添加了第五种正多面体，正十二面体代表宇宙（类似于亚里士多德的以太）。正四面体是这些正多面体中最锋利的，因此火是"最具穿透力"的元素。正十二面体

---

① 伯纳德·普尔曼是法国化学家，在量子化学和生物物理化学方面有重要成果。

是最像球体的、最完美的，它的五边形也很独特——我们不能像使用三角形、正方形和正六边形那样用五边形铺地板。柏拉图进一步设想，四种地球元素本身都是由基本三角形组成的：等腰直角三角形A（由立方体表面的正方形对半分开而得）和直角三角形B（由正四面体、正八面体或正二十面体的等边三角形面对半分开而得）。土是由等腰直角三角形A组成的。气、火和水是由直角三角形B组成的，因此可以相互转换。

约翰内斯·开普勒在1596年出版的《宇宙的奥秘》一书中提出了太阳系的模

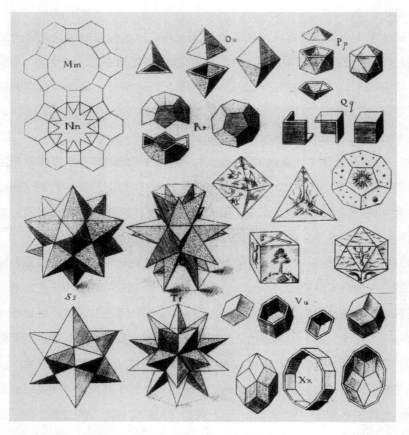

图3 约翰内斯·开普勒的《宇宙和谐论》（林茨，1619年）中的多面体。注意图中右中部的五个柏拉图多面体，分别代表了地球上的四种元素气、火、水和土，以及第五种元素宇宙（由康奈尔大学克洛奇图书馆珍稀资源与手稿部提供）

型，将六颗已知行星的轨道置于同心排列的五个柏拉图多面体构建的六个同心球上。对此，雅各布·布洛诺夫斯基①说："所有科学都是在隐藏的相似性中寻找统一的。"他进一步指出："对我们来说，开普勒把天体行星运动与音乐联系起来的想法是很牵强的。但是，这种想法难道比20世纪英国物理学家欧内斯特·卢瑟福（1871—1937）和丹麦物理学家尼尔斯·玻尔（1885—1962）建立的与太阳系在各方面都相似的原子行星模型更加天马行空吗？"

"在地球播种金属"

在17世纪初期，化学开始成为一门科学。它的起源包括实用化学（开采和提炼金属；制作珠宝、陶器和武器）、药物化学（使用草药和由其制成的各种制剂治疗疾病）以及神秘的信仰（寻找贤者之石②或长生不老药）。

图4是拉撒路·埃克尔的著作《地下世界》的德文版最终版本（1736年）的扉页。该书于1574年在布拉格首次出版。与16世纪的许多书籍不同，这部关于矿石、检验和矿物化学的重要作品的作者在采矿工艺方面具备丰富经验，因此这本书的内容清晰而简单。由于这个原因（以及精美的插图和装帧设计），这本书在160多年中多次重印再版。本书1736年版的印版是由印制1574年版的原始印版制成的，在印制各个版本时，这些印版逐渐累积轻微的损坏。这部作品的价值非常高，这促使印刷商小心翼翼地保存这些原始印版。

这幅漂亮的版画描绘了上帝将金属播种到地球上（当时的人们认为金属会在地球上自然繁殖），以及人类在开采、分析和精炼金属时的艰辛劳动。尽管当时的人们已经认识了七种金属（金、银、汞、铜、铅、锡和铁），再加上砷和硫，就是古代人们知道的九种元素单质，但当时人们对它们的看法肯定不同于现代人

---

① 雅各布·布洛诺夫斯基，科普作家，著有《人类的攀升》。
② 贤者之石是传说中的物质。西方炼金术士认为贤者之石可以将贱金属变成贵重金属（例如黄金），因此贤者之石又被称为点金石。

图4 拉撒路·埃克尔的《地下世界》德文版的最终版本（法兰克福，1736年）的扉页

们对元素的看法。它们在当时被人们认为是相当神秘的组合，例如盐、"智慧之汞"和"智慧之硫"。

化学符号

图5所示的化学符号出自《皇家药典》一书于1678年出版的英文版。该书作者摩西·查拉斯为了逃离宗教迫害而离开法国，他融入了查理二世时期英国开明的知识分子圈子。查理二世特许成立了英国皇家学会，其成员包括罗伯特·玻意耳、罗伯特·胡克和艾萨克·牛顿。

图5列出的元素包括前文描述的九种古代元素，以及其他一些易于分离的元素。当然，金是"惰性的"，在自然中通常以单质形式存在，并且其密度很高（金的密度是沙子密度的10多倍），使其可以通过淘金采集。事实上，我们现在知道稀有气体，例如氦、氖、氩、氪和氙，在自然界中也不会与其他元素结合，但它们是无色无味的。无论如何，我突然超前了200多年介绍关于稀有气体的内容，我要为我被热情冲昏头脑而向读者道歉。

如图5所示，元素与星体及其符号存在联系的想法可能借鉴了中世纪阿拉伯文化的思想。黄金与阳光的关系是非常明显的，其他元素与星体的关系则比较微妙。例如在古人看来，水星是在天空中移动最快的行星，因此被比作罗马神话中众神的使者——有翅膀的信使墨丘利，而翅膀很好地说明了水银具有较强的挥发性。土星是古人观察到的最遥远的行星（天王星、海王星分别在18世纪、19世纪被发现）。土星在天空中明显运动缓慢，因此被比作行动特别缓慢的农业之神萨图恩（Saturn），正好与铅密度大、沉重的特点对应。一个阴沉的（saturnine）人是迟钝的或阴郁的。

让我们回到现代隐喻的用法上，以有毒元素铅为基础，参考普里莫·莱维[①]所

---

① 普里莫·莱维（1919—1987），意大利作家、化学家。

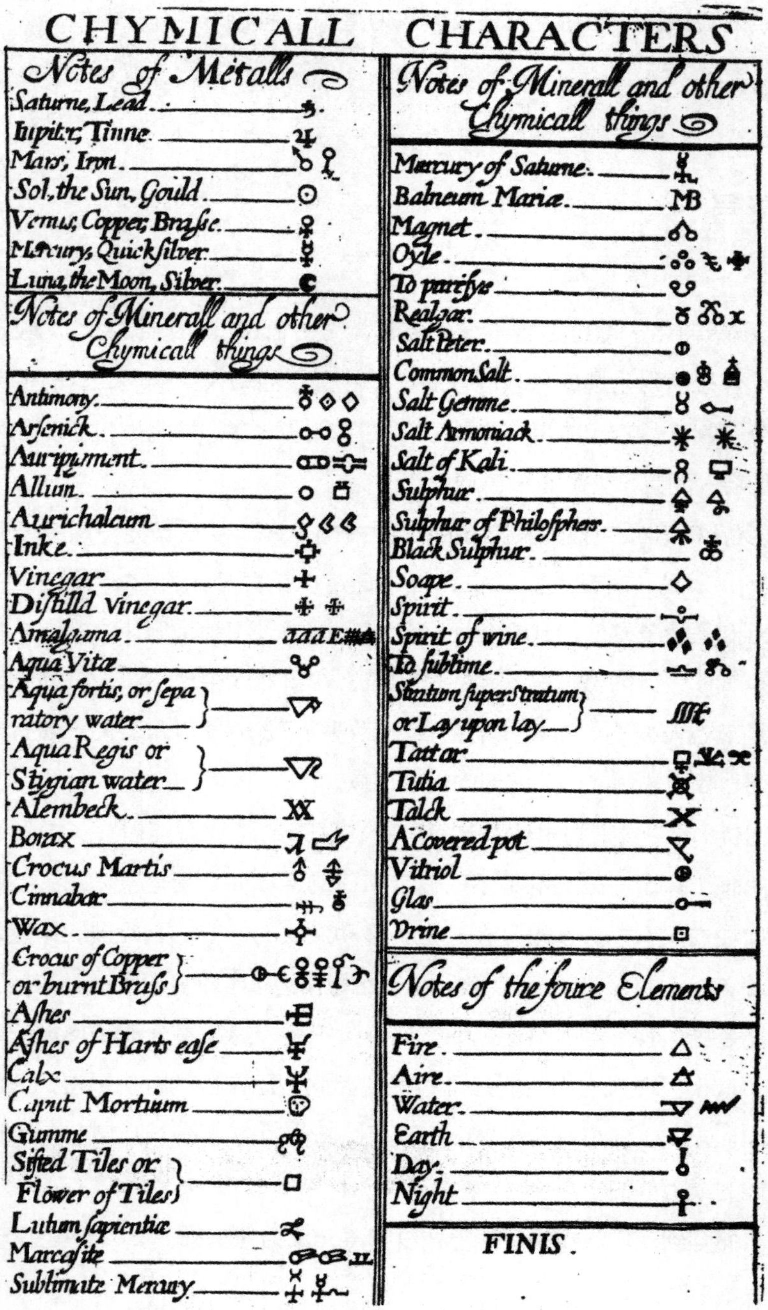
CHYMICALL CHARACTERS

Notes of Metalls

Saturne, Lead
Iupiter, Tinne
Mars, Iron
Sol, the Sun, Gould
Venus, Copper, Brasse
Mercury, Quicksilver
Luna, the Moon, Silver

Notes of Minerall and other Chymicall things

Antimony
Arsenick
Auripigment
Allum
Aurichalcum
Inke
Vinegar
Distilld vinegar
Amalgama
Aqua Vitæ
Aqua fortis, or separatory water
Aqua Regis or Stigian water
Alembeck
Borax
Crocus Martis
Cinnabar
Wax
Crocus of Copper or burnt Brass
Ashes
Ashes of Harts ease
Calx
Caput Mortuum
Gumme
Sifted Tiles or Flower of Tiles
Lutum sapientiæ
Marcasite
Sublimate Mercury

Notes of Minerall and other Chymicall things

Mercury of Saturne
Balneum Mariæ
Magnet
Oyle
To purifye
Realgar
Salt Peter
Common Salt
Salt Gemme
Salt Armoniack
Salt of Kali
Sulphur
Sulphur of Philosphers
Black Sulphur
Soape
Spirit
Spirit of wine
To sublime
Stratum super Stratum or Lay upon lay
Tartar
Tutia
Talck
A Covered pot
Vitriol
Glas
Vrine

Notes of the foure Elements

Fire
Aire
Water
Earth
Day
Night

FINIS.

图5 摩西·查拉斯的《皇家药典》中的化学符号（伦敦，1678年）

著的《元素周期表》一书，他通过隐喻，用21个故事说明了21种元素。例如：

我父亲和我们罗德蒙德家族的其他人一直从事这个行当：了解某种重岩石，在遥远的国度发现它，以我们所知的某种方式对其进行加热，并从中提取黑铅。在我出生的村庄附近有一座大型铅矿的矿床，据说它是由我的一位祖先发现的，他被称为"蓝牙的罗德蒙德①"。那是一个住着很多铅匠的村庄。那里的每个人都知道如何冶炼和加工铅，但是只有我们罗德蒙德家族的人知道如何找到那些岩石，并确保它们是真正的铅矿石，而不是众神散布在山上以便欺骗人类的众多重岩石。众神让金属的矿脉在地下生长，但将它们隐藏起来。寻找这些矿石的人与矿石几乎算是对手，所以不被众神所爱，众神会想方设法迷惑他们。众神不喜欢我们罗德蒙德家族的人，但我们不在乎。

除了我以外，所有的人都继续从事之前的营生：如果没有我们，铅就无法出现在人世间，因此我们的生活离不开铅。我们的技艺使我们变得富有，但也使我们英年早逝。有人说，发生这种事情是因为金属进入了我们的血液，慢慢让血液枯竭。其他人则认为这是众神的复仇。但无论如何，对我们罗德蒙德家族的人而言，生命短暂并不重要，因为我们富有、受人尊敬，并见识世界。

因此，我开始旅行，离开了祖上五代人生活的地方，寻找可以被冶炼的岩石，并向他人传授冶炼技艺以换取黄金。我们罗德蒙德家族的人是巫师：我们点铅为金。

古代人用肉眼可以看出火星是红色的，就像铁锈一样。从直觉上讲，将火星（英语里另一个意思为"战争之神"）与铁（武器的原材料）以及血液关联起来是很合理的。20世纪末，企业高管往往在会议上佩戴被称为"权力领带"的红色领带。古人的直觉的确以非常奇妙的方式得到了证实：1976年，美国航天局发射的火星探测器成功着陆火星，发现火星的土壤中含有大量氧化铁。古人在地球上

---

① 牙龈边缘出现灰蓝色线条是铅中毒的症状之一。

用肉眼对火星进行分析的结果还真是挺准确的。

不过，火星在约13 000年前将自己的信使——陨石ALH84001发送到了南极洲。通过将陨石的碳酸盐球状物中的碳同位素含量与火星探测器发回的数据进行比较，科学家发现陨石ALH84001来自火星。其中有含铁的晶体，铁的硫化物与铁的氧化物共存，这是有生命活动的迹象，因为这两种物质在非生物条件下基本上是不能共存的。尽管还没有被广泛接受，但是科学家得出了一个令人震惊的结论：

尽管对这些现象都有各种不同的解释，但当把这些因素综合起来考虑时，尤其是考虑到它们在空间上的联系，我们得出的结论是：陨石ALH84001是火星早期存在原始生命的证据。

实用化学：开采、分析和精炼

图6描绘了16世纪晚期一个化验实验室内部的景象。图6至图16与图4一样，源于1736年版的拉撒路·埃克尔的《地下世界》。

图7描绘了一台正在冲洗冲积型金矿矿石的机器。金的密度很高，为19.3g/cm³（水的密度为1.0g/cm³，汞的密度"仅"为13.6g/cm³），因此其很容易与沙子、其他矿物分离。

图8描绘了制作烤钵灰皿的操作。烤钵冶金法是一种提纯矿石中金或银的技术。烤钵灰皿是由打磨过的骨头制成的杯状物体，里面放有磨碎的矿石，矿石主要是硫化物。在空气中加热，使硫化物焙烧，在形成较低级金属（活性更高）的氧化物的同时使金或银熔化。较低级金属的氧化物被吸进了器皿中，而金或银的液滴留在烤钵灰皿表面。为了制造烤钵灰皿，人们将小牛或羊骨焙烧（在露天加热）、碾碎、磨成粉末，然后用烈性啤酒将骨灰调成糊状，再将骨灰置于制作烤钵灰皿的模具中（见图8中的A和C），并用面灰覆盖。根据拉撒路·埃克尔的说

图6 16世纪晚期的化验实验室

图7 一台16世纪的冲洗冲积型金矿矿石的机器

图8 将焙烧过的碎骨粉碎后与啤酒调成糊状，然后做成烤钵灰皿。铁等贱金属的氧化物被吸进器皿，而熔融的金或银则留在其表面

法，最好用牛犊的额骨制作骨灰。然后，塑形好的灰皿被敲打并成形（见H，一个人在敲打灰皿），将其从模具中取出（见B和D，以及灰皿堆E），最后待其晾干。在图8中，G是一个洗骨灰的人，F是一堆洗过的骨灰球。

图9描绘了一个化验师的秤，包括锻造的横梁（A）、半个卸扣（C）、末端的钩子（F）、挂着绳子的结（K）、秤盘（L）、尖头化验镊子（M）等。

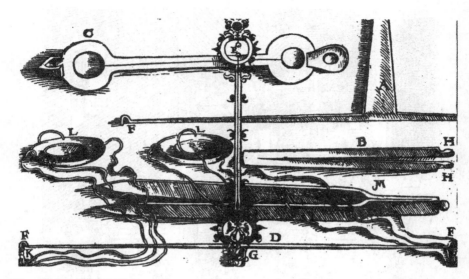

图9 16世纪的化验师用的秤

图10描绘了金精矿的汞齐化和通过汞齐蒸馏回收汞的过程。人们最早发现的化学原理之一是相似相溶，这可以解释为什么油在水上漂浮，而酒精可以与水以任意比例混合。在常温常压下，汞为液态，可以溶解其他纯金属，并形成被称为汞齐的汞合金。相对温和地加热汞合金可让汞从被处理的汞合金中挥发。但是，汞不能溶解金属的盐、氧化物和硫化物。因此，根据拉撒路·埃克尔的描述，先将粉碎的金矿石用醋浸泡两三天，然后手工洗涤并揉搓，再将其放入汞中用木杵在如图10所示的混汞器（F）中研磨。①当时的人们可以通过挤压皮袋提纯汞，见图10中的皮袋（L和G）。从汞合金中蒸馏出汞要使用一个被称为炼丹炉（A）的大炉子，炼丹炉提供均匀且稳定的热量。图10还描绘了侧面腔室（B）、陶器接收器（C）和蒸馏头（D），以及可出于冷却目的将水倒在其上的盲头（E），分为下部（H）和上部（K）的装要加热的汞合金的铁罐。图10还描绘了一个人使用鼓风炉（M）熔化黄金的场景。

---

① 汞有剧毒，它导致19世纪的制帽工人神经受损，即"疯帽病"。这是《爱丽丝梦游仙境》中参加茶话会的"疯帽匠"患的职业病。20世纪后期，人们一直担心用来制造牙齿填充物的汞合金会不断释放汞蒸气。

图10 用汞溶解金精矿中的金，然后加热金汞齐，将汞蒸馏出来

　　王水（由三份盐酸与一份硝酸混合而成）具有溶解金并使其易于回收的宝贵特性（详见后文相关论述）。图11显示了王水的蒸馏过程，其中包括炼丹炉（A）、玻璃蒸馏头（D）和接收器（E）。

图11 王水的蒸馏过程，王水能够溶解黄金

图12描绘了使用"分离酸"分离金和银的过程。"分离酸"（基本上是硝酸）能溶解银，但不能溶解金。人们可通过用浓硫酸溶解纯硝石（硝酸钾，KNO_3），再加入少量水并蒸馏获得"分离酸"。

图13描绘了用于胶结过程的自燃式熔炉。胶结提纯黄金的过程与烤钵灰皿法提纯黄金的过程有些相似。"胶结剂"是通过取四份砖屑、两份盐和一份"白硫酸"（硫酸锌，$ZnSO_4$）研磨混合的固体，并用尿液

图12 使用"分离酸"分离银和金的过程，银可溶于"分离酸"，金不溶于"分离酸"

图13 16世纪的自燃式胶结炉

或浓葡萄酒醋润湿粉末来制备的。用一指厚的"胶结剂"覆盖锅的底部，并在该层上放一层较薄的经过锤打的不太纯的金条，用尿液润湿，以进一步提纯黄金，然后交替铺上"胶结剂"和金条，最后铺上一层半指厚的"胶结剂"。完成上述步骤后，让自燃式熔炉的温度低于黄金熔点，放置24小时。最后，将粉末清理干净，据说就可以得到23K①金。纯金为24K金。

图14描绘了借助特殊的风在露天冶炼铋的过程。核桃大小的矿石被放入平底锅中，风吹起的大火可以使矿石熔化，熔融状态的铋流入锅中。

---

① 按国际标准，K金分为1K到24K，1K的含金量约为4.166%。

图14 露天冶炼铋矿石，刚形成的熔融状态的铋流入锅中

　　尽管硝石被用于小规模生产硝酸（用于研究），但其最大用途是制造火药。图15描绘了硝石的浸出和沸腾浓缩的步骤。根据拉撒路·埃克尔的描述，用于提取硝石的最好的"土"来自旧羊圈（其中含有粪便和腐烂的建筑材料）。大桶（A）中放着要被过滤的"泥土"，水通过管道（B）被注入大桶中。大桶里的水被不断排入排水沟（C）中，使渗滤液进入水坑（D）。渗滤液从小桶（E）流入锅炉（F）中。通过加热锅炉，大量的水被蒸馏出去。这样就制成了浓缩渗滤液。

图15 从羊粪中提取硝石的浸出和（通过煮沸）浓缩的步骤

图16描绘了用于从浓缩渗滤液中获得硝石结晶的池子（F）和盆（G）。100磅①浓缩渗滤液在静置状态下最终可产生约70磅的硝石结晶。

图16 用于从浓缩渗滤液中获得硝石结晶的池子和盆

① 1磅约等于0.453 6千克。

第二章
精神炼金术和寓言炼金术

贤者之石不再受专利保护

约翰·里德①创作了精彩的三部曲《化学序曲》《化学中的幽默与人文主义》和《生活、文学与艺术中的炼金术士》，其中有很多精彩的内容。例如在《化学序曲》中，我们看到了有史以来第一次公开和明确的贤者之石（也被称为哲学家之石、红药液、精粹、万能药、长生不老药等，有数百个简单易懂的名称）的配方，因此贤者之石的配方不能再申请专利了。在《化学中的幽默与人文主义》中，约翰·里德给出了一场宇宙板球比赛的得分，比赛在由赫尔墨斯·特里斯墨吉斯忒斯②带领的永恒全明星队（223分）和由诺亚③带领的球队（210分）之间进行。这场比赛由诺亚之子含和所罗门担任裁判，并由罗杰·培根（约1214—1293）和弗朗西斯·培根（1561—1626）计分。在获胜的队伍中，亚里士多德贡献了4分（土、气、水、火四种元素），而帕拉塞尔苏斯贡献了3分（汞、硫和盐三个本原）。

言归正传，以下是"贤者之石"的配方：

---

① 约翰·里德（1884—1963），英国化学家，主要研究方向为立体化学。

② 赫尔墨斯·特里斯墨吉斯忒斯（Hermes Trismegistus，意为"三倍伟大的赫尔墨斯"），是希腊神话中的神赫耳墨斯和埃及神话中的托特的综摄结合。从公元前3世纪到公元2世纪，托名赫尔墨斯·特里斯墨吉斯忒斯的作品大量出现，内容涉及神学、哲学与占星术、炼金术、通神术等，这被视为西方神秘学的开端。赫尔墨斯·特里斯墨吉斯忒斯因此被认为是炼金术的始祖。

③ 诺亚是《圣经》中记载的人物，是诺亚方舟的制造者。

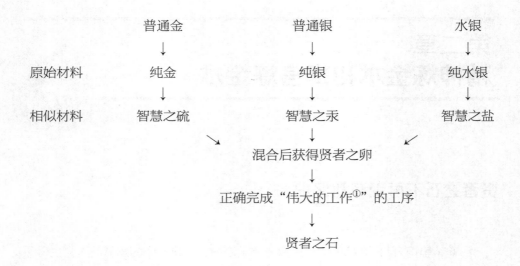

"巴希尔·瓦伦丁的十二把钥匙"（图17至图20）描绘了专利律师出现前那些"伟大的工作"的工序。这些图片几乎像法律文字一样晦涩难懂，显然是为了保密。其中一些图片是指特定的工序（十二这个数字并不罕见，每个星座代表一道工序）。每道工序最好在太阳位于相应星座区域时进行（例如：在太阳位于处女座区域时进行蒸馏；在太阳位于狮子座区域时进行提炼。那么其他的工序呢？预测贤者之石的实际用途要在太阳位于双鱼座区域时进行）。这意味着在最理想的情况下，第五元素需要花费一年才能制造出来，并且时间和空间的利用率都很低，这无疑会让企业的会计人员感到头疼。

巴希尔·瓦伦丁的十二把钥匙：
第一把钥匙，金属之狼和不纯之王

非常可靠的证据表明，巴希尔·瓦伦丁（据说出生于1394年，是本笃会修士）从未存在过。关于他的书籍，如广受欢迎的1604年首次出版的《锑的凯旋

---

① "伟大的工作"是指制造贤者之石的过程。

战车》，通常被认为是出版商约翰·特霍尔德的作品。约翰·特霍尔德也许"改进"了他拿到的初步的手稿。然而，署名为巴希尔·瓦伦丁的书中包含不少有趣的图片，甚至一些有用的信息。

"巴希尔·瓦伦丁的十二把钥匙"提供了与"伟大的工作"有关的图片，并已被包括约翰·里德在内的许多作家分析过了。在图17（a）中，我们看到了"第一把钥匙"。这幅图中的狼通常被认为代表锑（Sb），不过在数百年前，这是指辉锑矿（Sb_2S_3）矿石。锑在炼金术的相关文献中曾被称为"金属之狼"（lupus metallorum）。实际上，锑属于准金属。锑有四种同素异形体，灰锑是其中之一。灰锑是一种脆性灰色物质，具有相对较差的导热性和导电性，与典型的金属不同。S. I. 维涅茨基在其读起来非常愉快的书中打趣说："仿佛在报复其他金属不愿接受它，熔融的锑几乎可以溶解所有金属。"用现代的术语来说，我们认识到，锑是一种能够溶解其他金属的金属（"相似相溶"），但锑的性质类似非金属元素，能够与其他金属形成锑化物。

在图17（a）中，我们可以看见，狼旁边有一个装着木腿的老人，那代表前文"化学符号"中介绍的行动特别缓慢的农业之神萨图恩。锑也被称为"哲学家的铅"，古人将锑描述为铅加热后的产物。现在，如果"不纯的金"在火中加热三次——图17（a）中的王后拿着三朵花，那么国王就会出现。国王代表纯金，王后代表纯银，而纯银是从"智慧之汞"中提炼出来的。第一次提纯是从金、银和汞中提取出贤者之石的"原始材料"。这幅图实际上代表着火中发生的以下化学反应：

$$Au+Ag+Cu+Sb_2S_3 \rightarrow Au/Sb+Ag_2S+CuS$$

（Au+Ag+Cu）在这里代表"不纯的金"；Au /Sb是金合金。

$$Au/Sb+O_2 \rightarrow Au+Sb_2O_3（蒸气）$$

图17 "巴希尔·瓦伦丁的十二把钥匙":(a)第一把钥匙;(b)第二把钥匙;(c)第三把钥匙;(d)第四把钥匙

类似的化学反应也发生在通过将辉锑矿矿石与金属铁一起加热从而提纯锑的过程中。同样值得注意的是，当金属（"红色"）铜和锑制成合金（例如锑占6%）时，所得合金看起来非常像金。下面这句话摘自一份可追溯到十字军东征时期的叙利亚手稿：

在红铜中加入一些在橄榄油中烤过的锑，它就会变得像黄金一样。

维吉尔是嬗变剂？

约翰·里德已经分析了巴希尔·瓦伦丁其余十一把钥匙中的大多数内容，我将主要基于他的见解进行阐述。第二把钥匙［图17（b）］代表了分离操作，即从其残渣中提取水样物质。该物质似乎是易挥发的水银，它在"智慧之硫"和"智慧之汞"的影响下经历了一种蜕变过程，然后变成"智慧之盐"。图左侧的公鸡象征着男性，这暗示着需要结合。第三把钥匙［图17（c）］包括飞龙、狐狸、鹈鹕和公鸡。飞龙似乎可以代表很多符号，有时甚至可与蛇互换使用。飞龙有时代表"智慧之汞"，有时代表相似材料。约翰·里德没有讨论第三把钥匙。我认为第三把钥匙与从金中提炼出"智慧之硫"有关。第四把钥匙［图17（d）］显然是指腐烂，这是开始操作必需的"黑化过程"，乌鸦和骷髅的寓意很明显。人们从3世纪的炼金术士玛丽·普罗菲迪莎——又被称为女先知玛丽，用于热水浴的水浴器（bain-marie）就是以她的名字命名的——的作品中得知，加热铅铜合金与硫的混合物会产生黑色物质。铅、锡、铜和铁四种贱金属一起加热也会产生黑色物质。

腐烂的过程是"不纯的金"变为黄金的重要一步，承载着宗教的象征意义。这里的想法是，人在得到救赎之前必须承受痛苦的煎熬。同样，"不纯的金"中的杂质必须被去除，才能转化为黄金。人类必须消除自己的缺陷以达到优雅的状态。在《神曲》中，但丁必须在古罗马诗人维吉尔（前70—前16）指引下，先穿过地狱，然后进入炼狱，再从那里进入天堂。维吉尔死于耶稣诞生之前，因此维吉尔肯定不是一个基督徒，永远也进不了天堂。

约翰·里德认为，第五把钥匙［图18（a）］代表操作解决方案。第六把钥匙［图18（b）］代表结合——国王（"智慧之硫"）和王后（"智慧之汞"）的婚姻，太阳（Sol，索尔）和月亮（Luna，露娜）结合，火热的双头人，还有雨水、凝露都是很明显的暗示。

第七把钥匙［图18（c）］暗示了四种地球元素、诸天（混沌是一个非常复杂的概念）和帕拉塞尔苏斯的三要素说。双圆圈可以象征地球与天球之间的相互作用。球体顶部的茎再次出现在总结图［图20（c）］中，约翰·里德将该图［以及隐含在图18（c）中的器皿］解释为与"贤者之卵"关联的相似材料：茎是胎盘。"贤者之卵"是密封的，可以被长期放置在特殊的炼金炉中，炼金炉可被看作是子宫。

约翰·里德认为，第八把钥匙［图19（a）］是另一个墓地场景，代表发酵。第九把钥匙［图19（b）］用了一种奇妙的表示方法，部分指在"伟大的工作"中发生的颜色变化。下降的人物是萨图恩（代表贱金属，尤其是铅）；上升的人物也许是露娜（月亮，代表"智慧之汞"）。三条蛇代表三种原始物质（硫、汞、盐）是一体的。四只鸟代表颜色变化。在顶部，乌鸦代表黑色，然后按逆时针方向看，天鹅代表白色，孔雀是彩色的，有时是黄色的，而不死鸟（凤凰）则代表红色。有趣的是，苏族人可以识别出四种"真正的颜色"，即黑色、红色、黄色和白色，与第九把钥匙相同。红色也是最重要的，代表大地、烟斗石①和血液。这些颜色对应指南针的四个方向：西、北、东和南。

第十把钥匙［图19（c）］代表三种原始物质。三角形拐角处的三个符号（从左上角开始按顺时针方向看）分别代表金、银和汞。这三种元素被纯化后分别为"智慧之硫""智慧之汞"和"智慧之盐"。圆（上天般的完美形状）和三角形的双重边界代表了地球和天体的二元性。图中的德语短语翻译为："我在赫莫杰尼斯出生"（上）；"亥伯龙神选择了我"（右）；"没有贾祖夫，我就迷失

---

① 烟斗石是北美印第安人用于制造烟斗的粉红色或粉红夹白色的泥质岩石。

图18 "巴希尔·瓦伦丁的十二把钥匙"：（a）第五把钥匙；（b）第六把钥匙；（c）第七把钥匙

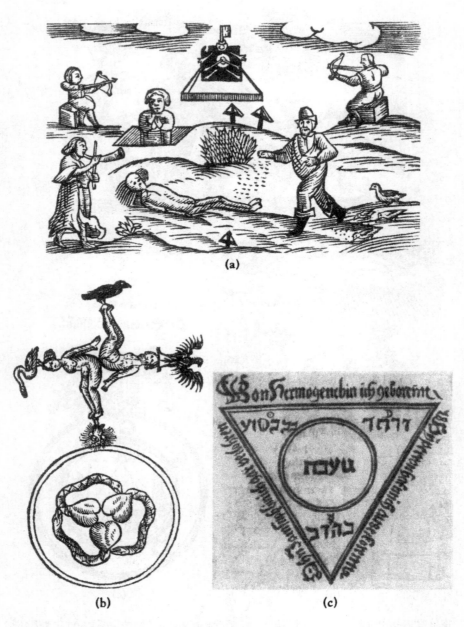

图19 "巴希尔·瓦伦丁的十二把钥匙"：（a）第八把钥匙；（b）第九把钥匙；
（c）第十把钥匙

了"（左）。在诺斯替教派的神话中，赫莫杰尼斯发展了物质永恒的学说。在希腊神话中，亥伯龙神是一位泰坦神，被认为是太阳神赫利俄斯、月亮神塞勒涅和黎明女神厄俄斯之父。贾祖夫指的是红海，红海分裂可能指物质分裂。

第十一把钥匙［图20（a）］显示了狮子的幼崽，并描绘了通过石头可以实现倍增的效果。这两个容器代表了发生结合的"贤者之卵"（赫尔墨斯的花瓶），参见图27（c）中的双鹈鹕形蒸馏器及其象征意义。

约翰·里德认为，第十二把钥匙［图20（b）］代表焙烧（漂白、干燥），其中狮子和蛇分别代表固定原则和易变原则，花朵则代表纯净的贵金属。

图20（c）是总结图，据说这里的龙代表了石头的相似材料，它的翅膀和爪子周围的圆圈代表固定原则和易变原则。

卡托巴陶器：四种颜色和生存的奇迹

巴希尔·瓦伦丁的第九把钥匙［图19（b）］描述了"伟大的工作"中四种颜色的变化：黑色、白色、黄色和红色，分别以乌鸦、天鹅、孔雀和不死鸟为象征。有趣的是，这些颜色正是不同土地上的原住民数千年来制造的陶器的四种特征颜色。

位于美国南卡罗来纳州的卡托巴印第安人说一种苏语语系的语言。他们曾经有一个强大的国家，与在卡罗来纳的切罗基人时而和平共处，时而交战。但是，截至1908年6月，在约克县的保留地及其周围地区仅留有19座房屋和98名卡托巴人。在哥伦布发现美洲大陆之前的时代，卡托巴陶器主要是实用主义的生活工具（炊具、水壶），但从18世纪开始它成为卡托巴人的经济来源。除了传统实用陶器外，卡托巴人还制作艺术品。这些陶器通常被运到南卡罗来纳州的港口城市查尔斯顿进行交易和出售。卡托巴文化的延续在很大程度上取决于陶器的销售和贸易情况，大部分陶器是由妇女制造的。研究卡托巴部落历史的历史学家汤姆·布鲁默对此进行了优雅的阐述：

图20 "巴希尔·瓦伦丁的十二把钥匙"：（a）第十一把钥匙；（b）第十二把钥匙；
（c）十二把钥匙的总结图

卡托巴人制作陶器的传统已经存在了4 500多年。卡托巴陶器的成功是对卡托巴人坚韧的品格和陶艺作为一种艺术形式的影响力的致敬。这定义了卡托巴民族并帮助其得以世代传承，让卡托巴文化延续2 000多年甚至更长时间，这是一个生存的奇迹。

图21（左）显示了一个由艺术大师波特·萨拉·艾尔斯（生于1919年）制作的主要为红棕色的碗，带有三条腿。腿部偏离中心，非对称性为整件作品提供了奇妙的灵动感。图21（右）显示了一个由另一位艺术大师蒙蒂·布兰纳姆（生于1961年）制作的双头罐。这些陶器上的头像是由100多年前伟大的艺术家玛莎·简·哈里斯制造的模具制成的。这些艺术品的制作方式几乎与史前时期相同。制作陶器的黏土是从卡托巴河沿岸神圣而神秘的地点挖出来的，那里含有丰富的高岭土矿藏。高岭土经过筛选、混合和干燥，然后在阳光下晒干，再通过滚动和捣碎除去黏土中的空气。干净的高岭土蓬松而洁白。白黏土含有有机质，密度较大。人们通常将两种黏土混合制成陶罐。较大的陶罐是用一层层卷状的黏土圈制成的，这些黏土圈经过定形和打磨，然后干燥。在完全干燥之前，人们可以在其表面刻上一些符号，待完全干燥后，用光滑的河石费力地打磨，这些河石通常是在几代女性之间传承的。此后，这些陶罐被放入木坑中用木柴烧制，然后取出，并缓慢冷却。与硬焙烧（最高温度可达1 450℃）相比，露天焙烧被认为是低温（最高温度可达1 200℃）烧制或软焙烧。黏土中的空气通常会导致严重破损。成品中的高光泽度是由于经过数小时打磨抛光而不是上釉。未上釉的陶罐不适合盛水，因为它们会"出汗"并会弄脏家具。但是，我们可以想象用陶罐将水带到田间——表面"出汗"和蒸发可以让陶罐内部的水冷却。此外，经常将其放在火上加热，脂肪分解的物质以及从肉中分解出来的蛋白质会覆盖陶器内部的表面并将陶器上的小孔封起来。

这种陶器呈现出的颜色在很大程度上是由于所有黏土都含有大量铁元素。铁是地壳中含量第四丰富的元素。它主要以Fe^{2+}（二价铁）或Fe^{3+}（三价铁）的形式存在于铁的氧化物中。氧化亚铁（FeO）包含Fe^{2+}，氧化铁（Fe_2O_3，赤铁矿）

图21 两件卡托巴陶器，卡托巴陶器基本上仍沿用4 500多年前的制造工艺（托马斯·韦德·布鲁顿摄）

包含Fe^{3+}，四氧化三铁（Fe_3O_4）包含Fe^{2+}和Fe^{3+}，这是三种常见的铁氧化物。不同的木材在不同的温度和氧气含量下燃烧产生不同的氧化气氛。陶器上斑驳的颜色取决于氧化气氛，还受烧制陶器时燃烧木材产生的烟尘影响。普林斯顿大学的汤姆·斯皮罗教授认为陶器颜色变化与"调整"过渡金属（例如铁）所处的环境有关，"就像是给电子挠痒痒"。在富氧条件下，陶器的主要颜色为"白色"（实际上是浅黄色）、黄色和红色，这是大量Fe^{3+}造成的。缺氧的条件可以通过将木头围起来并用木头"覆盖"锅的"闷烧"的方法来实现。一氧化碳（CO）的存在会产生有利于Fe^{2+}富集的还原条件。这是刻意制造一种闪亮的黑色陶器的方法。否则，陶器的颜色的分布在很大程度上就要依靠运气了。微量的锰也会使陶器变黑，就像煤烟一样。当从火上移开时，陶器通常是黑色的，冷却后变亮。此时正在发生动态化学反应，例如FeO会歧化为Fe_3O_4和Fe，而Fe会进一步被氧化。有时，陶器的表面会出现油脂状的区域。这可能是由于局部玻璃化所致，也可能是由于长石或云母局部集中所致。

龙、蛇与混沌中的秩序

图22和图23很好地说明了与炼金术相关的内容有时是以寓言化的方式进行描述的。这些图出自《金属演变》（布雷西亚，1599年）。该书在其1572年版的基础上附加了《哲学协议》。《哲学协议》列出了一份被认为主要是西班牙维拉诺瓦的阿诺德①的炼金术作品的清单。该书的第一版（1564年版本）包含了炼金术士和炼金术作品的清单，并在1572年和1599年的版本中进行了扩展。

据说，这本书的作者乔凡尼·巴蒂斯塔·纳扎里在炼金术领域博览群书，但他被人指责"……描述不正确的操作步骤，可能让尝试进行这些操作的人丧命……"。这本书包含了几个梦境的内容，其中包括作者与伯恩哈德斯·特雷维萨努斯（1406年生于帕多瓦）交谈的内容。伯恩哈德斯·特雷维萨努斯从14岁开始就将毕生精力投入炼金术的研究。瑞士心理学家卡尔·荣格对梦和炼金术感兴趣，并拥有一本1599年版的《金属演变》。

图22表示三种原始物质，也许这代表了智慧元素——原初物质或基本物质的最终来源。

图23描绘了从混沌开始的六种较低级的金属（六顶王冠）到最终形成黄金（国王）的过程。

图24是艺术家丽塔·舒梅克于1999年创作的一幅作品。它描绘了男女之间的关系（金和银，日和月），两条相互缠绕在一起的龙也代表着雄性和雌性（固定原则和易变原则）。在男性人物握住杆的情况下，形成了墨丘利的节杖——一个大众熟悉的医学符号。墨丘利的节杖的原始形式据说是代表四种古代元素的十字

---

① 阿诺德（约1238—约1310）是中世纪神秘学家、炼金术士和医生。

图22 《金属演变》中描绘的三种原始物质（"智慧之汞""智慧之硫"和盐）

架。图24背景中的正方形代表了这四种元素。该图代表了男与女、精神和身体的结合，即炼金术式般的婚礼。各位读者可以尝试在此图中找出"化学符号"。实际上，图23中有三条龙，代表着三种原始物质（盐、"智慧之硫""智慧之汞"），是"无意识的直觉和感觉、生命力或意志，以及在物质中赋予创造性形式冲动的隐喻"。

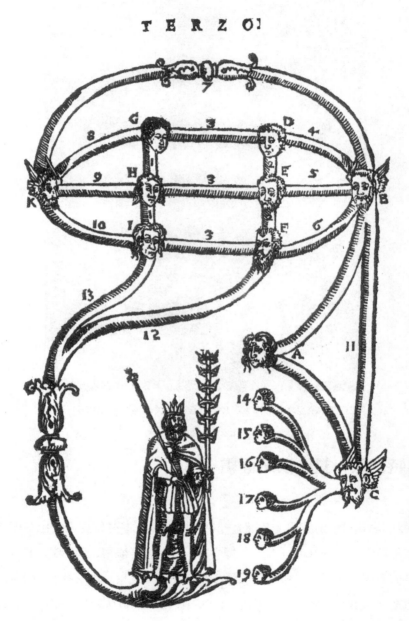

图23 从混沌开始的六种较低级的金属（六顶王冠）到最终形成黄金（国王）的过程

图24 艺术家丽塔·舒梅克在1999年创作的关于男性和女性寓言形象的作品

今日特色菜：女士淡斑面霜

图25是1608年出版的《蒸馏》一书的扉页，该书的作者吉安巴蒂斯塔·德拉·波尔塔（1535—1615）是一位博学家，著有关于植物、面相学、物理、化学和数学的著作，曾写过"那个时代最好的意大利喜剧"，并发表了一份蒸汽机的设计方案。"这本书既罕见又美丽"，前言中的献词被认为是梵蒂冈字体铸造厂希伯来语、波斯语、迦勒底语、伊利里亚语和亚美尼亚语的打字稿。

吉安巴蒂斯塔·德拉·波尔塔的《自然魔术》一书于1558年首次出版，是一

图25 吉安巴蒂斯塔·德拉·波尔塔的《蒸馏》（罗马，1608年）的扉页

本关于科学概述的科普书，在出版后的100多年中多次重印。这本书中既有专业知识，又有错误信息，引用了古罗马时期的希腊医师和药剂师佩达尼乌斯·迪奥斯科里德斯将"锑"［实际是辉锑矿，见图17（a）中萨图恩和狼］加热变为铅的方法。实际上，16世纪的炼金术士知道两者的不同之处，而且不可能如此相互转化。《自然魔术》还介绍了一种会产生斑点的化妆品（女士淡斑面霜）的制备方法，这也许是文艺复兴时期兄弟会式的幽默。

《蒸馏》一书也体现了文艺复兴时期的诙谐幽默，将化学玻璃器皿比作动物。图26（a）描绘了长颈蒸馏瓶：它具有圆底和像鸵鸟一样的长颈（用于精馏酒精的小玻璃瓶有相似的外观），并且是一种叫作蒸馏器的蒸馏装置的组成部分，该蒸馏装置的蒸馏头可连接到接收器（见图71和图72）。被蒸馏的液体必须具有相当强的挥发性，才能到达长颈的顶部。图26（b）是一个扁平的曲颈瓶，被称为"乌龟"，它旁边画有一只头有点像狗头的乌龟。

乌龟壳上带圆圈的六边形是大约330年后被提出的苯的结构式穿越回去的吗？我认为这是不可能的，因为在这幅图画出现200多年后，苯才会被发现。但是，当我们联想到凯库勒在19世纪60年代声称梦到了由三条蛇互相咬着尾巴围成一圈后形成苯的结构时，这只爬行动物也许真的可以向潜意识提供信息。

(a)　　　　　　　　**(b)**

图26 吉安巴蒂斯塔·德拉·波尔塔的《蒸馏》中化学玻璃器皿及其隐喻性的插图：（a）长颈蒸馏瓶；（b）扁平的曲颈瓶

图27（a）中的蒸馏装置将蒸馏头放置在宽口烧瓶（一种葫芦形蒸馏瓶、更矮的长颈蒸馏瓶）的顶部。该仪器适用于处理挥发性较弱的液体。图27（b）是一个鹈鹕形蒸馏器。请注意，鸟的脖子在鸟梳理胸部的羽毛时形成弯曲的结构。当顶部封闭时，鹈鹕形蒸馏器中的弯曲结构将用于再循环（回流）的溶剂在其沸点长

时间加热。图27（c）显示了一个双鹈鹕形蒸馏器，两个结合起来的容器可以在长时间内交换蒸气和液体。图28（a）显示了一个常见的曲颈瓶。图28（b）显示了能够分馏的蒸馏器，上部接收器可以收集挥发性较强的物质，下部容器可以收集挥发性较弱的物质。由于分馏是有机化学入门课程中的实验之一，因此图中七头怪兽也许是大学二年级学生对实验室老师的一种带有偏见的印象。

图27 吉安巴蒂斯塔·德拉·波尔塔的《蒸馏》中化学玻璃器皿及其隐喻性的插图：（a）一个宽口烧瓶上加上一个蒸馏头组成的蒸馏装置；（b）鹈鹕形蒸馏器；（c）双鹈鹕形蒸馏器

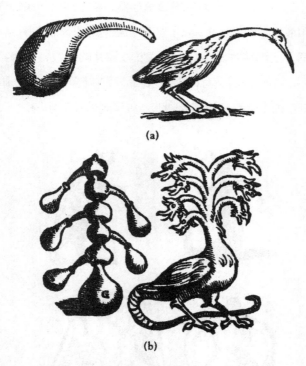

图28 吉安巴蒂斯塔·德拉·波尔塔的《蒸馏》中化学玻璃器皿及其隐喻性的插图：（a）曲颈瓶；（b）分馏装置

"庸俗和常见的错误"

为什么像吉安巴蒂斯塔·德拉·波尔塔这样的博学多才的学者要强调错误的知识，例如加热锑会产生铅？当时，科学实验仍处于起步阶段。像普林尼（23—79）这样的早期作者经常把民间传说当成事实。英国医生托马斯·布朗（1605—1682）在其著作《伪流行病》中指出：

起初，我们在每个人的口中都听到过它的名字，在许多优秀作家的作品中，我们也读到过。钻石是石头中最坚硬的一种，除了自身的粉末外，它不会屈服于钢铁、金刚砂或其他任何东西，但它却能被山羊的鲜血软化，进而粉碎。

山羊的血液真的可以软化钻石，从而使其粉碎吗？托马斯·布朗提到了这种"庸俗而常见的错误"，并指出：尽管有些学者接受了这种说法，但我们可以认为那些没有学术知识的钻石切割匠知道这不是真的。他将误解归结为这样一种观念：一些学者认为，为了产生如此功能强大的血液，牧羊人必须给山羊喂食某些据说能溶解肾结石的草药。既然肾结石也非常坚硬并且可以被"粉碎"，那么为什么钻石不可以被粉碎呢？

托马斯·布朗进一步指出："根据普遍的自以为是的观点，玻璃是一种毒药。"但他指出，玻璃是用沙子制成的，没有毒。他还给狗喂了磨得很细碎的玻璃，"用了一小撮玻璃粉末，巧妙地撒在黄油或糊状粉末中，（狗）没有任何明显的中毒症状"。这种观念上的混乱源自一种常见且成功的做法，即在诱饵中添加"粗糙的或粗劣磨制的玻璃粉"来"消灭老鼠"。显然，导致老鼠死亡的是由粗糙的玻璃引起的身体内部出血而不是玻璃中存在的"毒性"。

这幅画有什么问题？

《蒸馏》（图29）是菲利普·加勒大约在1580年依据意大利著名画家约翰尼斯·施特拉丹乌斯（1523—1605）的一幅油画创作的版画。菲利普·加勒还创作了展现其他与炼金术相关的场景的版画。他活跃的创作活动会让现代研究人员和大学教授为之振奋。图中的那位炼金术士也许正在阅读当时的化学文献，并试图以当时最新发现的科学方法重复最新的研究成果。

这幅画有什么问题？对于初学化学的人来说，他们会发现图中的研究人员和技术人员都没有戴护目镜。教授的眼镜可能在整个20世纪中期都还过得去，但因为不能保护两侧，所以后来就不符合安全要求了。图中的通风系统陈旧、过时，

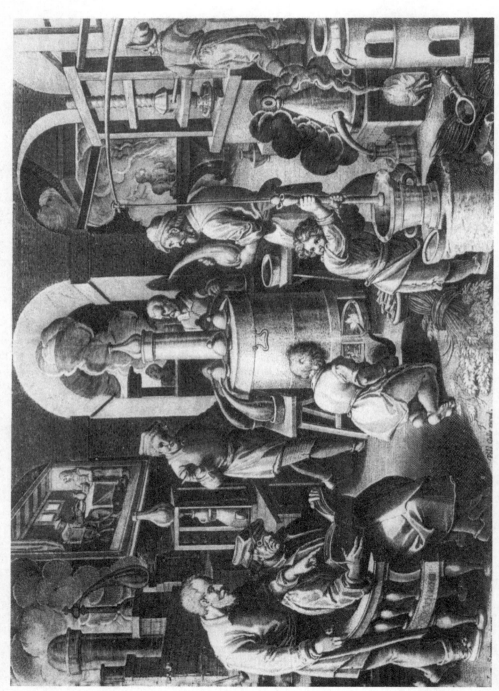

图29 菲利普·加勒创作的版画《蒸馏》

也没有任何灭火器或自动喷水灭火系统。如果消防人员前来检查肯定会发现很多问题。图中的右前方有一根用松紧带吊着的大棒槌，它看起来还不错，不过它周围应该有一个防护网，以防止其摇摆并砸到毫无防备的研究人员。

这间实验室似乎配备了16世纪晚期所能拥有的最好的设备。这幅图中心展示了一个带有大量蒸馏器的大型水浴锅，这表明这间实验室有充足的资金。在图中的右前方，有两个罩式蒸馏器，一个正在被使用，另一个处于闲置状态（不带罩）。用于炼制贤者之石的在当时算是高科技的炼金炉位于这幅图的左上角，这说明对于炼金术士来说资金不是问题，也说明炼金术士是一个很厉害的经费筹集者。不过，最大的矛盾就在这里：这位炼金术士实际上正与他的研究小组在"战壕"中一起从事科学研究工作，而不是写科研项目书、期中成绩报告或学生对其教学评价不高的报告。

约翰·里德认为，这幅图描绘了16世纪晚期意大利实验室里忙碌的景象，其中进行着"井然有序且丰富的活动"。这与老彼得·勃鲁盖尔在1558年创作的《工作中的炼金术士》中描绘的炼金术士贫穷的形象形成鲜明对比。约翰·里德说，这幅图中地板上的一捆谷物代表了"生命力"，不过我们现在会将其视为火灾隐患。

保护罗马帝国的货币免受"巫术"侵害

图30是一幅创作于18世纪的异想天开的画作，带有一些小大卫·特尼尔斯的风格。有一个神秘的阿拉伯人或者可能是犹太人，穿着不合适的衣服在实验室里。然后，有一个鬼鬼祟祟的身影在门口窥视，那是一个黑乎乎的、面目可憎的、穿着斗篷的人。从炼金术士的表情来看，可能有古老的魔法正在烧瓶中显现。

古埃及文明和阿拉伯文明在实用化学和炼金术的发展过程中起着至关重要的作用。从古埃及和迦勒底遗址（迦勒底现位于伊拉克南部）中出土了制作于公元前4000年前后的几乎纯铜的雕像和装饰品。埃及出土的青铜器可追溯到公元前2000年，在古埃及都城阿马尔奈遗址发现的玻璃熔炉可追溯到公元前1400年，颜料、化妆品和药品方面的证据都证实了这些文明早期和深远的影响。

尽管有证据表明中国可能是炼金术最早的起源地，但古代中东文明在保存西方文化和现代化学起源方面的作用是非常重要的。"炼金术"一词的起源很模糊，《牛津英语词典》引用了阿拉伯语"al-kīmiyā"一词，这源自希腊单词chymeia，而chymeia本身与含义为"倾倒"的单词有关。《牛津英语词典》的参考文献中引用了一个完全不同的起源，指的是Kēme，这个词的意思是"黑土地"，由于埃及的土壤为黑色，因此这个词成为埃及的古称。在这里，炼金术可能有双重含义：它起源于埃及，或者它是一门"黑色的艺术"。甚至在这里，"黑色"也可以指炼金术黑暗而神秘的本质，或者指炼制贤者之石的第一步——黑化，或者指物质黑化的最初的转化过程。据说，炼金术之父赫尔墨斯·特里斯墨吉斯忒斯出生于公元前2500年前后，不过他应该是一个虚构的人物。

根据目前的资料，第一个可证实的与炼金术手稿相关的人是帕诺波利斯的佐西摩斯，他于公元300年左右在古埃及的亚历山大写作。亚历山大是古代世界藏书最丰富、语言文种最多的图书馆所在地。亚历山大图书馆始建于公元前3世纪，藏有40万—50万本书籍和手稿，其中大部分是希腊文文献。在公元前1世纪末的罗马内战期间，亚历山大图书馆遭到严重破坏，其"子馆"于公元391年被基督徒洗劫一空。

值得注意的是，据说于公元285年到305年统治罗马的皇帝戴克里先下令销毁了整个罗马帝国关于炼金术的书籍和手稿，因为他担心贱金属转化为白银和黄金会使帝国货币贬值。（后文还会有关于这件事的论述。）

为了保持帝国货币的价值而销毁关于炼金术的书籍和手稿的皇帝是一个什么样的政治家呢？戴克里先主张保留古老美德和子女赡养年迈父母的义务，他还引入了累进所得税法，并建立了庞大的官僚机构和技术官僚体系。他试图保护的硬币上刻有"统治者和上帝"的字样。

1979年，三位科学家分享了诺贝尔物理学奖，获奖理由是他们提出了基本

图30 水彩画《炼金术士》（署名为F. P. 布什，1769年）

粒子之间的弱相互作用和电磁相互作用的统一理论，他们是：谢尔顿·李·格拉肖、史蒂文·温伯格和阿卜杜勒·萨拉姆。谢尔顿·李·格拉肖、史蒂文·温伯格是出生于纽约的犹太人，阿卜杜勒·萨拉姆是出生于巴基斯坦的穆斯林。阿卜杜勒·萨拉姆的获奖演讲特别精彩，讲述了一个名叫迈克尔的苏格兰年轻人的故事。在距今大约800年前，他曾前往穆斯林统治下的西班牙，在托莱多和科尔多瓦的大学学习，那里是"阿拉伯学术文化、希腊学术文化、拉丁学术文化和希伯来学术文化的最佳综合研究中心"，科尔多瓦也是犹太学者迈蒙尼德斯的故乡。阿卜杜勒·萨拉姆指出，乔治·萨顿[1]在《科学史导论》中指出，伊斯兰世界的科学水平在公元750年到1100年处于世界领先地位。与叙利亚和埃及等富裕国家的研

---

① 乔治·萨顿（1884—1956），美国著名科学史家，建立了系统的科学史教育体系，被誉为"科学史之父"。

究型大学蓬勃发展的情况形成鲜明对比，当时的苏格兰是一片贫穷并有待开发的土地，因此当迈克尔回到苏格兰后，他几乎无法获得什么支持。阿卜杜勒·萨拉姆说："迈克尔的导师告诉迈克尔，他回苏格兰后可以剪羊毛和织羊毛面料。"但是大约从这个时候开始，西方世界在科学研究领域逐渐占据优势。阿卜杜勒·萨拉姆继续说道：

我们进入了20世纪，从苏格兰人迈克尔开始的时代到现在已经成了一个完整的循环，发展中国家向西方世界学习科学知识。正如阿尔-肯迪①在1 100年前所写的那样："因此，我们不应该羞于承认真理并将其从任意来源汲取作为我们的耻辱。对于追求真理的人来说，没有任何事物比真理的价值更高。真理永远不会使追求它的人变得低贱或卑微。"

贾比尔·伊本·哈扬和阿尔-拉齐：来自阿拉伯世界的炼金术士

戴克里先销毁关于炼金术的书籍和手稿的故事很不错。不过，阿拉伯炼金术似乎在11世纪左右才传到西方（包括罗马），因此这个故事只能被称为"传说"。

我们对阿拉伯炼金术的了解主要来自一名神秘人物贾比尔·伊本·哈扬（约721—815）的作品。图31是1529年在斯特拉斯堡出版的《炼金术（三卷）》的扉页，其中描绘了一个蒸馏炉。尽管中国炼丹术和印度炼金术也有悠久的历史，但阿拉伯世界的文化和语言对欧洲人来说更容易理解。

阿尔-拉齐（约850—923）是波斯医师，他创作了《秘密中的秘密》一书，其中包括大量实用和有用的化学知识。《诺顿化学史》的作者威廉·布洛克认为，欧洲人在13世纪能够制备纯盐酸、硝酸和硫酸的关键在于运用了阿尔-拉齐

---

① 阿尔-肯迪，中世纪阿拉伯哲学家、自然科学家，亚里士多德学派的主要代表之一。

图31 贾比尔·伊本·哈扬的《炼金术（三卷）》（斯特拉斯堡，1529年）的扉页
（由耶鲁大学拜内克古籍善本图书馆提供）

描述的方法。这些强大得令人难以置信的"咬人的巨蛇"在新的化学反应中扮演了关键角色，比如从金属中"释放燃素"、将金属氧化成灰烬、通过还原反应释放氢气。

炼金术士成为艺术家的创作主题

从16世纪到18世纪，欧洲的艺术家创作了许多描绘工作中的炼金术士和医生的杰作。美国有两个著名的藏品集包括了大量这类作品：宾夕法尼亚州匹兹堡的杜肯大学保存的"费舍尔收藏的炼金术与历史图集"和位于威斯康星州密尔沃基的"伊莎贝尔·巴德和阿尔弗雷德·巴德的藏品集"。尽管有人认为阿尔布雷特·丢勒（1471—1528）了解炼金术的意象，但他显然从未描绘过炼金术士或实验室。两位早期描绘过中世纪炼金术士的艺术家是汉斯·魏迪茨（他在1520年前后创作了《工作中的炼金术士及其助手》）和老彼得·勃鲁盖尔（约1525—1569）。老彼得·勃鲁盖尔于1558年创作的《工作中的炼金术士》因同时期的艺术家希罗尼穆斯·科克创作的版画而闻名。这一时期，描绘炼金术相关场景的著名艺术家还有约翰内斯·施特拉丹乌斯、简·德·布雷、阿德里安·范·奥斯塔德、小大卫·特尼尔斯、扬·哈维克斯·斯蒂恩、科内利斯·彼埃特兹·贝加、查尔斯·米尔·韦伯、马修斯·范·海勒蒙特、巴塔萨尔·范·登·博世、弗兰兹·克里斯托夫·詹内克、费尔南·德穆兰、托马斯·维克、温泽尔·冯·布罗兹克、威廉·佩瑟和大卫·里克查尔克三世。他们大多数毕业于佛兰德斯的学校。英国人约瑟夫·赖特的一幅著名画作（创作于1771年的《磷的发现》）和理查德·科博尔德在19世纪初创作的一幅画作开始描绘科学而不是艺术。在19世纪，漫画家詹姆斯·吉尔雷、托马斯·罗兰森和乔治·克鲁克香克开始尝试描绘化学活动。

图32是亨德里克·海斯霍普于1671年创作的精美油画《炼金术士》的彩色照片的黑白复制品，出自"伊莎贝尔·巴德和阿尔弗雷德·巴德的藏品集"。图中的炼金术士似乎一边观察蒸馏一边抽烟，但愿他不是在蒸馏乙醚。

图32 亨德里克·海斯霍普于1671年创作的油画《炼金术士》的彩色照片的黑白复制品，出自"伊莎贝尔·巴德和阿尔弗雷德·巴德的藏品集"。本书作者在此对巴德博士允许复制这幅油画以及关于布什的画作（见图30）的有益观点表示感谢

寓言、神话和隐喻

16世纪和17世纪，许多关于炼金术的精美书籍出版了。例如由弗朗切斯科·科隆纳撰写、贝罗阿德·德·维尔维尔翻译，于1600年在巴黎出版的《财富发明图》。该书的扉页（图33）描绘了始于混乱而终于贤者之石（凤凰涅槃）的炼金术。该图中的树桩表示炼金术开始时的破败景象；该图左下方有一棵哲学之树，代表了炼金术完成后黄金倍增；火是转化元素；有翼的龙和无翼的蛇纠缠在一起代表"智慧之汞"（有翼暗示易挥发性）和"智慧之硫"（无翼暗示不挥发性）结合，它们的符号也被描绘出来。卡尔·荣格拥有一本《财富发明图》，并撰写了大量关于梦和炼金术意象的文章。

迈克尔·迈尔（约1568—1622）是医师、哲学家、炼金术士和古典学者，被约翰·里德称为"音乐炼金术士"。迈克尔·迈尔广博的古典学术知识促成了他将炼金术和古典神话结合起来。图34是1618年出版的《金色三脚架》一书的扉页。"金色三脚架"是"支持"黄金合成的三种原始物质（硫、汞和盐）的双关语。该书的主要目的是表现"三位拥有贤者之石的人"的工作。迈克尔·迈尔说：

亲爱的读者，您会发现三位掌握炼金术的智者，他们通过研究获得了贤者之石。中间是约翰·克里默，托马斯·诺顿在他左边，巴希尔·瓦伦丁在他右边。请想去赫斯珀里得斯[①]看守的果园摘金苹果的您阅读他们的文章，寻找火神伏尔甘的武器。

约翰·克里默是一位14世纪居住在伦敦威斯敏斯特的修道院院长，据说曾与雷蒙·卢尔一起在威斯敏斯特大教堂和伦敦塔炼金。托马斯·诺顿于1477年开始撰写著名的《炼金术的序曲》。著名的巴希尔·瓦伦丁在本书中多次被提及。伏

---

① 赫斯珀里得斯是古希腊神话中的三位仙女，分别为埃格勒、厄律忒伊斯、赫斯珀瑞，她们在天后赫拉的果园中看守金苹果树。

图33 弗朗切斯科·科隆纳的《财富发明图》（巴黎，1600年）的扉页，这幅图描绘了不死鸟从混沌中涅槃的景象（由耶鲁大学拜内克古籍善本图书馆提供）

图34 迈克尔·迈尔的《金色三脚架》（法兰克福，1618年）的扉页，炼金术的三巨头是巴希尔·瓦伦丁、托马斯·诺顿和约翰·克里默（由耶鲁大学拜内克古籍善本图书馆提供）

尔甘是罗马神话中的火神，"伏尔甘的武器"指火是一种促成化学变化的工具。图34描绘了与化学实验室相连的化学图书馆，这算得上是实践与理论结合了。尽管美国化学会建议在化学实验大楼中设置化学图书馆，但恐怕他们也不想让实验室和图书馆离得这么近。

迈克尔·迈尔于1618年出版的书籍《阿塔兰忒逃亡》中包含50幅精美的版画，还包括约50首他创作的三声部赋格曲（暗指三基物质）。《阿塔兰忒逃亡》的扉页（图35）描绘了阿塔兰忒①和金苹果的传说。这幅图显示了大力神赫拉克勒斯摘取赫斯珀里得斯守护的果园里面的三颗金苹果（由埃格勒、厄律忒伊斯、赫斯珀瑞，以及它们的守护龙拉冬保护）。"摘取赫斯珀里得斯看守的果园的金苹果"是获得贤者之石的隐喻。

图36（出自《阿塔兰忒逃亡》）中发生了什么？这是一个适合出现在化学考试中的绝妙问题。在希腊神话中，雅典娜是从其父亲宙斯的头颅中诞生的。有一个版本的神话说宙斯剧烈头痛，所以希腊火神赫菲斯托斯劈开了宙斯的头，雅典娜从中跳了出来。这幅图还描绘了宙斯和勒托所生的阿波罗。由丘比特掌管的婚姻让男性（硫）与女性（水银）结合在一起。林恩·亚伯拉罕提到，在希腊神话中，宙斯变成一只鹰将伽倪墨得斯带到了奥林匹斯山，然后下了一场黄金雨（蒸馏）。

炼金术音乐的首次公开表演（例如迈克尔·迈尔的赋格曲表演）似乎于1935年11月22日在英国皇家学会举行。圣安德鲁斯大学唱诗班的成员和音乐系教师"合谋"通过献歌向约翰·里德令人钦佩的学识致敬。

---

① 阿塔兰忒是古希腊神话中一位善于奔跑的女猎手，她十分厌恶男人，几乎拒绝了除父辈外一切靠近她的男人，并向女神发誓终身不嫁。但她的父亲希望她结婚，对婚姻和男人没有兴趣的阿塔兰忒同意和跑赢她的求婚者结婚，但是如果求婚者跑输了就得被她杀死。因为阿塔兰忒在当时几乎是全希腊跑得最快的人，除了赫拉克勒斯几乎没有人比她跑得更快，所以她杀死了很多求婚者。希波墨涅斯向爱神阿佛洛狄忒求助，她便给了他三颗阿塔兰忒无法抗拒的金苹果，当阿塔兰忒捡到金苹果时就会减速。比赛时，每当阿塔兰忒超过希波墨涅斯，他就扔出一颗金苹果，让阿塔兰忒捡金苹果，希波墨涅斯就这样赢了赛跑，并娶阿塔兰忒为妻。

图35 迈克尔·迈尔的《阿塔兰忒逃亡》（法兰克福，1618年）的扉页（由耶鲁大学拜内克古籍善本图书馆提供）

图36 根据希腊神话，雅典娜是从其父亲宙斯的头颅中诞生的（由耶鲁大学拜内克古籍善本图书馆提供）

《无字之书》

　　《无字之书》是17世纪最美丽的书籍之一，于1677年在法国出版，作者是"阿尔图斯"，这是代表"经验丰富的炼金术士"的化名。这本书是雅各布·索拉特授意印刷的，书中包括13幅对开尺寸的图画，只在扉页有少量文字，描述了"伟大的工作"。1702年，《无字之书》由于其中15幅图片被收录在曼吉的《奇异化学志》第一卷的末尾才被更多人知晓。这些图片都是有隐喻的，没有确切的解释。这些图片描绘了一个男人和一个女人（可能是丈夫和妻子）以平等合作的方式进行"伟大的工作"，这一点很有意思。这是本书中相当新颖的地方，因为在很长一段时间内，女性在化学中几乎没有扮演重要角色。但是，有一位生活在古埃及亚历山大的女炼金术士叫玛丽·普罗菲迪莎（又被称为女先知玛丽），她发现了盐酸，并发明了一种早期的蒸馏器以及用于温和地加热物品的水浴器。她还发明了将铅铜合金与硫熔合制成黑色材料的工艺。这种黑色材料通常是嬗变的起点，代表了复活前的寓言性死亡。这是炼金术被称为"黑魔法"的起源之一。

　　图37至图42选自1914年在巴黎再版的《无字之书》。扉页（图37）显示了一幅被认为是描绘了雅各布和通往天空的梯子[①]的图片。雅各布靠在一块岩石上，有人说这代表着贤者之石。扉页上的文字翻译如下：

　　《无字之书》中关于赫尔墨斯·特里斯墨吉斯忒斯的哲学的全部内容都是用意象表示的，本书献给神圣的、仁慈的、伟大的上天和艺术之子，作者为阿尔图斯。

　　最后三行的数字与《圣经》中的章节有关。

　　图38是《无字之书》中的第二幅图，描绘了太阳在两个天使的上方，他们拿着一个容器，里面装有海神和在其旁边的太阳和月亮。海神被认为代表着"伟大

[①] 在希腊神话故事中，有一个叫雅各布的人做梦沿着登天的梯子取得了圣火。

图37 《无字之书》的扉页

的工作"中需要的液态物质，两个炼金术士跪立在炼金炉前。这幅图的上半部分代表"伟大的工作"的精神层面的部分，下半部分代表"伟大的工作"的实体层面的部分。在炼金炉中，底部是火焰，中间的漏斗是用于控制加热"贤者之卵"的砂浴器或水浴器。

图39是《无字之书》中的第四幅图，描述了在位于白羊座区域的太阳和位于金牛座区域的月亮（春天）的影响下，草地上布置了收集露水的布。露水被认为是原初物质的一种，两位炼金术士将布上的露水拧入一个大的收集盘中。

在《无字之书》的第五幅图（图40）中，两位炼金术士将露水装入蒸馏容器中蒸馏。然后，男炼金术士将蒸馏物倒入四个加热容器，据说需要加热40天。女炼金术士从蒸馏容器中取出残留物，然后将其装入一个瓶子，交给一位抱着孩子并带有月亮印记的老人。有人认为，老人是农业之神萨图恩。

在图41（《无字之书》的第十四幅图）中，我们看到了三个炉子，男人、小孩和女人正在修剪炉子灯上的灯芯。等量的月亮酊剂和太阳酊剂被磨碎以制备水银，两位炼金术士紧闭双唇，心中默念："祈祷，阅读，阅读，阅读，再次阅读，劳作和发现。"

图42（《无字之书》的第十五幅图）就像图37一样，完全是描述精神层面的内容。梯子不见了，在太阳和月亮的影响下，一个可能是赫拉克勒斯（宙斯之子）的人躺在底部，天使给宙斯戴上月桂花环，两位炼金术士齐声喊道：

眼之所见，心之所见。

"伟大的工作"完成了。

图38 《无字之书》的第二幅图

图39 《无字之书》的第四幅图

图40 《无字之书》的第五幅图

图41 《无字之书》的第十四幅图

图42 《无字之书》的第十五幅图

第三章
医用化学和散剂制备

帕拉塞尔苏斯

特奥弗拉斯图斯·波姆巴斯特·封·霍恩海姆自称为帕拉塞尔苏斯,他将化学方法用于医学治疗,并创立了一个名为"医用化学"的领域。他彻底打破了克劳迪亚斯·盖仑[①]提出的医学理论,被公认为将实验和观察引入医学治疗的先驱。帕拉塞尔苏斯言论偏狭,又喜欢夸夸其谈。

我们与其搜索帕拉塞尔苏斯的名言语录,不如借鉴伊文·康奈尔的小说《炼金术士日志》,以此深入了解他的思想和风格:

我曾说过,所有金属都与疾病有关,但是黄金除外,因为真正的黄金可以由长生不老药炼化,所以对健康很有利。我曾教过奥波利努斯,黄金是多么美好,并拥有非常完美的光泽,以至于许多人宁愿盯着黄金,也不愿意仰望慷慨的太阳。黄金在固定性或永久性方面是无法超越的,因此它闪耀着不受腐蚀的光芒,它能够放大每种药物的作用,使麻风病人充满活力,使心脏得到强化。这是神奇的大自然孕育出来的一种强有力的药物。但是,假的黄金不具有任何治疗作用,而且会损害内脏。因此,既然了解炼金术的医生拒绝接受庸俗的东西,那就应该抛弃假的黄金。我们绝不能无度地囤积黄金,而应该以适当的方式分配我们拥有的黄金,以寓言的方式提醒每个人:他必须在诅咒与幸福之间做出世俗的选择。

---

① 克劳迪亚斯·盖仑(约129—200),古罗马医师、自然科学家和哲学家。

假炼金术士致力于处理汞、盐和硫黄，他们梦想着将这些物质通过转化反应变成炼金术的黄金，但由于他们只是对文献进行字面解读，所以无法掌握自然发展的规律。因此，他们只能出售一篮篮镀金的鹅卵石，或者把一滴滴汞滴到浑浊的蒸馏器中。这些毫无用处的"灵丹妙药"只适合灵堂。这是虚假的巫术。

如果上天愿意启发炼金术士，那么炼金术士会在适当的时候获得灵感。但是，如果上天认为某位炼金术士不称职，或者将导致不可挽回的灾祸，那么这位炼金术士将不会获得灵感。

第一段指出了存在缺陷的低级金属可以通过使用长生不老药（或贤者之石）而被炼化为完美的黄金，只有真金才可以被用作药物。第二段表示假炼金术士的追求是没有希望的，他们有时被称为在火炉风箱之后的"推杆"，他们的目标仅仅是炼金，而没有考虑炼金术与自然的统一。第三段也许是最有趣的：炼金术的配方无法复现，因为上天不会让不称职的炼金术士获得灵感，而不是由于原始配方或方法存在缺陷。顺便说一句，我们到现在还不清楚贤者之石或长生不老药是如何引发嬗变的。

我们可以通过一本于1652年在伦敦出版的书中被认为是帕拉塞尔苏斯给出的一些疗法，对这一时期的药物有所了解。这本书名为《三篇关于作为骑士及医生的莱昂纳德·菲奥拉万特的选文》，三篇选文分别为《他的理性机密》《外科：经过审查和修订，包含一本优秀的实验书》《秘密：从两个学院的专家的实践中收集而来的，被并入帕拉塞尔苏斯的114项实验散剂》。（在买书之前，你最好了解其中的内容。）

以下内容均出自该书：

某位女士长期心脏难受，她因服用两次我们的汞呕吐剂而痊愈，她吐出了一条虫，应该为绦虫。

一个15岁男孩摔倒在石头台阶上，胳膊和腿部麻木了，动弹不得。我将药膏涂在他的脖子、后脑勺以及椎骨上。这种软膏的原料包括狐狸的脂肪、蚯蚓的卵、贤者之硫酸，我将它们混合成药膏。在涂上药膏后不久，这位男孩身上的伤口和肿胀就不那么严重了。

一个人吐血了。在内服方面，我把微量鸦片酊的沉淀物混在有车前草的水中让他服用治病；在外敷方面，我在他的胸口缠上了在天仙子根熬制的汤药中浸过的亚麻布。

一个人身上长了两根肉刺，有些像是树瘤，这是由于他与一个女人鬼混而导致的。他在此前六个月看了很多医生，但这些医生都认为他治不好了。我用以下配方将他治好了：把水银的精华与用智慧之水稀释的浓硫酸混合在一起，并将其放在栓剂里置于温暖之处四天。

一个18岁的男青年拔了一颗牙齿，三个月后，那里长出了一个黑色的水疱，我每天都用硫酸膏涂抹水疱，最终将水疱消除了。后来，新的牙齿长出来了。

一个肥胖的、整天喝得醉醺醺的酒店老板因吃得太多和过度饮酒而命在旦夕。我通过放血疗法让他恢复了健康。

一位病人因虚弱而饱受胃痛困扰。我将硫酸盐放入他的饮料，使他大量排泄和排废，他因此恢复了健康。

我给一个被头疼困扰的男人清洗鼻孔，用注射器向他的鼻孔中注入牛蒡汁而将他治愈。

一个女人快要死了，我将红色硫酸加入泡过茴香籽的水中，让她服用。过了一会儿，她排出了一条虫，因此痊愈。

为了使奶妈的奶水充足，我摘下了茴香的嫩枝，并将其放在水或葡萄酒中煮，让奶妈在吃晚餐时饮用。

一个男人因多年头痛而备受折磨，我通过打开颅骨治愈了他，并以同样的方式治愈了他的大脑颤抖，随即让他服用了含有硫酸盐的罗勒水。

一位来自德国的王子因高热而引起了狂躁症，我让他服用了五粒鸦片酊万能药，使他退热，随后他睡了六个小时。

炼金术的"梦之队"

图43摘自奥斯瓦德·克罗尔创作的在1611年出版的《皇家化学》，这本书在随后的100年中多次重印。它因让帕拉塞尔苏斯及其追随者的知识在17世纪流传而闻名。

这本书美丽的扉页描绘了炼金术的"梦之队"：

赫尔墨斯·特里斯墨吉斯忒斯，古埃及人；

贾比尔·伊本·哈扬，阿拉伯人；

莫利埃努，罗马人；

罗杰·培根，英国人；

雷蒙·卢尔，西班牙人；

帕拉塞尔苏斯，瑞士人。

从另一个角度来说，这确实是一支"梦之队"，因为没有证据表明赫尔墨斯·特里斯墨吉斯忒斯是真实存在的，被誉为炼金术之父的"三倍伟大的赫尔墨斯"的名字确实让人感觉奇怪。但无论如何，炼金术被称为"赫尔墨斯的艺术"。当我们密封某物时，就像一些炼金术实验被密封在玻璃容器中并被埋在地下多年一样，我们可以保护它免受外部因素的影响。

图43 奥斯瓦德·克罗尔的《皇家化学》（法兰克福，1611年）的扉页，这本书也许是帕拉塞尔苏斯主义的化学知识的主要早期来源

用火、热水、砂子和猪粪进行蒸馏

康拉德·格斯纳[①]出生于苏黎世一个"非常贫困的家庭"。他父亲在他小时候就发现了他的才华，便把他送去了卖草药提取物的叔叔那里接受进一步的教育。在这种情况下，康拉德·格斯纳对植物及其衍生的药物产生了兴趣。尽管康拉德·格斯纳在19岁时娶了一位没有嫁妆的新娘，但他幸运地得到了他的老师的资助，并得以继续接受教育。他编写了一本希腊语-拉丁语词典，并在21岁时被任命为洛桑学院的希腊语教授，这使康拉德·格斯纳的经济条件宽裕起来。他在巴塞尔大学医学院学习了一年，在25岁时获得了医学博士学位。他的余生都在苏黎世担任医生，并在卡罗利尔姆学院担任"亚里士多德物理学"讲师。1565年，49岁的康拉德·格斯纳因瘟疫去世。

图44出自康拉德·格斯纳的《新旧物理疗法的实践》，于1599年在伦敦出版。本书的第一版在1552年出版。图44是这本书在1599年出版的四卷本的第二卷的扉页。太阳和月亮分别代表男性（"智慧之硫"）和女性（"智慧之汞"）的本原。

在图45（a）中，我们可以看到水浴器。左边是一个使用火炉和水浴器实现温和且可控蒸馏的设备。该图右侧的更简单的设备可以实现类似的结果。蒸馏器的顶部装有蒸馏头，并带有冷凝管，可以将蒸气冷凝并收集到曲颈瓶里。

图45（b）描绘了在被太阳加热的沙浴中密封的蒸馏瓶中加热蒸馏液的场景（康拉德·格斯纳指出，7月和8月为开展此项工作的最佳时间，这可能需要长达40天的时间）。另一种温和蒸馏的技术是将蒸馏设备放在一盒子持续加热的野猪粪中，见图45（c）。我个人建议将这种设备命名为"令人作呕的水浴器"，这种设备最好在户外使用。

---

① 康拉德·格斯纳（1516—1565）是瑞士博物学家、目录学家。他的五卷本巨著《动物史》涵盖广泛，且配有精确的插图，被认为是动物学研究的起源之作。他的目录学著作《世界书目》内容庞大、分类科学，影响十分深远。他在语言学和植物学方面也颇有建树。

图44 《新旧物理疗法的实践》（伦敦，1599年）第二卷
的扉页，这本书的完整书名为《新旧物理疗法的实践：
分为四卷，包含了物理和哲学的最伟大的秘密，其中有
经批准的治疗人体内外各部分的疾病的最佳药物等》

　　第四卷的扉页（图46）充满了奇妙的符号。太阳和月亮见证贤者之树（或生
命之树）的生长过程，代表着"伟大的工作"进行的过程。长着翅膀的龙正在吃
碗里的东西，这可能表示那是"智慧之汞"。生命之树上的蒸馏瓶状的花朵，可能
代表着贤者之卵。在这幅图中，我们可以看到十一枚卵。每枚卵里都飞出了一只
赫尔墨斯之鸟，象征着"伟大的工作"已经完成。

　　图47至图49摘自约翰·法兰西创作的于1651年在伦敦出版的《蒸馏的艺术》
1653年重印版本。图47（a）描绘了蒸气蒸馏设备。图47（b）描绘了由黄铜水壶
和盖子组成的中心加热并通过烟囱排气的水浴器。图48（a）说明了使用阳光加热
玻璃晶体或铁（或大理石）砂作为蒸馏热源的方法。图48（b）中的重型炉保证仅
需1小时就能从矿物、蔬菜、骨头和角中蒸馏出大量酒精和油，而不是通常的24小
时（这说明即使在1653年，人们也认为"时间就是金钱"）。图49（a）描绘了蒸
馏盐酸的设备。图49（b）描绘了用于蒸馏挥发性液体的设备，其中包括水冷式冷
凝器。

图45 《新旧物理疗法的实践》中描绘蒸馏设备的版画

图46 《新旧物理疗法的实践》第四卷的扉页

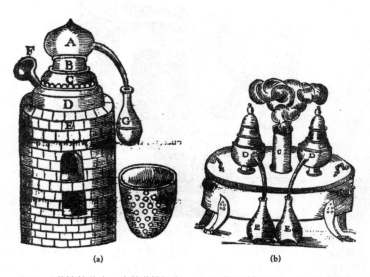

图47 《蒸馏的艺术》中的蒸馏设备：（a）蒸气蒸馏设备；（b）水浴器

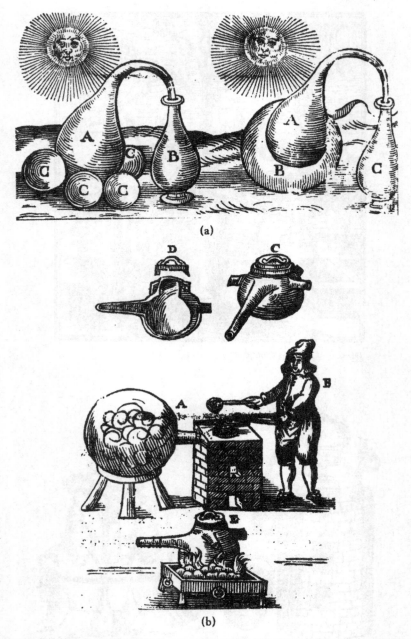

图48 《蒸馏的艺术》中的蒸馏设备：（a）左图展现了以被阳光加热的玻璃晶体作为热源，右图展现了以铁（或大理石）砂作为热源；（b）用于从大量矿物、蔬菜、骨头和角中蒸馏出大量酒精和油的重型炉

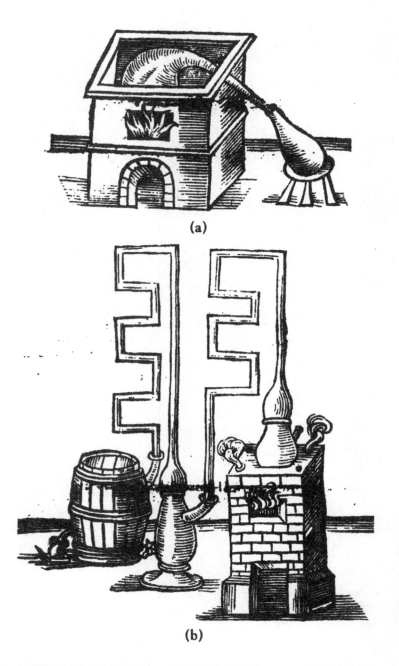

图49 《蒸馏的艺术》中的蒸馏设备：（a）蒸馏盐酸的设备；（b）带有水冷式冷凝器、用于蒸馏挥发性液体的设备

第四章
新兴科学——化学

第一本10磅重的化学教科书

第一本系统的化学教科书是《炼金术》，作者是安德烈亚斯·利巴维乌斯（约1540—1616），这本书于1597年在法兰克福出版。图50显示了放大的并带有插图的精美的《炼金术（第2版）》（法兰克福，1606年）的扉页。我收藏的这本《炼金术》用高档的意大利产的牛皮纸装订，重约10磅。利巴维乌斯接受过古典教育，除了获得医学博士学位并担任医师外，他还是耶拿大学的历史学与诗歌学教授。利巴维乌斯按照帕拉塞尔苏斯的方式，采用金属疗法，他使用的药剂包括可饮用的黄金液（溶解在王水中的金），以及甘汞。然而，他对帕拉塞尔苏斯的看法是这样表述的："正如他在许多事情上愚蠢和不确定的做法一样，帕拉塞尔苏斯在写作的时候也像疯子一样。"虽然是炼金术的信徒，但利巴维乌斯进行了许多实际的化学实验，并指出铅在焙烧后重量增加了8%—10%。

《炼金术》用详细的平面图描述了假想"化学房屋"（图51）的建造过程。"化学房屋"有一间主实验室、一间化学药品储藏室、一间制备室、一间实验室助理室、一间结晶和冷冻室、一间沙浴和水浴室、一间燃料室、一家博物馆、花园、步道，甚至还有一间酒窖。这本书还描述了通风橱、熔炉、玻璃器皿、密封材料、研钵、镊子、化学制剂以及那个时代需要的所有"最先进"的设施和设备。

利巴维乌斯的《炼金术》涵盖了教科书应当包括的各个方面，以含有丰富插图的"哲人之石"作为最后一章。约翰·里德将图52描述为底部加热的赫尔墨斯花瓶。图52的一些亮点包括：代表地球的底座；两个支撑着容器的大力神；代表火焰四个阶段的四头龙；代表水银的绿狮，是炼制哲人之石的首要物质；一只三头银鹰；一只代表腐败的黑色乌鸦；咬住自己的尾巴的有翅膀的"巨蛇"；两个球之间的白天鹅，以及男人和女人、太阳和月亮（分别代表"智慧之硫"和"智慧之汞"）。

图50 《炼金术（第2版）》的扉页

图51 《炼金术》中的"化学房屋"

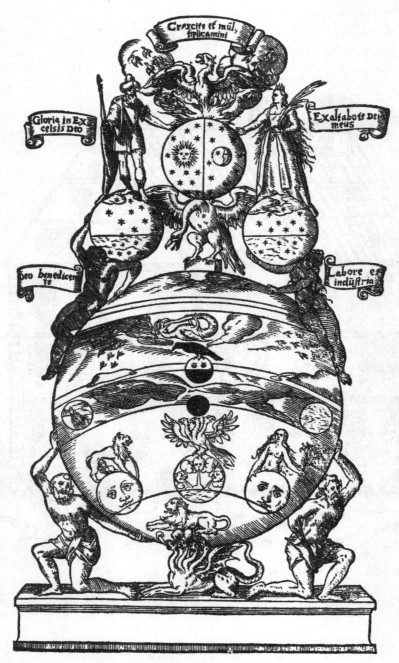

图52 《炼金术》中的赫尔墨斯花瓶

一棵生长在布鲁塞尔的树

扬·巴普蒂斯特·范·海尔蒙特（1580—1644）将"自然女神"称为"原始化学家"，这是一件非常具有讽刺意味的事情，因为如果有人类原始化学家的话，那就是他了。他的著作跨越了科学、伪科学和迷信之间的界限。扬·巴普蒂斯特·范·海尔蒙特出生在布鲁塞尔，但游历过很多地方。扬·巴普蒂斯特·范·海尔蒙特的头像（图53，左）出自《医学的起源》一书。这本书是由他的儿子、博学多才的炼金术士弗朗西斯科斯·墨丘里尔斯·范·海尔蒙特（图53，右）编辑整理，于1648年出版的。

在测量和实验刚刚开始定义科学的时候，扬·巴普蒂斯特·范·海尔蒙特进行了著名的柳树实验。他认为真正的基本元素只有水和空气两种，树木是由水元素组成的。为了验证这个假设，他称了200磅干燥的土，加入蒸馏水使其湿润，然后种下一棵重5磅的柳树苗。此后，他只用纯净的雨水浇灌树苗，为了防止灰尘落入，他还专门制作了盖子盖住土壤。五年后，柳树苗长成了柳树，经过称重，树重169磅，土壤经过分离和干燥后仍重200磅。因此，他认为柳树增加的164磅的重量只能来自水元素。

当然，这些结论是完全错误的。现在我们知道，树的质量由纤维素和水组成。纤维素是由光合作用（直到1771年才被发现）的产物产生的，而光合作用需要二氧化碳和水。同样，具有讽刺意味的是，扬·巴普蒂斯特·范·海尔蒙特作为创造了"气体"（gas）这个词（词源为"choas"，意思是"混乱"）并实际发现二氧化碳的人，却不理解其在柳树实验中的作用。

物质守恒定律通常与"现代化学之父"安托万-洛朗·拉瓦锡联系在一起。扬·巴普蒂斯特·范·海尔蒙特的柳树实验表明，该定律在120年前也是一个站得住脚的假设。在拉瓦锡死后约150年，贝蒂·史密斯的小说《布鲁克林有棵树》中描写了弗兰西对物质守恒定律近乎宗教般的敬畏：

　　弗兰西兴高采烈地上完了她的第一堂化学课。在一个小时里，她发现一切都是由不断运动的原子组成的。她明白了一个道理，那就是任何物质都不会减少或被损坏。即使某些东西被烧毁了或腐烂了，它也没有从地球上消失，它只是变成了其他东西——气体、液体或者粉末。弗兰西在听完了第一堂化学课后认定，在化学的世界里，一切物质都充满了生机，没有死亡。她感到很困惑：为什么学识渊博的人不把化学作为一种宗教信仰呢？

图53　《医学的起源》（阿姆斯特丹，1648年）的扉页

用"同情粉"治疗剑伤

让我们进一步探讨扬·巴普蒂斯特·范·海尔蒙特的信仰。他是"同情粉"的狂热信徒。与其定义它，我们不如先看看扬·巴普蒂斯特·范·海尔蒙特如何描述"同情粉"的应用方法：

……詹姆斯·豪威尔先生……在持剑的两兄弟之间进行调解，他的手臂受到了一处危险的伤：由于剧痛，以及随之而来的其他严重事故，他突然陷入了极度"衰弱与危险"之中。由于多次外科手术毫无效果，在这种令人绝望的情况下，他自认为没有希望找到缓解或治愈的办法了。但是他害怕坏疽，于是他向凯内尔姆·迪格比爵士求助。凯内尔姆·迪格比爵士弄到一种暗红色袜带，在豪威尔先生赤裸的情况下，将伤口包扎起来，然后将适量的罗马产的硫酸盐撒在上面。"同情粉"刚接触到袜带里的血液，病人就哭喊了起来，他的手臂感觉到了无法忍受的刺痛。当凯内尔姆·迪格比爵士所用的膏药和其他外敷药被移除后，这种疼痛很快就消失了。从那以后的三天中，此前的所有症状消失了，伤口恢复了，随后长出新肉并进一步康复。但后来，凯内尔姆·迪格比爵士为了完成他的实验，将袜带浸在一壶醋中，然后放在炽热的煤块上。不久，病人又陷入了极度痛苦之中，所有以前的不幸立即重现。实验结果表明，此前流出来的血液和尚在血管中的血液之间有"共鸣"……凯内尔姆·迪格比爵士再次将袜带从醋中取出，轻轻弄干，并重新撒上"同情粉"。于是，救助治疗取得了令人钦佩的成功，没过几天，豪威尔先生的伤口就只留有一处疤痕，证明豪威尔先生曾经受过伤。

换句话说，这种疗法是用"同情粉"治疗曾经覆盖伤口并沾满血液的敷料，通过血液间的"共鸣"将疗效传递到仍然在体内的血液。顺便说一句，这可以被视为超越帕拉塞尔苏斯早期学说的概念性进步，帕拉塞尔苏斯的追随者认为把药膏涂抹在伤人的武器上（而不是人的伤口上）能够治愈伤口。扬·巴普蒂斯特·范·海尔蒙特认为与伤口相通的不是剑，而是剑上的鲜血。"同情"的概念是英国皇家海军在1687年测试的"受伤的狗"理论的基础。一只狗在受伤后被送到海上，而包裹它的伤口的绷带则留在伦敦。在伦敦时间的中午，人们在绷带上撒上"同情粉"，这只狗应该会立即哭泣。通过与船上的时间进行比较，人们可以计算船只所在的经度。

没有浴缸和蒸馏器的房子不是家

约翰·鲁道夫·格劳伯（1604—1670）被认为是"工业化学和化学工程之父"。尽管他肯定是相信嬗变的，但约翰·鲁道夫·格劳伯对化学的发展做出了许多重要贡献。他是第一个描述结晶硫酸钠（Na_2SO_4，通常被称为"格劳伯盐"），及其看似惊人的药用价值的人：

外用时，它可以清洗所有新鲜的伤口、开放性溃疡并将其治愈。它既没有腐蚀性，也不会像其他盐一样引起疼痛。它在人体内行使着令人钦佩的功效，特别是与那些能够促进其功效发挥的物质相关联后，并能在那些必要的部位发挥功效……

他称硫酸钠为"神奇之盐"。

图54出自1689年出版的精美的对开本的书——《经验丰富的著名化学家的作品》。这个时期的蒸馏器（用于制造葡萄酒、啤酒和药品）和浴缸通常由铜制成，因此非常昂贵，并且每次使用都需要特制的炉子。虽然这对富人来说不是问题，但对于那些境况较差的人来说，这些物品通常是遥不可及的。

约翰·鲁道夫·格劳伯设计了一个与人的脑袋大小差不多的铜球，有配套的炉子，可以移动并插入廉价的木制蒸馏器和浴缸中（管道的密封件是用"牛膀胱"或淀粉和纸制成的）。图54的上图显示了炉子（A）、铜球（B）及与其连接

图54 约翰·鲁道夫·格劳伯设计的蒸馏装置和浴缸

的蒸馏器（C），蒸馏器与冷凝器（D）相连，冷凝器中有螺旋状的铜管，冷凝液最终流入接收器（E）中。图54的中图描绘了一种带盖的浴盆，盖上有孔，可以将需要温和受控加热的样品放在玻璃杯中置入浴盆。图54的下图显示了一个普通人用的木制浴缸，以及一个用于蒸桑拿的木箱。炉子（A）和铜球（B）可以用于每个设备。

尽管约翰·鲁道夫·格劳伯指出，与配有特制炉子的铜蒸馏器和浴缸相比，这种木制蒸馏器和浴缸的供热速度要慢一些，但是可以省下不少钱（对于"时间就是金钱"的富豪来说就无所谓了）。对于那些愚蠢到不能利用这项创新的人，约翰·鲁道夫·格劳伯说：

因此，就让那些不了解我的人守着他们的铜制容器吧，因为这与我无关。

玻意耳、亚里士多德和帕拉塞尔苏斯

罗伯特·玻意耳出生于英国的一个贵族家庭，被认为是真正的"化学之父"。他最著名的著作是《怀疑的化学家》（伦敦，1661年），图55为该书的扉页。这本书终结了亚里士多德提出的四元素（气、土、火、水）说，并导致帕拉塞尔苏斯学派主张的三要素（硫、汞、盐）学说衰落。罗伯特·玻意耳证明了空气对于维持生命和传播声音是必不可少的。他对空气作为气体进行的研究对于18世纪末至19世纪初拉瓦锡、道尔顿、阿伏伽德罗等人的发现至关重要，而这些发现推动了原子论——化学基本范式的出现。

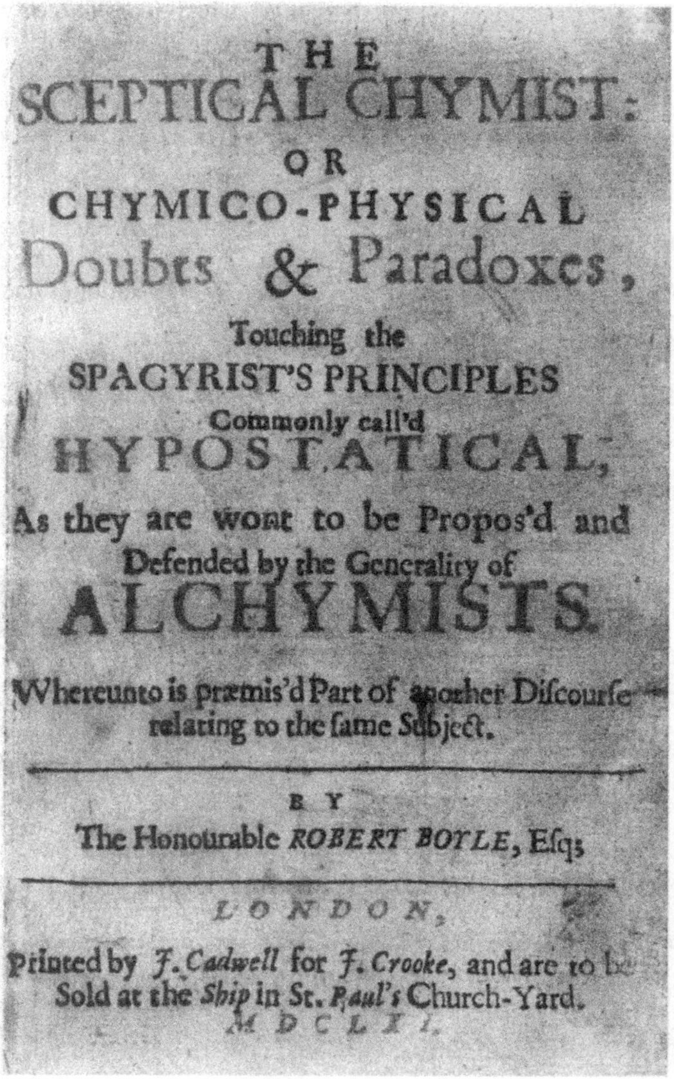

THE
SCEPTICAL CHYMIST:
OR
CHYMICO-PHYSICAL
Doubts & Paradoxes,

Touching the
SPAGYRIST'S PRINCIPLES
Commonly call'd
HYPOSTATICAL,

As they are wont to be Propos'd and
Defended by the Generality of
ALCHYMISTS.

Whereunto is præmis'd Part of another Discourse
relating to the same Subject.

BY
The Honourable ROBERT BOYLE, Esq;

LONDON,

Printed by J. Cadwell for J. Crooke, and are to be
Sold at the Ship in St. Paul's Church-Yard.
MDCLXI.

图55 《怀疑的化学家》（伦敦，1661年）的扉页，罗伯特·玻意耳在
本书中提出科学的元素概念（由宾夕法尼亚大学珍本和手稿图书馆提
供，来自埃德加·法斯·史密斯的藏品）

大气的质量很大

什么是空气？用大卫·艾伯拉姆[1]的话来描述就是：我们沉浸在无形的空气中，但是我们几乎察觉不到它。我们可以感觉到它的作用——它是维持生命的必需物质——但是感觉不到它的实质。我们对空气的感知也依赖风，这些气流在古代可能被人们视为大自然缥缈的气息。

我们为什么要学习化学中的气体定律呢？自19世纪初期以来，我们就知道：气态是一个原子或分子可以自由活动的状态。这样可以在最简单的层次上了解物质的物理和化学特性。我们还知道：体积相等的两份氢气与一份氧气可以完全精确地发生反应，产生的水的质量与两种气体的质量总和相等。

伽利略（1564—1642）是第一个尝试确定空气密度的人。大约在1638年，他把空气注入一个窄颈瓶并密封起来进行称重，然后他排出瓶中的空气再次对瓶子进行称重。埃万杰利斯塔·托里切利（1608—1647）于1643年前后发明了气压计。在海平面，大气压为760毫米汞柱。由于汞的密度是水的13.6倍，因此这相当于10.336米水柱。这就是老式农用泵无法从深度超过10.336米的水井中抽取地下水的原因。

图56是布莱瑟·帕斯卡的《液体平衡及空气重量的论文集》（出版于1663年）中绘制的非常典型的气压计的示意图。1648年，帕斯卡派他的合作者佩里尔测量了山顶上的气压，并证实山顶的气压低于海平面上的气压——显然，空气是有质量的，不过我们通常察觉不到。在现代，气压的单位是帕斯卡（Pa），一个标准大气压被定义为每单位面积（$1cm^2$）承受的大气压力，为760毫米汞柱，即101 325 Pa。帕斯卡还是第一台计算机的发明者，他也是一位哲学家。他在生命的最后阶段进入了一种优雅的状态："只有通过福音教导的方式才能找到他。人类灵魂的伟大。'公义的父啊，世人不认识你，我却认识你。'欢乐，欢乐，欢乐，欢乐的眼泪。"

奥托·冯·格里克（1602—1686）在1650年发明了第一台活塞式真空泵。

---

[1] 大卫·艾伯拉姆，文化生态学家和地球哲学家，著有《感官的魔咒》和《成为动物：地球宇宙学》等著作。

图56 布莱瑟·帕斯卡的《液体平衡及空气重量的论文集》（巴黎，
1663年）中的一幅非常典型的气压计的示意图（由宾夕法尼亚大学珍本
和手稿图书馆提供，来自埃德加·法斯·史密斯的藏品）

1654年，他进行了有史以来最伟大的科学实验之一——马德堡半球实验。图57描
绘了当时在雷根斯堡进行的实验的场景。在神圣罗马帝国皇帝斐迪南三世在场的
情况下，冯·格里克用真空泵把空气从两个铜半球组装而成的球体中抽走。尽管
球体的直径只有14英寸①，但两支各八匹马组成的队伍用了很大力气往两边拉才将
两个半球分开。底部为1平方英寸的760毫米汞柱的重量约为14.7磅。因此，大气

———————————
① 1英寸=2.54厘米。

图57 马德堡半球实验，摘自1672年出版的《冯·格里克的实验记录》（由宾夕法尼亚大学珍本和手稿图书馆提供，来自埃德加·法斯·史密斯的藏品）

压力约为每平方英寸14.7磅。由于真空球的横截面积约为154平方英寸，因此大气压在铜半球上的压力约为2 262磅（1.026吨）。一个成年人的身体的横截面积比铜球大得多，因此压在我们身上的大气重量远高于1.026吨。幸运的是，人体不像马德堡半球那样是封闭的，而是内外压力平衡的，因此我们丝毫没有意识到加在我们身体内部和外部的巨大力量。

图58描绘了玻意耳年轻的助手罗伯特·胡克（1635—1703）于1655年制作的玻意耳真空泵。球形玻璃容器的顶部用黄铜盖和黄铜塞密封。旋塞阀（SN）将玻璃球与黄铜制成的抽气筒（P）连接起来。抽气筒中有一个用皮革密封的活塞，并由手摇曲柄驱动的齿轮和齿条控制。塞子（R）紧紧地插入抽气筒的孔中。抽真空的过程如下：将旋塞阀打开并将塞子固定好，然后将活塞向下拉，从玻璃球中

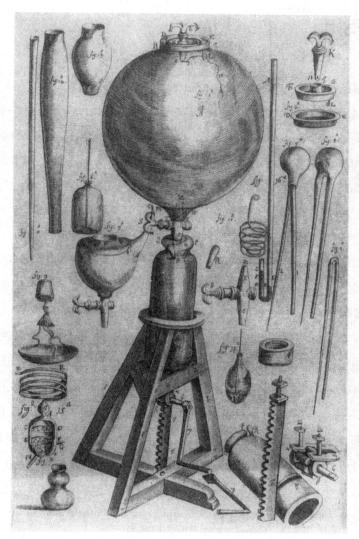

图58 由罗伯特·玻意耳的助手罗伯特·胡克制作的玻意耳真空泵［摘自《关于空气弹性及其效应的物理、力学新实验（第2版）》（伦敦，1662年）］

抽出空气；关闭旋塞阀，取下塞子，并将活塞向上推排出抽气筒中的空气；重复此过程。在1665年出版的《显微图谱》一书中，罗伯特·胡克首次使用"细胞"来描述显微镜下可见的软木的蜂窝状结构。

玻意耳定律

玻意耳的《关于空气弹性及其效应的物理、力学新实验（第2版）》于1662年出版，其副标题为《为玻意耳先生的物理、力学实验的解释辩护，反对弗朗西斯·莱纳斯的看法》。玻意耳揭示了气体的压力与气体体积之间的关系，我们现在将其称为玻意耳定律（第一气体定律）。为什么所有高中生在化学课上都必须学习这种简单的关系呢？因为在某种程度上来说，玻意耳定律和其他气体定律在100多年后帮助人们确认了原子和分子的真实性。

图59的图片5描绘了玻意耳用他设计的J形管测试他所知的唯一气体（空气）的压力与体积的关系。这里描述的实验数据[1]直接取自玻意耳的书。在玻意耳进行实验的那天，他用气压计测量的气压为$29\frac{2}{16}$英寸汞柱。玻意耳将汞从J形管长臂端的开口处倒入，将一小部分空气堵在J形管的短臂端，他仔细调整汞的量，使两臂中的汞的高度相等。这意味着被堵在J形管短臂端的空气的压力为$29\frac{2}{16}$英寸汞柱。（由于J形管的两个臂具有相同的横截面积，因此体积与以英寸为单位的高度直接相关，玻意耳将其用作相对体积的度量。）如果添加了足够的汞将空气的"体积"从初始状态下的12英寸压缩到9英寸（此时空气的"体积"为初始"体积"的$\frac{3}{4}$），则总压力为$39\frac{4}{16}$（$29\frac{2}{16}+10\frac{2}{16}$）英寸汞柱，约为初始压力的$\frac{4}{3}$倍。如果添加足够的汞将空气的"体积"从初始状态下的12英寸压缩到6英寸，则这部分空气的压力将在原来的$29\frac{2}{16}$英寸汞柱的基础上增加$29\frac{11}{16}$英寸汞柱，总计$58\frac{13}{16}$英寸汞柱：压力加倍，体积减半。当添加了足够的汞将空气的"体积"压缩到3英寸（原始体积的$\frac{1}{4}$）时，空气的总压力为$117\frac{9}{16}$（$88\frac{7}{16}+29\frac{2}{16}$）英寸汞柱，约为初始压力的四倍。

因此，玻意耳定律的公式为：

$$pV = 常数 \quad 或 \quad p_1V_1 = p_2V_2 = p_3V_3 = p_4V_4 = \cdots\cdots$$

---

[1] 因为实验中一定存在误差，所以实验数据并不与公式严格对应。——编者注

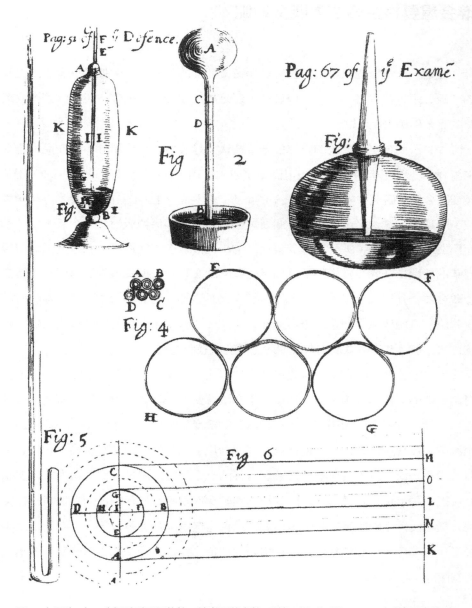

图59 在图片5中，我们看到了罗伯特·玻意耳著名的J形管，用于证明 $pV = k$（玻意耳定律）。空气被汞困在J形管的短臂端。随着汞不断加入，空气的体积不断减小（摘自《关于空气弹性及其效应的物理、力学新实验（第2版）》）

谁会想要将金转变为贱金属呢？

真是一个奇怪的故事！尽管玻意耳在《怀疑的化学家》中批驳炼金术士主张的"硫、汞、盐"三要素说，但玻意耳还是相信嬗变的可能性（英国皇家学会的艾萨克·牛顿也相信嬗变）。

《关于黄金变贱金属的研究报告》被认为是玻意耳存世量最少的作品。这本书第1版（匿名出版）于1678年出版，并在1739年出版了第2版。图60是《关于黄金变贱金属的研究报告（第2版）》的扉页。丹尼斯·杜维恩在《炼金术与化学集成》中认为，这两个版本仅存世四册。但是，阿伦·伊德认为，每个版本可能都有四册。玻意耳在《关于黄金变贱金属的研究报告》中描述了一系列关于他曾经目睹的反嬗变实验。其中的嬗变剂是微量的固态物质，据说该物质可以将金转变为贱金属，并且经过了测试。为什么有人会对这种"逆向炼金术"感兴趣呢？玻意耳用符合现代化学的逻辑进行推理，如果一个人学会了如何将金转化为贱金属的方法，那么他也可以从中发现如何进行逆向操作的知识。

《关于黄金变贱金属的研究报告》中叙述的实验提供了有一定吸引力但不具有确定性的证据，证明金可以通过化学方法转变为一种贱金属，甚至可能是一种盐。但是，世界上已知的"逆向炼金术"的嬗变剂都已经被用完了——显然后来也没有被发现过。阿伦·伊德怀疑，"逆向炼金术"的实验是否曾经进行过、是否做得不严谨，或者这可能只是玻意耳开的一个玩笑。阿伦·伊德认为：该实验很可能实际上是在玻意耳一贯的高超的实验操作水平下进行的，而且玻意耳在实验方面也没什么幽默感。阿伦·伊德的结论为这可能是玻意耳的一名实验室助手要了一些花招，让玻意耳得到了他想要的结论，并帮助他摆脱在年轻又自命不凡的艾萨克·牛顿面前遭遇的尴尬①。

---

① 1675年，玻意耳宣称他制得了"哲人汞"，但拿不定主意是否把制备方法公开出来。他征求同行的意见，牛顿特意写信给他，牛顿表达了三层意思：首先，牛顿怀疑"哲人汞"的性能；其次，牛顿建议玻意耳在充分认识到这种方法的社会影响并保证其无害之前不要发表；最后，他认为"哲人汞"只是炼金术在追求真理道路上的一个环节，因此暂不公布"哲人汞"的制备方法而继续探讨更深奥的真理是哲人的明智之举。——编者注

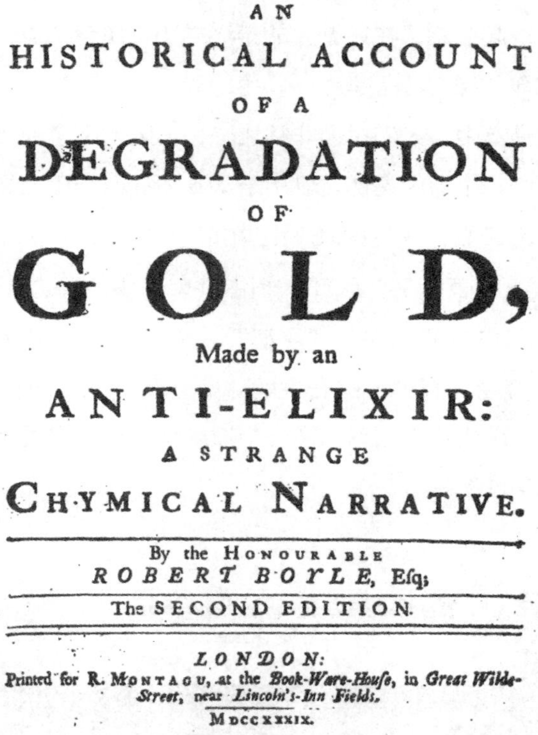

AN
HISTORICAL ACCOUNT
OF A
DEGRADATION
OF
GOLD,
Made by an
ANTI-ELIXIR:
A STRANGE
CHYMICAL NARRATIVE.

By the HONOURABLE
ROBERT BOYLE, Esq;
The SECOND EDITION.

LONDON:
Printed for R. MONTAGU, at the Book-Ware-House, in Great Wilde-
Street, near Lincoln's-Inn Fields.
MDCCXXXIX.

图60 《关于黄金变贱金属的研究报告（第2版）》的扉页

锑的凯旋战车

图61摘自尼古拉斯·勒·费夫尔的《化学大全（第2版）》（1670年），该书是17世纪的重要著作之一。图中描绘了化学家使用阳光焙烧金属锑（形成金属灰①）的实验。

锑是古人所知的九种元素之一。它通常以辉锑矿（Sb_2S_3）的形式被人们发现，这种黑色硫化物在古埃及被女性当作眼影粉使用。一种早期获得金属锑的方

① 金属灰（calx）在本书中主要指金属氧化物，有时也指金属盐。

99

法是把辉锑矿矿石放在炽热的木炭上焙烧。后来的方法包括将碳酸钾和硝石或铁，与辉锑矿矿石一起焙烧。在迦勒底的泰洛赫（今属伊拉克）地区，人们曾发现一块公元前3000年的锑制花瓶碎片。

在早期的化学书籍中，人们对锑非常迷恋，远远超出了现代人对锑的兴趣。这是为什么呢？其中一个原因是锑可以用于从金中提取杂质。锑对硫的化学亲和力很低（比金高、比银低，参见图75和图76所示的"杰弗罗伊创作的化学亲和力表"，锑用三尖王冠表示）。因此，辉锑矿矿石中的硫会和熔化的金中的其他金属结合，形成可以方便除去的"浮渣"。人们可以使用这种方法从金中分离出银，因为银更容易与辉锑矿矿石中的硫结合，生成由硫化银和硫化锑组成的"浮渣"，分离出锑化金。最后，锑化金被燃烧，释放出易挥发的氧化锑，留下的物质便是高纯度的金。

图61 使用放大镜利用阳光焙烧锑

在描绘巴希尔·瓦伦丁的第一把钥匙的图17（a）中，狼代表锑（锑有时被炼金术士称为"金属之狼"）。另一幅17世纪的著名画作描绘了狼吞噬了一个死去的人（代表纯度不高的金），随后被燃烧（分离具有挥发性的氧化锑），最后国王（代表金）被释放出来了。

既然锑可以有效地清除金属中的杂质，那么它难道不应该也是一种有效的可供人类使用的通过排毒（或催吐）的方式消除疾病的药物吗？帕拉塞尔苏斯是第一个将锑描述为一种医用净化剂的人，这引发了医生之间的激烈辩论。盖仑主义者的观点是使用与疾病具有相反性质的药物可以抑制疾病，帕拉塞尔苏斯主义者则主张通过相似性质的药物来治疗（以毒攻毒）。锑究竟是药物还是毒药？医生们为了这个问题争论了几个世纪。直到1658年，路易十四服用"吐药酒"治好了病，这场争论终于结束了。费夫尔对药用锑也很着迷，尤其喜欢通过阳光对锑进行净化（如制得金属灰）。他也注意到，锑在焙烧后，重量会增加。《锑的凯旋战车》一书于1604年首次出版，作者是传说中的本笃会修士巴希尔·瓦伦丁。他在这本书中使用了华丽的、好莱坞式的标题，以充满激情的长篇大论对药用锑进行抨击。

值得一提的是，在现代，有些抗癌药会"毒害"正常细胞，但对癌细胞的毒性更大，因为癌细胞的繁殖速度更快。因此，在这种情况下，帕拉塞尔苏斯主义者"以毒攻毒"的观点得到了证实，但药用锑可以中和胃酸的观点是不正确的。

一场盐味的对话

我们在前文介绍"同情粉"和著名的柳树实验时提到了扬·巴普蒂斯特·范·海尔蒙特。尽管他是帕拉塞尔苏斯的信徒，并且相信金属的药用价值，但他没有接受帕拉塞尔苏斯的三要素说或古人的四元素说。扬·巴普蒂斯特·范·海尔蒙特认为水和空气是两种元素，且只有水包含物质。他是一个独立的思想家，并引起了西班牙宗教法庭的注意（那时，比利时由西班牙统治）。他生命中的最后20年里一直被软禁。在他于1644年去世后，他的儿子弗朗西斯科斯·墨丘里尔斯·范·海尔蒙特于1648年出版了其父亲的完整医学著作《医学的起源》。这本书描述了酸和胆汁在消化中的作用以及酸在炎症和脓液形成过程中的作用。扬·巴普蒂斯特·范·海尔蒙特和弗朗西斯·西尔维乌斯①是荷兰黄金时代医用化学领域的代表人物。

西尔维乌斯并不认可扬·巴普蒂斯特·范·海尔蒙特修正的关于"阿契厄斯"（见后文）的观点。他认识到，尽管胆汁（例如狗胆汁）尝起来有些酸味，但实际上是碱性的。西尔维乌斯意识到酸性物质和碱性物质在混合时会产生气泡和/或热量，因此他设想了生物体内酸碱之间的战争。西尔维乌斯的学生奥托·塔切尼乌斯发展了西尔维乌斯的酸碱理论，但引入了盐的统一概念，即酸和碱结合产生盐。这大大改善了味觉测试以外的酸碱分类方法，而罗伯特·玻意耳提出了定量测试酸碱的方法。玻意耳在他的《关于酸和碱的假说的思考》（1675年）中将酸定义为使紫罗兰花瓣浸液变成红色的物质，而将碱定义为使紫罗兰花瓣浸液变成蓝色的物质。

由内科医生托马斯·埃恩斯出版的《碱与酸的对话》（第1版出版于1698年，第2版出版于1699年）是对另一位医生约翰·科尔巴奇的观点进行批驳的一个有代表性的例子，图62为该书的扉页。约翰·科尔巴奇认为：疾病是由碱性物质引起的，而治疗的方法就是用酸性物质中和碱性物质。埃恩斯在这本书的扉页上加了一段很有意思的说明：本书是对所有医师的重大失误的不谦虚的自我赞赏、可耻的蔑视和滥用，以及对冒名者约翰·科尔巴奇的极大无知的说明。为什么现在的出版社不让我使用这么俏皮的说明呢？

这本书的开头是这样的：

碱先生：很好，酸先生，您这么急着去哪儿啊？去见穿过肺部或心脏的某些英雄吗？

_____

① 弗朗西斯·西尔维乌斯（1614—1672）是荷兰内科医生、化学家、生理学家和解剖学家。

酸先生：我没有必要告诉你这件事情，碱先生。但无论我在哪里见到你，我都坚决反对你。你是死亡与腐败的主宰者，你总是激怒我，你在世界上做了很多坏事。现在，我要进一步责备你，因为我从拉辛顿爵士的使者那里得知了你的恶行。你让拉辛顿爵士遭受了痛风的折磨，如果我没有及时帮助他，他将痛不欲生。除了我，没有人能帮助他。

碱先生：你的言辞很锋利，酸先生……

说实话，我讨厌这种双关语。我怀疑，当我开始听到试管里的"酸先生"和"碱先生"互相交谈的时候，我就该退出化学领域去开我梦寐以求的书店了。

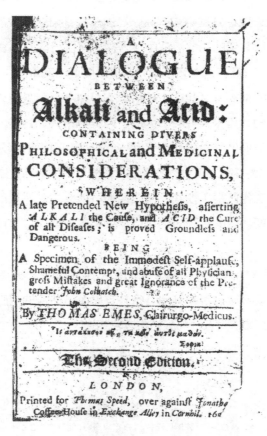

图62 《碱与酸的对话（第2版）》的扉页

103

胃里的炼金术士

盖仑的观点统治了医学界近1 400年。他认为需要平衡四种体液（黏液、黑胆汁、黄胆汁和血液）才能保持身体健康。帕拉塞尔苏斯就像他的名字①一样，喜欢夸夸其谈，并兴高采烈地抨击包括盖仑主义者在内所有与他持有不同意见的人，无论他走到哪里，都会树立很多敌人。

帕拉塞尔苏斯认为，炼金术的目的是创造新的药物而不是黄金。他将合成出来的无机（金属）化合物作为药物使用，而不是使用传统的草药提取物。如前所述，他相信相似性，主张以毒攻毒，但他在使药物变甜或变得好吃后才给病人服用这些药物。因此，汞在硝酸中溶解后，经过蒸发并焙烧生成的氧化汞可用于治疗性病。同样，向溶有汞的硝酸溶液中加入盐水可以析出固态甘汞（Hg_2Cl_2）。这是一种有效的泻药，可以缓解胃部压力并清除肠道中的寄生虫。

帕拉塞尔苏斯的神秘主义包括一种信念：身体本身就是健康的，疾病是由于食物产生的。他认为：胃中存在着强大的"阿契厄斯"，这是一个只有头和手的自然炼金术士。阿契厄斯将食物分为有营养的部分与有毒的部分，有毒的部分被排出身体。同样，空气也会被分为有营养的部分和有毒的部分（"排泄性的空气"）。如果分离工作做得不彻底，阿契厄斯可能会生病，从而导致人患病。根据这个理论，有通便功效的甘汞显然可以帮助阿契厄斯保持健康，进而保持人体健康。

图63是北卡罗来纳大学夏洛特分校的艺术家丽塔·舒梅克对阿契厄斯的描绘。她用牛的网胃模拟连接胃和其他器官并支撑血管的人的网膜。图中，具有雄性特征的阿契厄斯在肠道附近，与膜结构紧密相连。

---

① 帕拉塞尔苏斯的姓名为德奥弗拉图特·波姆巴斯特·封·霍恩海姆，他自称"帕拉塞尔苏斯"，因为他认为自己比罗马医生塞尔苏斯更加伟大。波姆巴斯特的英文为"bombast"，意为"夸大的"。

图63 丽塔·舒梅克描绘的阿契厄斯

哈佛大学毕业的炼金术士

文艺复兴时期的炼金术让人联想到布拉格的"后街"和其他旧世界的形象。在人们的心目中，哈佛大学在严格意义上是属于"新世界"的，是进步思想的摇篮和众多诺贝尔奖获得者的母校。乔治·斯塔基（1628年出生于百慕大，1665年在伦敦死于瘟疫）是令人惊喜的新旧世界结合的代表。他以笔名"艾瑞纽斯·菲拉雷瑟斯"（意为"爱好真理的人"）在去世后发表了《揭秘》一书，这是他最有影响力的书籍。图64是其英文译本的扉页。

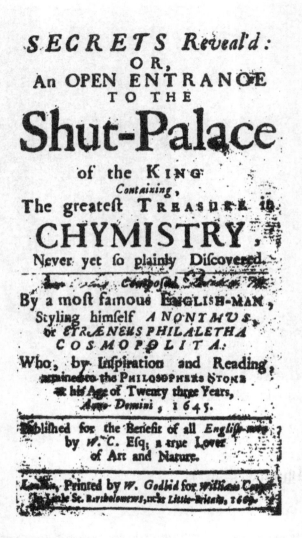

图64 《揭秘》的扉页

　　斯塔基于1646年从哈佛大学毕业，是哈佛大学第一任校长亨利·邓斯特亲自授课的"四人班"的学生之一。他与约翰·阿林（1623—1683，清教徒牧师、医师兼炼金术士）曾共用一间寝室。当时，斯塔基所学的课程包括"逻辑学""物理学""伦理学与政治学""算术与几何"。哈佛大学的自然哲学课程反映了亚里士多德学派和笛卡尔学派之间分歧的一些精微之处（如物质是连续的、没有空的空间、自然界讨厌真空等），以及包括牛顿和玻意耳在内的那些相信微粒存在的人的观点。根据威廉·R.纽曼的说法，这种划分法在当时的哈佛大学并不那么清晰，因为亚里士多德晚期的观点承认存在有限粒子。在这一点上，两派的观点是相通的。无论如何，斯塔基在毕业后认为：哈佛大学的自然哲学课程"烂透了"。

根据威廉·R.纽曼对17世纪中叶至18世纪末的哈佛大学的学位论文的研究，他发现了以下面几个论点为主题的论文：

1687年	有点金石吗？有。
1698年	是否存在普遍适用的配方？有。
1761年	是否存在普遍适用的配方？没有。
1703年	金属可以轮流转变为其他种类的金属吗？可以。
1703年、1708年、1710年	有"同情粉"吗？有。
1771年	通过化学工艺可以制造出真正的黄金吗？可以。

正如纽曼指出的那样，"显然，对于初露头角的炼金术士来说，哈佛大学是一个适宜的地方。直到1771年，哈佛大学的学生都在守护存在'哲人之石'的观点（这些学生是'新时代'的人）"。

斯塔基于1650年移居英国，成为扬·巴普蒂斯特·范·海尔蒙特的研究方法和世界观的积极传播者。扬·巴普蒂斯特·范·海尔蒙特不支持盖仑关于对立药物治疗的观点（相反治疗），也不支持帕拉塞尔苏斯学派的观点（相似治疗）。斯塔基相信能产生一种可以激发"阿契厄斯"治愈力的疗法，这被认为是位于胃和脾之间的生命精神力量。扬·巴普蒂斯特·范·海尔蒙特和斯塔基都相信用火技术（如涉及火的蒸馏工艺）的重要性和实验工作的功效。斯塔基认为抽象的数学没有什么实际用途。他自诩为"火边的哲学家"，与那些只知引经据典、引用已发表的事实的明哲保身的学者形成了鲜明的对比。斯塔基激烈的言论使他在学术界没什么朋友。不过，他与罗伯特·玻意耳之间有着重要的往来通信。纽曼指出，艾萨克·牛顿在认真研究炼金术时，引用斯塔基作品的次数超过了同一时期其他任何炼金术士。对于一位来自殖民地且收入不高的年轻人来说，这是一件"令人兴奋的事情"。

燃素：化学领域的第一个综合科学理论

约翰·约阿希姆·贝歇尔是首个提出燃素概念雏形的人，这一概念明显源于炼金术。贝歇尔认为：最重要的元素是水和三种基本"土质"（他认为空气和火是化学变化的媒介，而不是化学意义上的元素）。他的三种基本"土质"大致与帕拉塞尔苏斯提出的"三要素"相对应。贝歇尔将最后一种"类似硫"的"土质"称为"油土"，据说它存在于可燃物中，并在燃烧时被释放出来。施塔尔后来发展了这个概念，并提出燃素理论。

贝歇尔和玻意耳都意识到金属灰比相应的金属重（见后文关于"粒子流"的内容）。贝歇尔认为，这是"火微粒"造成的，这些"火微粒"非常小，可以穿过玻璃而与玻璃容器内的金属结合。

贝歇尔是一个好争论的人，他曾如此描述自己：

……对我来说，华丽的房屋、职业保障、名望或健康并不能吸引我，我更喜欢从风箱中吹出的烟、煤灰和火焰中的化学品。我比大力神赫拉克勒斯还强，我永远在奥奇恩的马厩里工作，炉子的强光几乎让我失明，我受汞蒸气的影响而呼吸不畅。我是另一个米特拉达悌六世①。我失去了别人的尊重和陪伴，在物质上是

---

① 米特拉达悌六世（约前132—前63），古代小亚细亚本都王国国王。据说，他每天服食少量毒药，因此百毒不侵。还有一种说法是他服用了一种"超级解毒剂"，可以化解世界上所有毒药的毒性。米特拉达悌的英文为"Mithridate"，意为"万应解毒剂"。

个乞丐，但在思想上，我像克罗伊斯①一样富有。然而，在所有这些不利条件下，我觉得自己过着幸福的生活，以至于我宁死也不愿与波斯国王交换地位。

显然，贝歇尔是一位真正的"硬核且狂热"的化学家。值得庆幸的是，现代化学家不必将这一承诺作为我们的职业誓言。

图65（a）是1664年出版的《俄狄浦斯的化学》的扉页，它描绘了俄狄浦斯解开斯芬克斯的谜语的传说，象征着化学家解开炼金术之谜，这与贝歇尔对嬗变的坚定信念是一致的。当然，一旦俄狄浦斯除掉了斯芬克斯，他便成为底比斯的国王，但他的灾难也随之而来。也许个人灾难也会困扰那些追求"哲人之石"的

图65（a） 《俄狄浦斯的化学》的扉页（由杰里米·诺曼有限公司提供）

---

① 克罗伊斯是吕底亚王国的最后一位国王，因其拥有丰厚的财富而闻名。

人，说到这里，就让人想起传说中拥有点石成金能力的迈达斯国王。

图65（b）摘自1681年版的《物理学的秘密》。该书第1版于1669年出版，包含了贝歇尔对元素的观点——燃素理论的雏形。这本书后来由格奥尔格·恩斯特·施塔尔进行了修改，并于1738年出版最终版本，见图1。

黑火药、闪电、雷电和"硝基空气"

黑火药是硝酸钾（KNO_3）或硝石（$NaNO_3$）与硫黄和碳的混合物，最早由中国人发明。它的爆发力是由于下面的放热反应，该反应迅速而剧烈地产生大量气体（二氧化碳和氮气）以及大量的热。黑火药可以在水下或真空中爆炸。用现代术语来说，硝酸盐作为氧化剂（代替气态氧），可以将碳转化为二氧化碳。因此，硝酸钾和硝石具有助燃性。

$$2 KNO_3+3C+S \rightarrow N_2+3CO_2+K_2S$$

在放大镜和阳光的作用下，空气中的锑被焙烧（见图61）生成的金属灰（现代术语为Sb_2O_3）与将锑溶于硝酸（HNO_3）并加热后生成的金属灰是一样的。显然，硝石和硝酸中存在的"硝基空气"也存在于空气中。

玻意耳的两位助手罗伯特·胡克和约翰·梅奥（1640—1679）基于这些观察，至少在表面上发展出一种可以预示未来拉瓦锡理论的观点。胡克通过含硫物质在空气中与"硝基空气"（类似于硝石）的剧烈反应来解释闪电和雷声。"含硫物质"的气味在某种程度上类似于贝歇尔描述的"油土"的气味。

梅奥进一步发展了这种观点。在1674年出版的《医学生理学研究》中，他描述了一项设计精巧的实验（图66的图片1）。一支蜡烛在一个底部置于水中的玻璃罩中燃烧，这个装置中还有一个盛有樟脑或硫黄的平台。当燃烧停止时，梅奥巧妙地证明了由于氧气消耗殆尽（因为反应产生的二氧化碳是易溶于

图65（b） 约翰·约阿希姆·贝歇尔的《物理学的秘密》（法兰克福，1681年）的扉页（由耶鲁大学拜内克古籍善本图书馆提供）

111

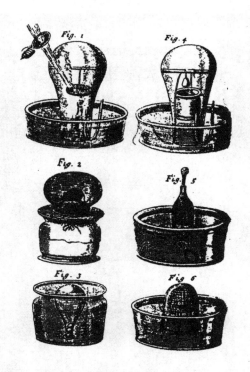

图66 约翰·梅奥的《医学生理学研究》（牛津，1674年）中的插图（由杰出的化学家、藏书家罗伊·内维尔博士提供）

水的）而导致空气体积减少。然后，他使用放大镜尝试在缺少氧气的空气中点燃易燃的樟脑或硫黄，但是没有成功。他的实验进一步证明，焙烧、呼吸和燃烧都需要"硝基空气"。在图66的图片2，老鼠被放在一个紧密贴合着潮湿的气囊的玻璃罩中，当老鼠消耗了玻璃罩中的氧气后，气囊便开始逐渐膨胀。出于类似的原因，在玻璃罩下面的笼子里的老鼠会使玻璃罩中的水位上升（图66的图片6）。图66的图片3至图片5描述了铁和硝酸反应生成一氧化氮及"硝基空气"转移的过程。与其他同时代的人得出的结论一样，梅奥还指出，金属灰比金属重。

这种焙烧、燃烧和呼吸需要某些空气成分参与的想法比拉瓦锡提出的理论早了100年。如果梅奥在他的研究中对硝石进行高温加热，也许他就能发现氧气了。有人可能会说，这将让化学家跳过了施塔尔的燃素理论。但是，就像扬·巴普蒂斯特·范·海尔蒙特在30年前为他因燃烧木炭而逸出的物质创造了"气体"一词一样，梅奥并没有收集气体的专业知识，而由化学家斯蒂芬·黑尔斯（1677—1761）发明的研究气体化学的技术是在约50年后才出现的。

"现代"燃素理论

燃素理论是化学的第一个真正的统一理论，由格奥尔格·恩斯特·施塔尔在18世纪初提出，并以实用的形式发展起来。施塔尔是一位急躁、易怒、自负、相当令人讨厌的化学家和医师。有人这样评价他："施塔尔似乎认为他的想法至少部分出于神的灵感，而普通人可能根本不了解它们。""……他讲授的内容枯燥无味且故意使人感到晦涩，几乎没有学生能理解。"施塔尔喜欢对他的对手进行猛烈抨击。虽然他清楚地承认了自己欠了贝歇尔的人情（施塔尔重新出版了贝歇尔的《物理学的秘密》，见图1），但他也发现了其中很多值得批评的地方。

图67是施塔尔于1723年出版的著名的《化学基础》的扉页。它总结了施塔尔从1684年开始提出的观点。在半个多世纪后，这本书被身穿女祭司服装的拉瓦锡夫人隆重地烧掉了（请参阅后文）。据说在16世纪，帕拉塞尔苏斯烧毁了盖仑和阿维森纳①的作品，这些都是"谩骂剧场"中的早期行为。

根据燃素理论，燃素既可以存在于可燃烧的物质中，也可以存在于已知能形成金属灰的金属中。这个理论如下：

木炭（含燃素）→灰渣+燃素

金属（含燃素）→金属灰+燃素

---

① 阿维森纳是伊本·西那（980—1037）的拉丁语名，他是阿拉伯医学家、诗人、哲学家、自然科学家。

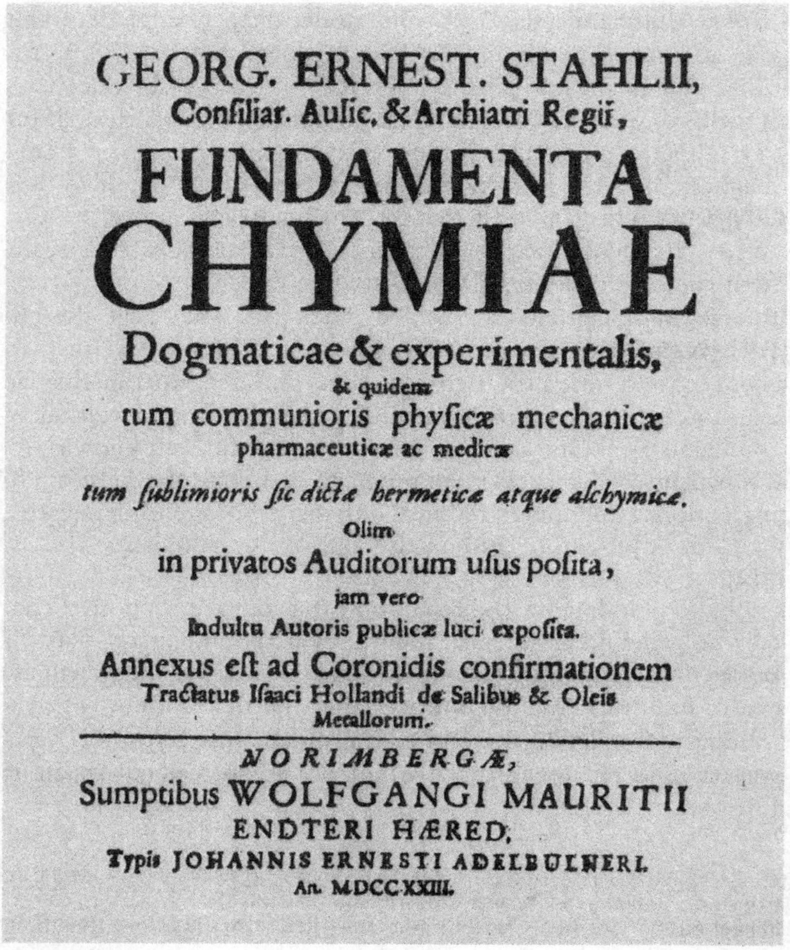

GEORG. ERNEST. STAHLII,
Conſiliar. Aulic. & Archiatri Regii,
FUNDAMENTA
CHYMIAE
Dogmaticae & experimentalis,
& quidem
tum communioris phyſicæ mechanicæ
pharmaceuticæ ac medicæ
tum ſublimioris ſic dictæ hermeticæ atque alchymicæ.
Olim
in privatos Auditorum uſus poſita,
jam vero
Indultu Autoris publicæ luci expoſita.
Annexus eſt ad Coronidis confirmationem
Tractatus Iſaaci Hollandi de Salibus & Oleis
Metallorum.

NORIMBERGÆ,
Sumptibus WOLFGANGI MAURITII
ENDTERI HÆRED.
Typis JOHANNIS ERNESTI ADELBULNERI.
An. MDCCXXIII.

图67 由格奥尔格·恩斯特·施塔尔撰写的《化学基础》的扉页

除了将这两种看似非常不同的化学反应联系起来之外，燃素理论还解释了众所周知的用木炭加热金属灰，最后得到金属的过程：

金属灰+木炭→金属+灰渣

木炭和金属含有燃素。与之类似，磷在空气中燃烧形成五氧化二磷；硫在空气中燃烧形成二氧化硫。将五氧化二磷、二氧化硫分别与木炭加热，可以得到磷和硫。

这种强大且在概念上有用的理论流行了大约一个世纪。约瑟夫·普里斯特利（1733—1804）在1774年发现氧气时称其为"脱燃素空气"，因为它能促进燃烧，从而能够从木炭或铁等物质中大力吸收燃素。氮气最初被称为"燃素饱和空气"，因为它不支持燃烧，所以它显然充满了燃素。当亨利·卡文迪许（1731—1810）在1766年发现氢气并发现其密度不到空气密度的$\frac{1}{10}$时，他认为这种易燃气体就是燃素。

正如罗阿尔德·霍夫曼所说，如果我们认为氧气为"A"，那么燃素的作用为"非A"或"负A"。因此，当木炭（C）燃烧时，碳元素不会失去燃素，而是与氧气结合形成二氧化碳（CO_2）。同样，当铁生锈时，铁与氧元素结合，而不是失去了燃素。如果硝酸钾（KNO_3）从镁（Mg）等金属中得到燃素，那么它实际上是让氧元素与金属结合形成了金属氧化物，如氧化镁（MgO），而自身则被还原为亚硝酸钾（KNO_2）。如果木炭与金属灰反应失去了燃素形成金属，那么实际上这是碳从金属灰中吸收氧元素形成CO_2和金属。

尽管有些化学教科书上说，燃素概念让现代化学的发展进程迟滞了100年，但燃素理论是一个强有力的统一理论，并为以后的实验提出了恰当的问题。罗阿尔德·霍夫曼称燃素"……为一种错误但卓有成效的概念，很好地服务于新兴的化学学科"。其中一个问题是众所周知的：尽管金属在焙烧过程中失去了燃素，但在形成金属灰后，金属的重量却增加了。有些人试图通过假设燃素具有负质量（浮力）来解释这一现象，最终未能说服科学界。

正如罗阿尔德·霍夫曼所指出的那样，氧气支持燃烧的认识将在以后被广泛接受。实际上，氟会自发地与金属反应形成氟化物。如果用火加热镁，这种活性金属甚至可以在氮气中燃烧形成氮化物。我们在后文可以看到，这就是瑞利爵士[①]

[①] 约翰·威廉·斯特列特（1842—1919），被尊称为瑞利爵士，英国物理学家。1904年，因"研究气体密度，并从中发现氩气"，他被授予诺贝尔物理学奖。

和威廉·拉姆赛[①]在19世纪末发现氩气的方法。因此，在适当的条件下，"Ａ"可以是氟气或氮气（或氯气），而不一定必须是氧气。

什么是"粒子流"？

现在，"effluvium"是一个罕见的词！《韦氏新国际英语词典（大学版）》对"effluvium"的定义如下：①一种真实或假想的蒸气或不可见的粒子流、光环；②难闻、令人不快的或有害的蒸气或气味，复数形式为"effluvia"。

玻意耳相信物质的粒子理论——这是原子论的前身。在名为《粒子流》的小书（扉页见图68）中，他进行了思维实验，以计算可测量的粒子流的质量的上限。但是在解释这些之前，我们先看一下玻意耳的说法：

古代和现代的原子论者认为：所有能够感知的物体都是由微粒组成的，这些微粒不仅是不可感知的，而且是不可分割的。笛卡尔学派和亚里士多德学派则认为：如果物质不是无限可分的，那么至少"数量"是无限的。如果物体不是无限可分的话，那么物体的粒子流就可能是由极小的粒子组成的，这符合任何一种学派的观点。因为如果我们接受亚里士多德学派或笛卡尔学派的观点，就无法停止把物质分成越来越小的碎片。伊壁鸠鲁的假说不承认物质的无限可分割性，但认为物体可以分成某些固体小微粒。因为这些固体小微粒不能被进一步分割，所以被称为原子（atomos）。但是，当有人指责这些观点的拥护者把在阳光照射下上下飞舞的小颗粒或小尘埃看成是原子时，他们确实有理由认为自己被误解了。因为根据这些哲学家的观点，这种小颗粒只有在阳光照射下才清晰可见，它们可能由许多原子组成，并且可能是由成千上万的原子组成的。

---

① 威廉·拉姆赛（1852—1916），英国化学家，因发现空气中的稀有气体元素并确定其在元素周期表中的位置而获得1904年诺贝尔化学奖。

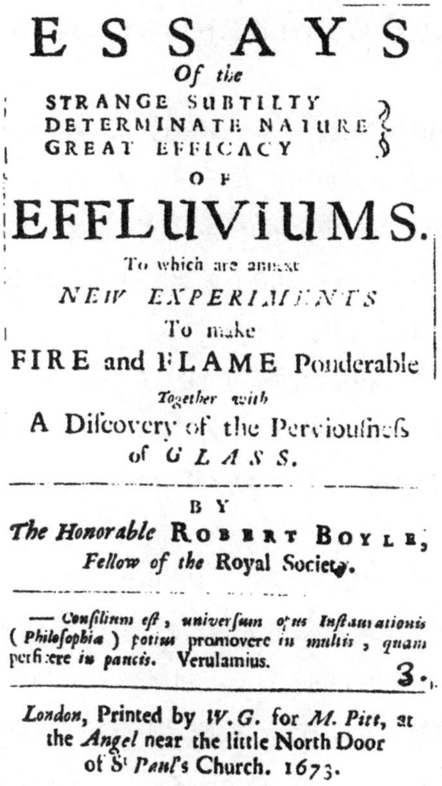

ESSAYS
Of the
STRANGE SUBTILTY
DETERMINATE NATURE
GREAT EFFICACY
OF
EFFLUVIUMS.
To which are annext
NEW EXPERIMENTS
To make
FIRE and FLAME Ponderable
Together with
A Discovery of the Perviousness
of GLASS.

BY
The Honorable ROBERT BOYLE,
Fellow of the Royal Society.

— Consilium est, universum opus Instaurationis
(Philosophia) potius promovere in multis , quam
perficere in paucis. Verulamius.   3.

London, Printed by W.G. for M. Pitt, at
the Angel near the little North Door
of St Paul's Church. 1673.

图68 《粒子流》的扉页。在丹尼斯·杜维恩收藏的书中，有
一本罗伯特·玻意耳为艾萨克·牛顿亲笔签名的《粒子流》

　　以上原文用（现代）英语翻译就是：别把我想得这么愚蠢，以至于认为我要估计其质量的粒子流与我所认为的原子（微粒）是一样的。我估计了粒子流的质量的上限，每一个粒子流都是由成千上万个微粒组成的。无论如何，请继续关注，看看我如何用这些粒子流解释我对金属及金属灰的观察结果。

　　以下是玻意耳做的一些思维实验：

　　1. 一格令（重量为0.064 8g）的银被大师级银匠拉成了长达27英尺[①]的银丝。

---

① 1英尺=0.3048米。

玻意耳有一把特殊的尺子，可将每英寸细分为200个长度单位。因此，他可以将金属丝分为$27 \times 12 \times 200 = 64\,800$个银圆柱体，每个银圆柱体的质量为0.000 001 0g（1.0×10^{-6}g）。

2. 如果可以将这条银丝镀金，则每个银圆柱体的金护套的质量甚至会更小。

3.玻意耳"认识一位心灵手巧的女士，她是一位博学的医生的妻子"，她从蚕的嘴里轻轻地抽出了300码[①]长的丝。丝线重2.5格令。这根蚕丝可以被分为$300 \times 3 \times 12 \times 200 = 2\,160\,000$个蚕丝圆柱体，每个蚕丝圆柱体的质量为0.000 000 075 g（7.5×10^{-8} g）。

4. 将六片金叶分别打成边长为$3\frac{1}{4}$英寸的正方形。六片方形金叶的总质量为1.25格令。因此，六片方形金叶可以细分为总共$6 \times (3.25 \times 200)^2 = 2\,535\,000$片小方形金叶，每片小方形金叶的质量为0.000 000 032 g（3.2×10^{-8} g）。

最令人惊奇的是，在大约240年后，1926年诺贝尔物理学奖得主让·佩兰（1870—1942）在他于1913年出版的《原子》（英文版出版于1916年）中做了类似的计算，试图确定"分子大小的上限"。0.1微米（10^{-5}厘米）厚的金箔意味着金原子最多占据10^{-15}立方厘米的立方体。根据金的密度，这意味着每个金原子的质量最多为10^{-14}g。由于氢原子的质量是金原子的$\frac{1}{197}$，因此氢原子的质量上限约为5×10^{-17}g。实际上，大约100年前，我们就知道1摩尔金的质量为197.0g，由6.022×10^{23}个原子（阿伏伽德罗常量）组成。因此，单个金原子的重量为3.27×10^{-22}g，比玻意耳估算的有形的金的粒子流小100万亿倍，比佩兰的上限小10万倍。但是，玻意耳和佩兰都没有声称能够称量单个微粒或原子。

为什么玻意耳会对粒子流这么有兴趣呢？在《粒子流》的最后，玻意耳描述了他对在空气中加热一种金属（例如铁）以形成金属灰（例如铁锈）时增加重量的精确测量结果。在1673年，这是一个非常重要的观察结果（詹·雷伊、贝歇尔、施塔尔、梅奥和尼古拉斯·勒·弗夫尔等人也注意到了这一点）。玻意耳的

---

① 1码=36英寸，约为0.914 4米。

解释是：火焰中微小的粒子流（贝歇尔提出的"火微粒"）穿透装有金属和空气的密封玻璃容器上的孔隙，并"黏附"在金属上，从而形成了比金属重的金属灰。这几乎是在回避已经处于萌芽阶段的燃素理论。

值得一提的是，扬·巴普蒂斯特·范·海尔蒙特提出了"同情粉"的概念及由粒子流之间接触引起的磁性现象（例如剑上的血液与受伤者体内的血液之间产生联系，见前文）。

在《粒子流》的最后，玻意耳明确提出了可能影响健康的问题：火焰中的粒子流会落到熟肉上并被食用。我们现在知道，当肉类在炭火上烘烤时，其中的脂肪在滴到滚烫的炭上时会发生热解反应形成致癌的多环芳烃，这些多环芳烃会上升并沉积在肉的表面。因此，在这方面，玻意耳将人类接触健康专家的时间提前了约300年。此外，还有一点值得注意，威廉·佩恩①曾与玻意耳通信，并在17世纪80年代初从宾夕法尼亚州向他寄送了新大陆的矿石和药用植物的标本。

美丽的17世纪的化学教科书

在安德烈亚斯·利巴维乌斯的《炼金术》出版后，整个17世纪出现了一系列实用且配有精美插图的化学教科书。

让·贝甘的《化学初学者》于1610年首次出版。这本书共计有50多个版本，最后一版出版于1669年。图69是该书1660年出版的版本的扉页，描绘了丘比特炼金的场景，试图通过丘比特的形象让读者爱上化学。

尼古拉斯·勒·费夫尔于1660年首次出版了《化学大全》。该书法文版的第2版于1669年出版；英文版于1664年和1670年出版；德文版的最后一版于1688年出版。图61摘自1670年出版的《化学大全（第2版）》。

克里斯托夫·格拉瑟于1663年首次出版了《化学的特征》。该书的英文版于

---

① 威廉·佩恩（1644—1718）是北美殖民地时期的重要政治家、社会活动家，是宾夕法尼亚殖民地的开拓者。

1677年出版；德文版（见图70）的最后一版出版于1710年。

尼古拉斯·莱默里（他是格拉瑟的学生）出版了一本非常成功的教科书《化学教程》。该书于1675年在巴黎出版了法文版的第1版（图71出自该书于1686年出版的版本），该书法文版的最后一版于1756年出版，时间跨度长达81年，真是不可思议。

图72摘自摩西·查拉斯的《皇家药典》（伦敦，1678年）。

图73摘自约翰·康拉德·巴楚森撰写的《火焰索菲亚》（乌得勒支，1698年）。该图描绘了巴楚森在乌得勒支的实验室，但不知道图中的化学家是不是巴楚森本人。

图74摘自赫尔曼·布尔哈夫的《化学基本原理》英文版第1版（伦敦，1735年）。布尔哈夫是一位著名的内科医师和医学教师，他将临床教学引入医学院课程。尽管他的主要研究方向不是化学，但他对燃素的概念持谨慎的怀疑态度。

图69 《化学初学者》于1660年出版的版本的扉页

图70 《化学的特征》于1684年出版的德文版的内文插图和扉页

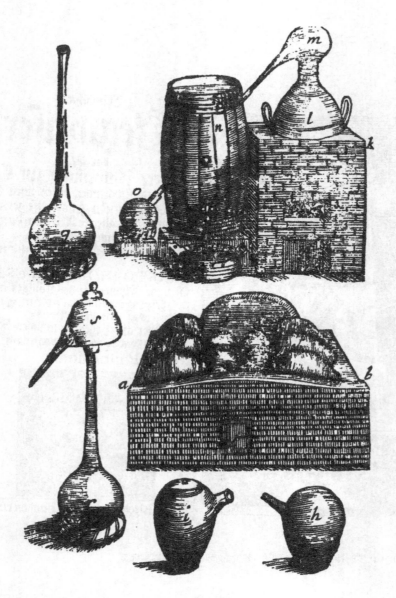

图71 1686年版的《化学教程》中的玻璃器皿的插图

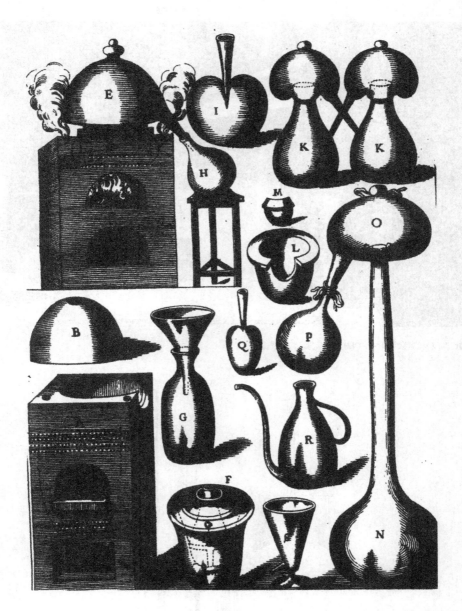

图72 《皇家药典》中的17世纪的玻璃器皿插图，其中值得注意的是双鹈鹕形蒸馏器
（KK）和蒸馏器（O和E）

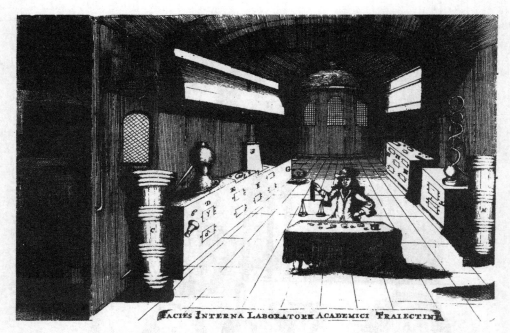

图73 《火焰索菲亚》中的关于实验室的插图

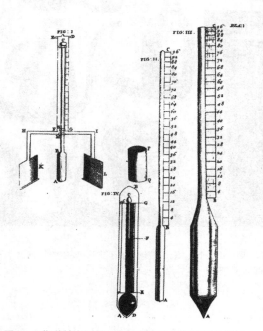

图74 《化学基本原理》1735年版中的温度计的插图

《化学基本原理》的第1版于1732年在莱顿出版。他在每本书上都签名，以证明其是正版图书。《化学基本原理》也许是第一部较为全面地介绍化学史的书籍。布尔哈夫是临床教学的伟大的倡导者，他使莱顿医学院成为当时欧洲最好的医学院之一。在他死后，塞缪尔·约翰逊①在1739年出版的《绅士》杂志上写了一篇题为《赫尔曼·布尔哈夫的一生》的文章。《约翰逊传》的作者詹姆斯·包斯威尔写道，约翰逊随后"发现了他从未放弃过对化学的热爱"，"约翰逊在一生中至少有20年是在自己的化学实验室中度过的"。

在图74中，图片Ⅰ所示的温度计被设计为可独立放置的，这样温度计的玻璃泡（AB）就可以放置在容器（PQ）中，人们可以将液体倒入容器中并混合。图片Ⅱ所示的温度计装有含红色染料的酒精。图Ⅲ所示的温度计里面装有汞。图Ⅳ所示的温度计可以用于测量"人体的温度"。

化学亲和力

图75和图76是第一个按照逻辑排列化学物质性质的表格的上半部分和下半部分。这个表格由埃蒂安·弗朗索瓦·杰弗罗伊②在1718年创作。顶部的行从左到右以相当随意的顺序列出了16个图标，这些图标分别代表元素和化合物、物质类别、混合物。每一列均按化学亲和力对物质进行排序。从第3行开始，物质越靠近第2行，对第2行的图标代表的物质的化学亲和力就越强，而物质越靠近底部，其化学亲和力就越弱。

让我们简单举例说明。在第16列，第2行的物质代表水，酒精位于盐的上方，这意味着酒精对水的化学亲和力比盐强。因此，如果在盐水中添加酒精，那么水和酒精会混合在一起，而盐会析出。酒精取代了水中的盐。相反，如果我们想用50∶50的酒精与水的混合物溶解盐，那么由于水对酒精的化学亲和力更强，因此

---

① 塞缪尔·约翰逊（1709—1784）是英国作家、文学评论家和诗人。
② 埃蒂安·弗朗索瓦·杰弗罗伊（1672—1731）是18世纪早期巴黎皇家科学院最具代表性的化学家。

盐是很难溶解于这种混合物的。

第1列显示了物质对酸的化学亲和力。大多数金属与酸发生化学反应并释放出氢气——它们似乎被"溶解"了并释放出"空气"。但是，如果我们先将碱，如碳酸钾（K_2CO_3）与酸混合并中和，那么溶液将不再溶解金属。如果先将金属溶解在酸中，再添加碱，那么溶液中就会析出固体（实际上这是不溶的金属碳酸盐或氢氧化物）。因此，与金属相比，碱对酸的化学亲和力更强。

但是，亲爱的读者，让我们运用高中学到的化学知识思考一下就会想到：酒精和盐在水中溶解是物理变化，而金属在酸中"溶解"是化学变化。如果把这两者弄混了，我们就不可能得到高分了。显然，18世纪早期的科学家还不是很清楚这种差异。

第9列暗藏了人类冶金的历史。让我们看一下硫的化学亲和力。在第9列所示的金属中，铁具有最强的化学亲和力，而锡和铜（可以形成青铜）的化学亲和力较弱。由于锡和铜矿石（通常是硫化物）相对容易冶炼，因此青铜时代始于公元前3000年左右。从硫化物中获得铁，需要更高的温度和更先进的冶金技术，因此

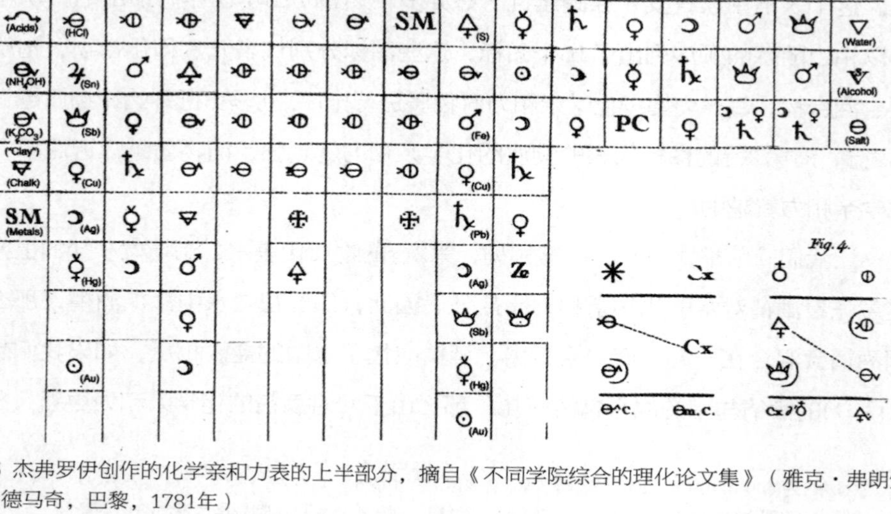

图75 杰弗罗伊创作的化学亲和力表的上半部分，摘自《不同学院综合的理化论文集》（雅克·弗朗索瓦·德马奇，巴黎，1781年）

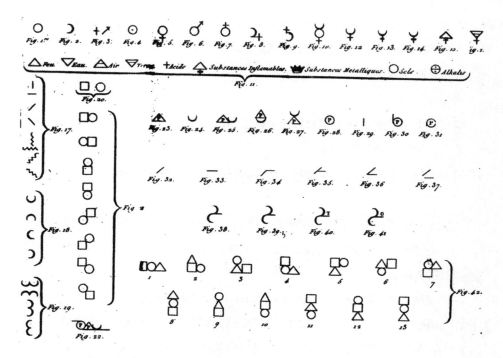

图76 杰弗罗伊创作的化学亲和力表的下半部分

铁器时代始于公元前1200年左右。金位于第9列的底部。这种贵金属对硫几乎没有化学亲和力，并且通常在自然界中以块状或颗粒状的单质形式存在。

虽然杰弗罗伊创作的化学亲和力表在形式上是化学性质和物理性质，元素和化合物、物质类别、混合物的组合，但它与150年后出现的元素周期表大相径庭。

双层底杯、空心搅拌棒和其他欺诈手段

尽管炼金术到17世纪末已经基本销声匿迹了，但直到18世纪，仍然有人对它感兴趣。易受骗的学者和纯粹贪婪的人是炼金术士的猎物，而备受尊崇的刊物《学者报》偶尔也会刊登有关嬗变的论文。令人惊讶的是，一位主流科学家，也

就是前文提及的杰弗罗伊被触动，于1722年在《皇家科学院年鉴》上发表论文，警告人们不要轻信炼金术。他提到的欺诈手段包括：

第一，使用双层底杯；

第二，使用空心搅拌棒；

第三，事先溶解了贵金属的汞合金；

第四，溶解了金和银的酸；

第五，隐含少量金或银的滤纸，在纸烧成灰后可回收金或银。

"女士们、先生们和各个年龄段的孩子，请大家认真看我刮擦黑色的小晶体。看，它变成了黄金！（从颜色上来说就是金色）。谁将是第一个购买这种'黑金'的人呢？"

这种黑色的小晶体其实是硫化钐（SmS），与空气中的氧气发生反应，生成氧化钐（Sm_2O_3）和二氧化硫（SO_2），氧化钐从颜色上看起来和黄金很像。

即使在今天，仍然有一些炼金术士满怀热情地试图发现哲人之石。

豌豆产生的气体

斯蒂芬·黑尔斯在剑桥大学学习神学，后来成为一名活跃的牧师，但他更喜欢科学研究。他对植物中树液的压力（《植物静力学》，第1版于1727年在伦敦出版）和血液流动进行了重要研究。他对"空气"的研究是在1710—1727年进行的。黑尔斯被认为是气体化学的开创者，他对气体进行分离、收集和处理。他使用的设备的显著特征是能把收集到的气体从它们的来源中分离出来。

图77的图片33描绘了用水泥（由烟斗泥、豆粉和毛发充分混合制得）将盛有蒸馏物的蒸馏器连接到覆盖有气囊的长颈烧瓶（ab）上。长颈烧瓶底部的大孔用于插入玻璃虹吸管，玻璃虹吸管可到达长颈烧瓶内的z处，另一端延伸至容纳长颈烧瓶的容器（xx）的水面上方。在将长颈烧瓶连接到蒸馏器之前，先将长颈烧瓶

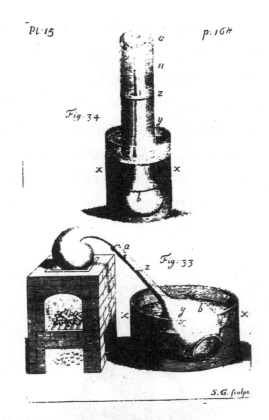

图77 用于测量从植物性物质中蒸馏产生的"空气"的早期的设备，摘自斯蒂芬·黑尔斯于1731年在伦敦出版的《植物静力学（第2版）》

浸入一大桶水中直到水位达到z处，通过虹吸管将长颈烧瓶中多余的空气排出，然后将长颈烧瓶浸入装满水的容器中。加热蒸馏器，其中植物性物质会产生"空气"，让水位从z处降低到y处，在长颈烧瓶上仔细标记。在设备冷却至室温后，将长颈烧瓶与蒸馏器分开，用软木塞塞住长颈烧瓶顶端的开口。在将长颈烧瓶中的水排出后，先将长颈烧瓶倒置，加水至z处，测定水的质量，然后加水至y处并测定水的总质量。我们可以根据两次测定的水的质量的差值计算蒸馏产生的气体的体积（有时在冷却后，蒸馏器中剩余的物质会吸收气体）。

图78的图片36描绘了一个"坚固的匈牙利水瓶"，其底部有汞，其余部分装满了浸在水中的豌豆。一个顶部封闭的真空玻璃柱延伸至水瓶底部的汞的下方，

并紧密贴住水瓶的底部。两三天后，豌豆吸收所有的水分，释放出了很多气体，产生的压力足以支撑一根近2米高的汞柱（约等于2.5个标准大气压）。

图78的图片37描绘了一个坚固的铁容器（abcd），其直径为2.5英寸、深度为5英寸，处于底部的汞槽上方充满了浸在水中的豌豆。在这种朴实而巧妙的装置中，一根同心铁管（起保护作用）内的玻璃管的底部（x）有一滴蜂蜜。铁盖紧密贴合铁容器的上方并用皮革密封，用果汁压榨机将其密封好。几天后，松开果汁压榨机、释放压力，然后取下盖子。尽管汞柱已降为零，但还是有一点点蜂蜜标记了它上升的位置（z）。豌豆释放出的气体产生的压力再次达到约2.5个标准大气压，作用在铁盖上的力相当于约189磅。

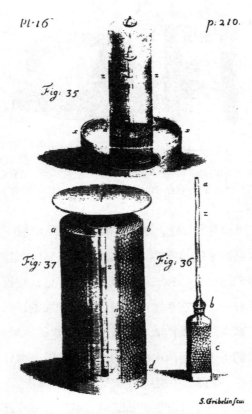

图78 测量从豌豆中产生的气体的实验（摘自黑尔斯于1731年出版的《植物静力学（第2版）》）

图79的图片38描绘了非常著名的黑尔斯集气槽，气体被收集在倒置的开口位于水面以下的烧瓶中，该烧瓶预先充满水。这种方法只能用于收集不溶于水的气体。使烧瓶中充满汞或在水面上设置油层后，这个装置就可以收集水溶性气体了。

图79的图片39的顶部值得注意。黑尔斯（图中所示是他的脸吗？）通过有两个气阀的木制吸嘴（*ab*）吸入密封筛袋中的空气。木制吸嘴的底部，有一个吸气时打开的气阀。此时，另一个气阀处于关闭状态。在呼气时，这两个阀互换角色。黑尔斯发现，如果袋子是空的，那么他可以进行大约1.5分钟的吸气—呼气循环。如果袋子里装着四个在碳酸钾（K_2CO_3）溶液中浸泡过并干燥了的法兰绒隔

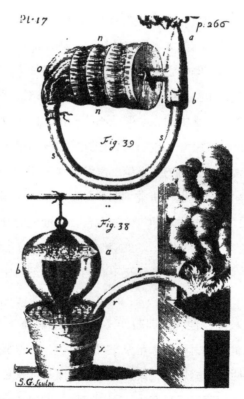

图79 黑尔斯早期收集气体的装置，摘自1731年版的《植物静力学（第2版）》。下图显示将枪管中的物质分解产生的气体收集于水面上的装置。这是舍勒、普里斯特利和拉瓦锡用来引发化学革命的气体水槽的先驱。上图显示了用于收集和回收呼出空气的波纹管。当波纹管的四个隔膜中有碱性碳酸钾时，由于去除了二氧化碳，呼吸循环将持续较长的时间

膜（可以吸收二氧化碳），那么他可以呼吸5分钟；如果碳酸钾被充分焙烧（释放二氧化碳而留下碱性更强的氧化钾）再制成溶液的话，那么他可以呼吸8.5分钟。

布莱克的魔法

虽然斯蒂芬·黑尔斯发明了研究气体化学的技术，成功分离了不同来源的空气，但他并没有详细探讨它们之间的差异。1756年，在对自己于1754年完成的医学博士论文进行的后续研究中，约瑟夫·布莱克（1728—1799）描述了一种"空气"的生产方法。这种"空气"被"固定"在碳酸镁（$MgCO_3$）中，并在加热碳酸镁时被释放出来。此外，布莱克测试了这种"被固定的空气"，发现它的性质与普通的空气有些不一样，例如它会让火焰熄灭，而不是支持其燃烧。当粉笔（$CaCO_3$）溶解在酸中时，也会产生同样的"被固定的空气"。当这种"被固定的空气"扩散到石灰（CaO）水中时，会形成不溶于水的白色物质，使石灰水变得混浊。人们通常认为，在1756年以前，人们已知的唯一气体是普通的空气，布莱克发现"被固定的空气"是人类历史上第一次发现纯气体。实际上，扬·巴普蒂斯特·范·海尔蒙特在17世纪进行研究的时候就发现了一些与普通空气不同的气体，这些气体通常是二氧化碳与其他气体的混合物。他还对此进行了描述，例如他知道在矿井中收集的"有毒气体"（CO_2和CO的混合物）会让火焰熄灭。然而，他的研究对象并不容易控制，通常涉及不同的气体的混合物，具体情况取决于其来源。

布莱克是一位天才教师，他的经典著作《化学元素讲座》（爱丁堡，1803年；费城，1807年）在他死后才出版。他从玻璃杯中倒出"被固定的空气"（密度比普通空气大）使蜡烛的火焰熄灭，这无疑令观众既高兴又困惑。布莱克还表示，同样的气体也可通过发酵和呼吸产生，因为这些排放物也会使石灰水变成乳白色，所以是二氧化碳。

1767—1768年的某个时候，布莱克在一个小气球里充满氢气（这是卡文迪许发现的）并演示了气球升到天花板上的场景。这让观众们大吃一惊，他们怀疑气球是被一根黑线偷偷拉上去的。然而，布莱克反对用氢气填充载人气球。事实上，第一个载人氢气球是由雅克·查尔斯[①]于1783年在巴黎的杜乐丽花园放飞的；氢气球于1785年穿越英吉利海峡；军用氢气球于1796年投入使用。当然，氦气是在大约100年后被威廉·拉姆赛发现的。1937年，德国齐柏林公司的"兴登堡号"飞艇在美国新泽西州莱克赫斯特上空爆炸，造成36人丧生。这最终证明布莱克反对载人氢气球的观点是正确的。

卡文迪许测定了地球的质量，但他误以为自己分离出了燃素

现在，我这样的化学家不遗余力地让公众知道，我们喜欢打网球、开跑车、穿时髦的衣服，是脚踏实地的、喜欢社交的普通人。不过我们必须承认，我们对气味难闻、散发烟雾的混合物的热爱，很可能会让我们被最体面的俱乐部赶出门。亨利·卡文迪许绝对是一个与众不同的人。他和他的父亲生活在一起，直到他的父亲于1783年去世。他没有结婚，用便签和管家进行日常交流。尽管他在40岁时继承了一大笔财富，他还是穿着破旧过时的衣服。 法国物理学家让·巴普蒂斯特·毕奥（1774—1862）称卡文迪许是"最富有的学者，最博学的富豪"。

在当今时代，一位老师能否取得大学终身教职有时纯粹取决于他发表论文的数量。卡文迪许在《皇家学会哲学学报》上发表了18篇论文（他没有出版过书籍）。他留下了许多未发表的成果，并在已发表的论文中不加修饰地提及这些成果。

但他的这些论文太重要了！在他于1766年发表的第一篇论文中，卡文迪许采用了斯蒂芬·黑尔斯和约瑟夫·布莱克的研究方法，通过向锌、铜和锡等金属

---

① 雅克·查尔斯，法国科学家，查尔斯定律（一定质量的气体，当其体积一定时，它的压强与热力学温度成正比）的发现者。

倾倒酸制得氢气。人们在此前就知道这些较贱（较活泼）的金属对酸有着更强的化学亲和力（见图75和图76所示的"杰弗罗伊的化学亲和力表"），两者结合后会产生金属灰。此外，通过这种方法收集到的气体的量并不取决于酸（盐酸或硫酸）的性质或用量，而只取决于金属的量。因此，人们认为这些金属的燃素转移到了空气中。通过这种方法收集到的可燃气体似乎是从金属中释放出来的，卡文迪许将其命名为"可燃气体"。它的密度不到普通空气的十分之一。有一段时间，卡文迪许觉得燃素已经被分离出来了。

图80出自卡文迪许于1766年发表的论文（三篇包含"人造气体[①]"实验的论文）。其中的图片1描绘了收集"可燃空气"的装置。图片2描绘了通过位于水下的漏斗传输气体的装置。图片3描绘了将气体转移到一个气囊（为了防止水进入锡制虹吸管，先在锡制虹吸管的末端放一小块蜡，然后在瓶子上部的内侧将其刮掉）的装置。通过将容器（A）完全浸没在水槽（FGHK）的水中，所有的气体被转移到气囊（B）中，气囊紧紧地和木圈（Cc）连在一起，在封泥（用胶水把杏仁粉制成饼状）的帮助下，气囊与虹吸管密闭连接起来。图片4描绘了用于产生气体的装有金属和酸的容器（A）通过玻璃管（B）与顶部有一个小开口的干燥管（C）相连，干燥管中充满了珍珠灰（干燥的K_2CO_3，用于去除含水的酸性气溶胶）。图片4所示的装置可以用于测定从干燥管顶部逸出的氢气的质量。图片5描绘了通过干燥管（含珍珠灰）收集气体的装置。图片6描绘了用于研究"被固定的空气"（CO_2）的水溶性的装置。

1784年，卡文迪许根据在空气中点燃氢气的实验，发表了他关于水的组成的论文。他还注意到，在通过化学反应消耗了空气中所有的氧气（脱燃素空气）和氮气（燃素饱和空气）之后，留下了微量但可重复验证存在性的不活跃气体。卡文迪许使用的实验装置如图81所示。在图81的图片1中，我们看到卡文迪许开展实验使用的仪器，弯管（M）最初和两个玻璃杯一样充满水银。图片2中的J形管从倒置在水中的含氮气或氧气的玻璃杯中收集气体。体积精确的气体通过J形管的

---

① "人造气体"是指对固体进行加热或因其他化学作用而产生的气体。因为氢气似乎是在加入酸后从较为活泼的金属中释放出来的，所以是一种"人造气体"。

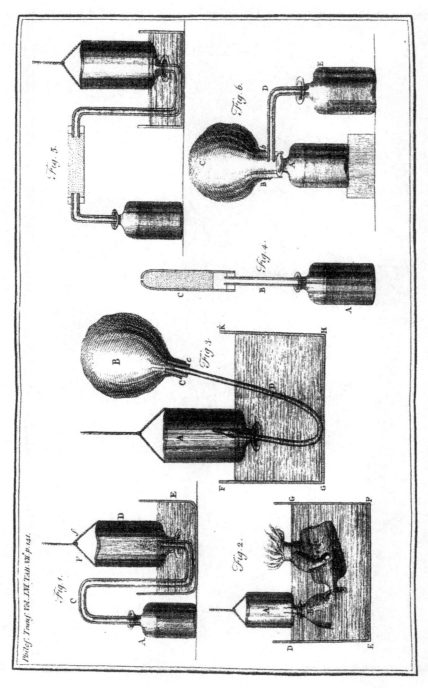

图80 亨利·卡文迪许用来发现氢气和控制气体的装置，摘自《皇家学会哲学学报》（LVI: 141, 1766年）。他误以为自己已经分离出了燃素

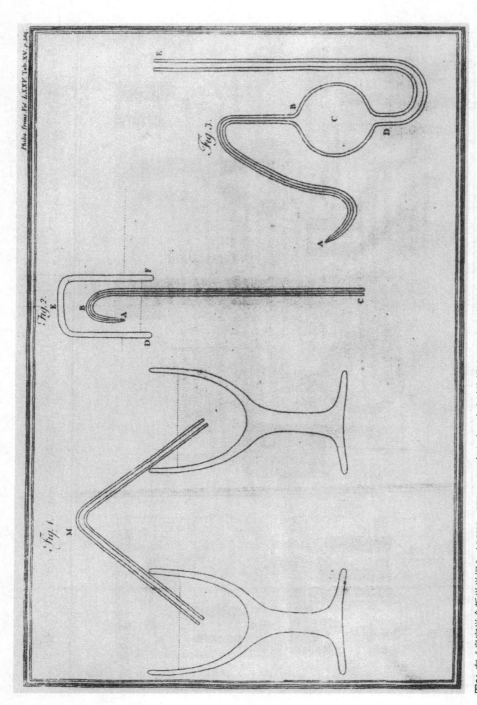

图81 在《皇家学会哲学学报》（LXV: 372, 1785年）中，卡文迪许描述了以下实验结果：当从空气中除去脱燃素空气（氧气）后，剩下的燃素饱和空气（氮气）与被引入容器中的氧气在放电的情况下发生反应，产生的气体与水结合后会产生硝酸。不过，在氮气全部发生反应后，还留下了微量未发生反应的气体（主要是氩气）。100多年后，发现氩气的端利爵士和拉姆赛非常钦佩卡文迪许所做的惊人而精确的工作

尖端（Ａ）被巧妙地输入弯管中。含有碱和石蕊指示剂的液体也以同样的方法被输入弯管中。汞作为容器和导体，用于让在弯管上部已知量的氧气和氮气产生电火花。图片3描绘了一种通过尖端（Ａ）向弯管中反复输入大量气体的装置。在这篇论文中，卡文迪许预见了约110年后由瑞利爵士和拉姆赛发现的稀有气体（如氩气）。瑞利爵士和拉姆赛非常钦佩和尊敬卡文迪许，他们在自己的获奖报告中大量引用了卡文迪许的表述。

1798年，卡文迪许将牛顿提出的万有引力定律应用于一项涉及两个质量很大的铅球和两个质量较小的铅球的实验。根据这项实验的结果，人们就可以准确地计算地球的质量了。

让我们来看看卡文迪许的"终身教职评估档案"：一方面，他只发表了18篇论文，并未出版任何书籍。另一方面，他的研究成果包括发现氢气，对理解水的组成做出了重要贡献；他还发现氮气，揭示了空气的组成，从空气中分离出了稀有气体，并测量了地球的质量。他的学生对卡文迪许的评价表明，他们不认可卡文迪许的衣着品位，也无法与他"产生共鸣"。他在学校里很低调，似乎会拒绝学术委员会的工作。看起来，卡文迪许将很难获得终身教职。

制作苏打水

约瑟夫·普里斯特利在年轻的时候就开始了一场宗教之旅，后来成为一名一位论派牧师。在19岁时，约瑟夫·普里斯特利进入不信奉英国国教的达文特里异议学院学习，他的目标是成为一名不从属于英国国教的牧师，这反映了他的姑母对他早期生活的影响。在28岁时，他在著名的沃灵顿异议学院教授语言（包括希伯来语）、历史、法律、逻辑和解剖学方面的课程。他对科学的兴趣在这时已经开始显现了，他在早些时候买了一台气泵和一台电机。1765年，他获得了爱丁堡大学的法学博士学位。在本杰明·富兰克林（1706—1790）的鼓励下，普里斯特利于1767年出版了他的《电学史》，他还于1772年出版了一本关于视觉、光和颜色的书籍。

普里斯特利在1770年左右开始研究"空气"（他不喜欢扬·巴普蒂斯特·范·海尔蒙特创造的术语"气体"）。他在利兹的家紧挨着一家酿酒厂，普里斯特利直接从酿酒的混合物的表面收集"被固定的空气"（CO_2），并研究其性质。他还通过加热矿泉水来获得这种气体，并使用它恢复味道变淡的啤酒的口感。他在1772年出版了一本小册子《向水中加入"被固定的空气"的说明》（见图82），这是献给英国海军部第一大臣约翰·厄尔·桑威奇勋爵的。任何一位现代的项目经费审批者都会认可里面国防部合同的项目最终报告。普里斯特利把稀硫酸浇在白垩（碳酸钙）上，得到了"被固定的空气"，并将其注入水中。这种人造苏打水比温泉的碳酸水更容易买到，也更便宜，而且那些温泉大多位于与英国处于敌对状态的法国的边境上。

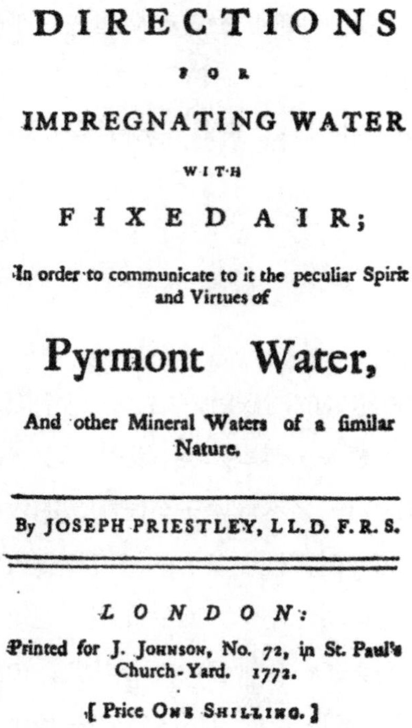

DIRECTIONS

FOR

IMPREGNATING WATER

WITH

FIXED AIR;

In order to communicate to it the peculiar Spirit
and Virtues of

Pyrmont Water,

And other Mineral Waters of a fimilar
Nature.

By JOSEPH PRIESTLEY, LL.D. F.R.S.

LONDON:

Printed for J. JOHNSON, No. 72, in St. Paul's
Church-Yard. 1772.

{ Price ONE SHILLING. }

图82 《向水中加入"被固定的空气"的说明》的扉页

长期以来，碳酸水一直被认为可以预防长途航海中容易出现的坏血病，并减缓船上存储的水变质的速度。此外，碳酸水还可以缓解胃部不适，并在某种程度上作为新鲜蔬菜的替代品帮助消化。因此，普里斯特利就这样帮助英国"统治了海洋"，没有什么比苏打水更能帮助水手们消化船上储存的咸猪肉了。

在那个时候，一位名叫乔·贾辛托·德·麦哲伦的葡萄牙修士（他是著名航海家麦哲伦的后裔）受雇于法国在英国开展间谍活动。他认识到潜在的预防坏血病的方法的重要性，因此把普里斯特利的小册子寄到法国。显然，法国一定会设法填补具有战略意义的"苏打水鸿沟"。法国政府会指派谁进行这方面的化学研究呢？他就是安托万-洛朗·拉瓦锡。这最终使化学发生了革命性变化。

如果你找到了贤者之石，别再弄丢了

本杰明·富兰克林是一位才华横溢、博学多识的人。他是美国《独立宣言》的起草人和签署人之一，也是《美利坚合众国宪法》的签署人之一。很多人听说过他17岁前往费城的故事。他从印刷业开始起家，在英国待了两年，然后再回到费城发展。1730年，他和别人联合创办印刷所，他们赚钱的项目包括印刷《穷理查德年鉴》，以及被授权印刷宾夕法尼亚州、新泽西州、特拉华州和马里兰州的货币。从这一时期到18世纪40年代，本杰明·富兰克林积累了财富，积极参与政治活动，并成功地推动了许多事业发展，包括创办了宾夕法尼亚大学的前身。在18世纪40年代，本杰明·富兰克林把自己的主要精力转向科学研究。

当时，对电的兴趣引发了本杰明·富兰克林的好奇心。他在雷电交加的暴风雨中放风筝，进行了著名的风筝实验，证明闪电和电的性质是一样的，他很幸运没有触电身亡。他认为电是一种流体，从富含电的物体流向缺乏电的物体。这些想法使得他发明了避雷针。电学术语"正电""负电""电池"和"导体"是本杰明·富兰克林创造的。他的《电的实验与观察》一书于1751年首次出版，此后再版了四次，并出版了法文、德文和意大利文版本。图83为该书的扉页。

1765年左右，本杰明·富兰克林在伦敦遇见了约瑟夫·普里斯特利，并鼓励他创作了《电学史》。此后，两人保持通信联系。1777年，普里斯特利在写给本

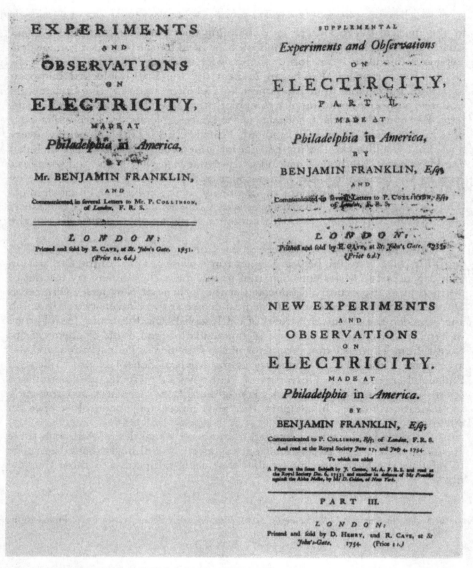

图83 《电的实验与观察》的扉页（由杰里米·诺曼有限公司提供，1978年目录5）

杰明·富兰克林的信中说自己"没有放弃找到贤者之石的希望"。本杰明·富兰克林回信说，如果他（普里斯特利）找到了贤者之石，"小心别再弄丢了"。

本杰明·富兰克林在18世纪70年代末的部分时间里，向法国人寻求军事援助，他在法国成为一个受欢迎的人物。从1776年到1785年，他一直在法国担任外交官和商业代理人。本杰明·富兰克林是拉瓦锡在科学界和社交圈的密友，拉瓦锡夫人为本杰明·富兰克林画了肖像，这幅画是他最喜欢的画之一。法国画家杜普莱西斯也给本杰明·富兰克林绘制了画像（100美元上的本杰明·富兰克林的头像就取自这幅画）。拉瓦锡夫人绘制的肖像画还有一件复制品。拉瓦锡夫人送给本杰明·富兰克林的画作至今仍由本杰明·富兰克林的一个后代拥有，而拉瓦锡夫人保留的复制品似乎下落不明了。

硝石、阿比盖尔、缝衣针和约翰

在音乐剧《1776年》中，约翰·亚当斯[①]和他的夫人阿比盖尔·亚当斯之间有一段迷人的二重唱，其中约翰·亚当斯强调北美十三州殖民地对硝石的需求，而阿比盖尔·亚当斯的回应是"缝衣针"。黑火药中硝石（KNO_3）约占75%。随着独立战争进行，英国人封锁了北美十三州殖民地从欧洲进口原料的来源。1775年，大陆会议授权印刷一本小册子，名为《几种制造硝石的方法：由国会代表推荐给联合殖民地的居民》（费城，1775年），希望每家每户都能制造火药的原料。这本小册子包括本杰明·富兰克林的论文《1766年在汉诺威制造硝石的方法》和本杰明·拉什博士的长篇论文《费城学院化学博士本杰明·拉什关于制造硝石的描述》（在美国南北战争期间，南方联邦的报纸上的广告不断地敦促女性将家里每天用的便壶里储藏的尿液捐赠出来制造硝石）。

---

① 约翰·亚当斯（1735—1826），被美国人视为最重要的开国元勋之一，同乔治·华盛顿、托马斯·杰斐逊和本杰明·富兰克林齐名。他是美国第一任副总统（1789—1797），其后接替乔治·华盛顿成为美国第二任总统（1797—1801）。

本杰明·拉什是1774—1778年大陆会议的成员。和本杰明·富兰克林一样，他也是《独立宣言》的签署人之一。 有人认为拉什是"美国最早的杰出化学教师"。拉什在新泽西学院（普林斯顿大学的前身）接受教育，在爱丁堡大学获得医学学位，并上过约瑟夫·布莱克讲授的化学课。1769年，拉什从欧洲返回，带着一封来自宾夕法尼亚州的东主托马斯·佩恩（威廉·佩恩之子）的推荐信和一件作为礼物的化学仪器。他被任命为费城学院（宾夕法尼亚大学的前身）医学院化学系主任。他的授课内容以约瑟夫·布莱克的课程大纲为基础。这种早期的先进教学水平是费城成为美国第一个化学中心的原因之一。

第五章
现代化学的诞生

"火空气"：谁知道这是什么？什么时候知道的？

卡尔·威廉·舍勒（1742—1786）是瑞典一个有11个孩子的家庭中的第7个孩子，在非常简陋的环境中长大。高等教育从来就不是他的选择，14岁时，舍勒在哥德堡的药剂师马丁·鲍西那里当学徒。他开始学习手艺，并阅读了莱默里、布尔哈夫等人的经典化学著作。1765年，他搬到马尔默，他的老板柯杰斯垂姆描述了年轻的舍勒在仔细阅读文献时的反应，舍勒经常说三句话"这样可能是对的""那是错误的""我来试试"。1770年，他搬到乌普萨拉，遇到了托贝恩·奥洛夫·伯格曼（1735—1784）。伯格曼是乌普萨拉大学的化学和药学教授，乌普萨拉、斯德哥尔摩、柏林、哥廷根、都灵和巴黎化学学会的成员，英国皇家学会的会员，曾任乌普萨拉大学校长。有影响力的伯格曼指导年轻的舍勒，帮助他提升学识。詹姆斯·雷迪克·柏廷顿在他的《化学史》中指出：舍勒对化学的贡献"无论在数量上还是在重要性上都是惊人的"，并引用了19世纪伟大的化学家汉弗莱·戴维（1778—1829）的话："没有什么能浇灭他（舍勒）心中的热情，也不能冷却他的天才之火，他能用简单的办法完成非常伟大的工作。"

舍勒现在被认为是无可争议的氧气发现者，他的发现始于伯格曼的抱怨。伯格曼称他在舍勒工作的药店购买的硝石（KNO_3）样品与酸接触后会释放出红色蒸气。舍勒很快证实，加热硝石会产生另一种盐。这让伯格曼深感惊讶，他建议舍勒研究二氧化锰（MnO_2）。

舍勒一生始终相信燃素理论，约瑟夫·普里斯特利也是如此。舍勒认为热是燃素和他所说的"火空气"结合的产物。舍勒给出的理由是：当一种物质燃烧时，它失去了燃素，而燃素与空气结合，在某种程度上增加了空气的质量并让空气的体积减小。然而，他发现燃烧后剩余的"浊气"（氮气）比空气密度小。因此，他推断：有一种他称之为"火空气"的普通空气成分，与燃素结合产生热量——一种虚无缥缈的流体，可以从玻璃容器中逸出。舍勒随后决定用硝石捕捉燃素，将"火空气"与热量隔离开来（还记得图66描述的梅奥在1674年发表的实验吗？）。舍勒的研究涉及加热硝石（"固定的硝酸"）和捕捉"火空气"：

热+硝酸→"火空气"+红色烟雾

在这里，热是由"火空气"和燃素组成的；红色烟雾是硝酸和燃素结合的产物。

图84出自舍勒的《化学与物理手册（2卷）》（莱比锡，1788年和1789年）。他的《空气与火化学论文》（莱比锡，1777年）第1版的拍卖价早已超过2万美元，该书的英文版《空气与火的化学观察与实验》（伦敦，1780年）的价格略低一些。

图84的图片3描绘了浓硫酸与硝石反应的装置。在这个反应中产生的红色烟雾是众所周知的浓硝酸分解产生的二氧化氮（$4HNO_3 \rightarrow 4NO_2 + 2H_2O + O_2$）。图84的图片4描绘的收集囊中含有石灰乳（氢氧化钙的悬浮液），这是用于收集酸性烟雾的。气囊内充满了"火空气"（氧气），然后"火空气"被转移到玻璃瓶中。"火空气"可以支持燃烧和呼吸。图84的图片1描绘了氢气（在下方的瓶子中由金属和酸混合制得）在空气中燃烧的场景。当燃烧停止时，水的位置处于容器的D处，水大约占据了原来空气体积的20%。图84的图片2描绘了一根在玻璃容器中的蜡烛在空气中燃烧。在燃烧停止后，玻璃容器被打开并开口向下浸入石灰水中，蜡烛燃烧产生的"被固定的空气"（CO_2）与石灰水发生反应形成白垩，溶液会上升到玻璃容器中。图84的图5描绘的容器（C）中有一只蜜蜂（这里没有用老鼠），通过用石灰水进行测试，证明蜜蜂呼出了"被固定的空气"。

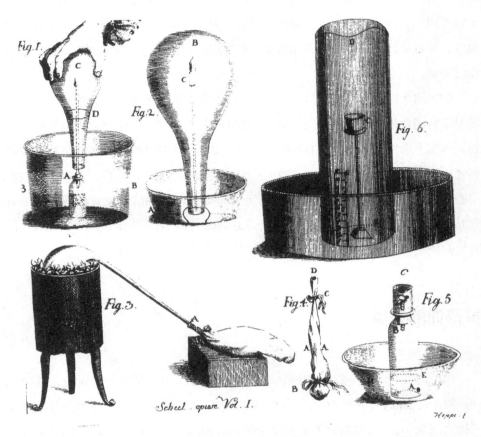

图84 舍勒首次发现氧气（"火空气"）的实验装置，这些发现首次发表在1777年出版的《空气与火化学论文》中。本图出自《化学与物理手册（2卷）》（莱比锡，1788年和1789年）

　　让-皮埃尔·普瓦里埃在《拉瓦锡：化学家、生物学家、经济学家》一书中指出：在1772年11月16日，或许早在1771年，舍勒就加热了二氧化锰（MnO_2），得到了"火空气"。在此期间，他还通过加热氧化汞、碳酸银、硝酸镁和硝石制得氧气。1774年9月30日，他写信给拉瓦锡，建议拉瓦锡用耐高温烧杯制备和加热碳酸银。1774年10月15日，拉瓦锡收到了这封信。但让-皮埃尔·普瓦里埃指出，拉瓦锡从未回复舍勒的这封信："瑞典的科学史学家们至今还没有原谅拉瓦锡，因为这不仅是单纯的无礼行为。其他人也很难不同意他们的观点。"1774年

8月，约瑟夫·普里斯特利宣布他真正独立地发现了"脱燃素空气"（氧气）。同年晚些时候，拉瓦锡实际上也发现了"脱燃素空气"。不过他发现的不是真正的氧气，而是金属和氧气在发生化合反应后生成金属氧化物，导致固体物质重量增加的现象。

1775年11月，舍勒已经在写他的《空气与火化学论文》了。他第一次知道普里斯特利发现"脱燃素空气"是在1776年8月。由于图书出版商拖延的时间较长，再加上等待伯格曼写该书的引言耽误了时间，《空气与火化学论文》在1777年才出版。此时，谦虚的舍勒因为担心剽窃的指控而不再声称自己是第一个发现"脱燃素空气"的人。此后，他继续进行着令人难以置信而卓有成效的化学研究。舍勒死于"一系列疾病的并发症，包括在不利环境下工作导致的风湿病"，时年44岁。

善待他的老鼠

普里斯特利的第一篇原创科学论文发表于1770年，是关于木炭的，其中有许多错误。然而，他在1772年发表的论文《对几种气体的观察》于他而言是一股"动力源泉"，也是他在1774—1786年出版的六卷本著作的开端。普里斯特利的集气槽（图85）是威廉·布朗里格在黑尔斯的装置（图79）的基础上改进制成的。普里斯特利利用了卡文迪许想出的方法，用汞代替水，以收集二氧化碳等水溶性气体。

在具有里程碑意义的发表于1772年的论文中，普里斯特利描述了气体的分离方法和特性。虽然这些气体都是由其他人先发现的，但普里斯特利对它们进行了系统研究。他描述了二氧化碳（"被固定的空气"）、氮气（在蜡烛燃烧结束后，剩余气体中的二氧化碳与石灰水发生反应最后剩下的气体，普里斯特利称之为"燃素空气"）、氢气（被卡文迪许称为"易燃空气"，普里斯特利有时将其与一氧化碳混淆）、氯化氢（"酸性气体"，后来被称为"海洋空气"），以及一氧化氮（被称为"亚硝气"）。

"亚硝气"是由铁、铜、锡、银、汞、铋或锌浸泡在硝酸中而产生的。普里斯特利发现"亚硝气"与空气接触后立即发生反应，产生一种红棕色气体（NO_2），这种气体溶于水会生成硝酸。1774年，普里斯特利发现了氧气（这是在舍勒首次发现氧气的两三年后，普里斯特利十分严谨诚实，他对舍勒的工作一无所知），他意识到自己发现了一种简单而可靠的技术来测试空气的"好坏"："每个有同情心的人都会和我一起为发现'亚硝气'而高兴，它取代了许多动物的呼吸实验。"尽管图85中描绘了倒置的杯子（见图中的 d 部分和3部分）中用于实验的老鼠，但詹姆斯·雷迪克·柏廷顿在他的《化学史》（伦敦，1962年）中指出：普里斯特利"总是煞费苦心地让用于实验的老鼠感到温暖和舒适"。

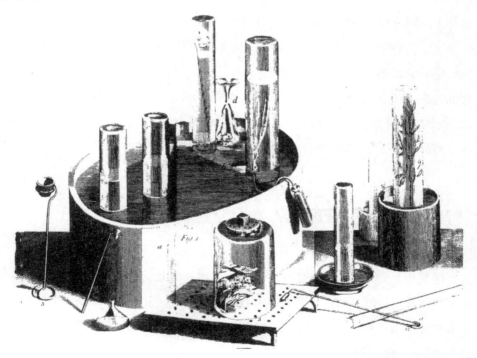

图85 约瑟夫·普里斯特利使用的用于分离"人造气体"（由固体产生的气体）的集气槽。虽然舍勒是第一个发现氧气的人，但普里斯特利于1774年首先发表了论文。他对实验用的老鼠很友善。本图摘自《几种气体的实验与观察》的删节版（伯明翰，1790年）

1774年8月1日，普里斯特利通过加热红色的氧化汞（HgO）发现了氧气，而HgO本身是通过加热空气中的汞或汞与硝酸反应得到的（还记得梅奥的研究成果吗？参见图66）。作为施塔尔的燃素理论的坚定信奉者，普里斯特利把这种支持燃烧和呼吸的神奇的"新空气"称为"脱燃素空气"，他对这个观点的坚持至死未变。该观点认为，蜡烛燃烧失去的燃素，被某种缺乏燃素的东西贪婪地攫取了。实际上，普里斯特利还发现，"亚硝气"与铁屑接触后会产生一种新的气体，这种气体在一定条件下能够支持火焰燃烧，他称之为"脱燃素的亚硝气"。这种气体实际上是一氧化二氮（N_2O，"笑气"）。普里斯特利还研究了其他气体，包括氨气（NH_3，"碱性空气"）、二氧化硫（SO_2，"硫酸空气"）和四氟化硅（SiF_4，"氟酸空气"）。

政治上持自由主义立场的普里斯特利同情北美十三州殖民地人民的诉求，经常与本杰明·富兰克林通信。在由美国革命和法国大革命引发的恐惧和保守情绪的影响下，1791年7月发生了"伯明翰骚乱"，普里斯特利的住宅、实验室、仪器和研究记录都被毁坏了，他不得不逃往伦敦。但是在那个时代，即使是伦敦这样的国际化城市，人们对待普里斯特利也并不友好。1794年，普里斯特利移居美国，他先在纽约主持一座教堂的工作，然后在宾夕法尼亚大学担任教授。后来，他在宾夕法尼亚州诺森伯兰平静地生活和写作，度过了生命的最后岁月。

往昔的"谩骂"在哪里？

在几个世纪以前，"谩骂"作为一种艺术形式被运用于科学论述中。本杰明·威尔逊（1721—1788）于1776年出版的《磷》一书的序言就是一个很好的例子。和普里斯特利一样，本杰明·威尔逊相信燃素，并认为磷光是燃素的可见证据，类似的火焰存在于许多类型的物质中。

本杰明·威尔逊生长在一个贫困的家庭，在恶劣的条件下工作。他在这种环境下开始学习艺术，并在40多岁时获得了一些成功。1764年，他被约克公爵任命为接替威廉·霍加斯（1697—1764）的军旅画家。本杰明·威尔逊曾因进行股票投机在1766年被证券交易所宣布为违约者。在18世纪40年代，他还对电学产生了兴趣，后来与本杰明·富兰克林就避雷针的形状进行了激烈的公开辩论（本杰明·威尔逊曾在1759年为本杰明·富兰克林画过一幅肖像）。本杰明·富兰克林主张避雷针顶部的形状应该是尖的，而本杰明·威尔逊主张避雷针顶部的形状应该是实际上不会吸引闪电的圆形。本杰明·威尔逊赢得了这场辩论，但是他的言辞太过激烈，以至于其言论在《皇家学会哲学学报》上受到了如下批评：

但他主要被认为是一个很虚假的人，他在"闪电的引导器"事件中的任性行为在英国皇家学会中造成了如此可耻的嫌隙和纠纷，这种情况此后持续了许多年，对科学造成了极大的损害。

《磷》的序言中如此明显的轻蔑言论在科学论述中非常罕见。毕竟，甲博士最终可能会审查乙博士的研究资助计划书。在阅读下面这段节选时，我们应该注意到普里斯特利是一位极其诚实的英国牧师，也是本杰明·富兰克林的朋友，在科学界有很高的地位。普里斯特利曾批评过本杰明·威尔逊的实验：

那么，为什么这样一位质朴的哲学家就不能被认为能够，至少是在偶然的情况下，发现了以前的哲学家甚至是最高尚和最受尊敬的人物不曾注意到的东西呢？因为众所周知，上天并非总是眷顾那些"博学而聪慧"的人，让他们不时能发现世界上最伟大的、最有用的事物。恰恰相反，大自然的伟大创造者经常在哲学界和精神界选择"弱小的事物"，以此混淆强大的事物和不强大的事物，让事物归零。

化学革命开始了

安托万-洛朗·拉瓦锡是公认的"现代化学之父"。他最大的贡献是认识到燃烧和焙烧都是由于空气中的氧气与易燃物质或金属结合引起的现象，而不是由于这些物质失去燃素造成的。他发表的最伟大的著作《化学基础论》（巴黎，1789年；伦敦，1790年；费城，1796年）是一本真正的现代化学教科书。拉瓦锡对化学的贡献实在是太多了，包括规范的化学命名法等，以至于本书无法一一介绍。他出生在一个富裕的律师家庭，娶了富家女，过着时髦的贵族生活。1794年5月8日，他在法国大革命最激烈的时期被送上断头台。在去世之前，拉瓦锡面对着愤怒的、挥舞着拳头的人群，也许曾凝望着塞纳河对岸他曾在那里接受教育的马萨林学院。当天，包括拉瓦锡在内的28名包税官在35分钟内被处决。他们的头颅被放在柳条篮中，28具尸体被堆放在货车上，最终被埋在一个名为"残废者"的在荒地里挖掘的大型公墓中。1794年5月9日，著名的数学家约瑟夫·路易斯·拉格朗日发表评论："他们可以在眨眼间就把他的头砍下来，但他那样的头脑一百年也再长不出一个来了。"

年轻的拉瓦锡很早便被他的自然科学老师纪尧姆·弗朗索瓦·鲁埃勒（1703—1770）生动的课堂内容激发出了对化学的兴趣。拉瓦锡早期主要从事矿物结晶方面的研究工作，因此在1768年当选法国科学院的助理院士，并于1769年成为法国科学院院士。1768年，他向包税总会投资，成了包税官。包税总会的高级成员雅克·波尔兹有一个美丽而有天赋的小女儿，名叫玛丽·安妮·皮埃尔特·波尔兹，年幼且优秀的玛丽吸引了一位岁数很大的求婚者。在这种情况下，雅克介绍拉瓦锡和玛丽相识。他们于1771年结婚，当时玛丽即将年满14岁。从学术上讲，他们拥有共同语言，玛丽有足够的化学知识，成了包括英语在内的其他语言文字的有效率且有批判性的翻译者，从而让拉瓦锡有机会阅读更为广泛的化学文献。她的艺术天赋也在给拉瓦锡的文字说明绘制的配套插图上得到了体现。

拉瓦锡最早的研究成果表明了他对精确测量的重视。他证明了金刚石在高温下会被分解（玻意耳在一个世纪前就证明了这一点），但需要空气，金刚石分解的产物会使石灰水变成乳白色，这就是"被固定的空气"（CO_2）。1772年，他的研究对象扩展到了磷和硫的燃烧。磷和硫与碳一样，在燃烧后会产生比其固体还重的酸性空气。同样，他验证了詹·雷伊在1630年的观察结果：加热金属形成的金属灰比金属本身重，玻意耳等人也发现了这个结果。拉瓦锡在他的第一本巨著［《化学与物理手册》（巴黎，1774年）；英文版为《物理与化学论文》（伦敦，1776年）］中首次提出了这样的观点：某些物体在燃烧或加热过程会吸收空气中存在的一些"弹性流体"，而不是这些物体中的燃素流失到空气中。在这本书中，他把"弹性流体"与"被固定的空气"弄混了。

图86摘自1776年出版的《物理与化学论文》。在图86的图片8中，我们看到了一个在强大的放大镜（"加热玻璃"）下测量铅或锡焙烧过程中吸收的"空气"的设备。玻璃钟罩位于装满水的容器上方，中间有一个玻璃柱，顶部有杯状凹痕。将一些铅或锡放在玻璃柱顶部的瓷盘中。将虹吸管（MN）放置在玻璃钟

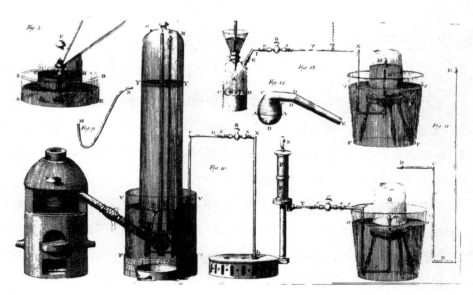

图86 《物理与化学论文》中的气体实验设备

罩下面抽出空气，直到水位升至所需位置。加热金属会产生金属灰，导致一些"空气流体"损失并使水柱上升。不幸的是，拉瓦锡使用的"加热玻璃"太强大了，熔化的金属蒸发并溅到玻璃钟罩的内侧，导致这个实验无法得出确定的结果。

图86的图片10描绘了一种用于测量铅丹（红铅，Pb_3O_4）与木炭混合在炉中加热后释放的气体（CO_2）的装置。玻璃蒸馏器会被这种混合物腐蚀，因此拉瓦锡制造了一个铁蒸馏器（图片12）。高大的玻璃钟罩（nNoo）位于装满水的木制或铁制的水槽中。在n处插入虹吸管抽出空气，使水位升至YY处。或者，可以使用手动泵（P）与图片11所示的虹吸管（EBCD）连接，使水柱升到同样高的位置。玻璃钟罩中的水的顶部有一层薄薄的油。这是在不使用汞的情况下收集水溶性气体（例如CO_2）的一种方法。在图86的图片10的右侧，我们看到了一个将玻璃钟罩（nNoo）中收集到的气体转移到玻璃瓶（Q）的装置。这个重要的实验证明了加热铅丹会产生"空气流体"。

图86的图片13描绘了通过将稀硫酸加入粉状白垩中产生二氧化碳的装置。

简化化学巴别塔

老彼得·勃鲁盖尔在1563年创作了《巴别塔》。传说中，这是新巴比伦王国的国王尼布甲尼撒二世下令建造的一座高塔。根据《圣经·旧约·创世纪》记载，人类联合起来兴建希望能通往天堂的巴别塔，为了阻止人类的计划，上帝让人类说不同的语言，使人类不能相互沟通。

随着18世纪化学大厦建立起来，化学命名法混乱的问题显得日益严重。这在一定程度上是由于物质的纯度不同以及新词不受控制地出现造成的。如果我们查阅当时的文献就会发现，虽然术语"mephitic air"（恶臭的空气，mephitic意为"引起瘟疫的呼气"）常用于表示二氧化碳，但有时被用于表示"活力空气"被完全消耗掉后普通空气中剩余的气体（主要是氮气）。

1787年，拉瓦锡与德莫维奥、克劳德·贝托莱（1748—1822）、哈森弗拉茨等人合作编写了《化学命名法》（巴黎和伦敦，1788年）。图87和图88出自拉瓦锡的《化学基础论》（伦敦，1790年）。

这本书对化学领域至关重要，但是我们也要注意书中一些有趣的小缺陷，这些缺陷证明拉瓦锡也不是绝对可靠的。

第一，他将“活力空气”命名为“oxygene”，意为“成酸元素”。站在拉瓦锡的角度来说，这是合理的。因为在纯氧中燃烧碳、硫和磷都会产生酸。他的酸氧理论在当时被广为接受。但拉瓦锡认为：盐酸（HCl）也包含氧元素，因为其前体氯气（舍勒于1774年首次分离出来）一定含有氧元素。在《化学命名法》

TABLE OF SIMPLE SUBSTANCES.

Simple fubftances belonging to all the kingdoms of nature, which may be confidered as the elements of bodies.

New Names. English.	New Names. Latin.	Correfpondent old Names.
Light		Light.
Caloric	Caloricum	Heat. Principle or element of heat. Fire. Igneous fluid. Matter of fire and of heat.
Oxygen	Oxygenum	Dephlogifticated air, Empyreal air, Vital air, or Bafe of vital air.
Azot	Azotum	Phlogifticated air or gas, Mephitis, or its bafe.
Hydrogen	Hydrogenum	Inflammable air or gas, or the bafe of inflammable air.

Oxydable and Acidifiable fimple Subftances not Metallic.

New Names.		Correfpondent old Names.
Sulphur	Sulphurum	The fame names.
Phofphorus	Phofphorum	The fame names.
Carbon	Carbonum	The fimple element of charcoal.
Muriatic radical	Murium	Still unknown.
Fluoric radical	Fluorum	Still unknown.
Boracic radical	Boracum	Still unknown.

Oxydable and Acidifiable fimple Metallic Bodies.

New Names.			Correfpondent old Names.
Antimony	Antimonium	Regulus of	Antimony.
Arfenic	Arfenicum	Regulus of	Arfenic.
Bifmuth	Bifmuthum	Regulus of	Bifmuth.
Cobalt	Cobaltum	Regulus of	Cobalt.
Copper	Cuprum	Regulus of	Copper.
Gold	Aurum	Regulus of	Gold.
Iron	Ferrum	Regulus of	Iron.
Lead	Plumbum	Regulus of	Lead.
Manganefe	Manganum	Regulus of	Manganefe.
Mercury	Mercurium	Regulus of	Mercury.
Molybdena	Molybdenum	Regulus of	Molybdena.
Nickel	Nickolum	Regulus of	Nickel.
Platina	Platinum	Regulus of	Platina.
Silver	Argentum	Regulus of	Silver.
Tin	Stannum	Regulus of	Tin.
Tungftein	Tungftenum	Regulus of	Tungftein.
Zinc	Zincum	Regulus of	Zinc.

Q 3　　Salifiable

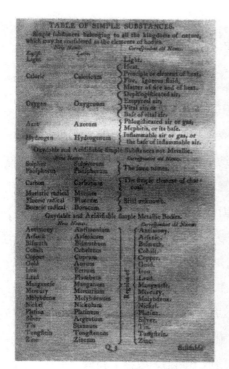

图87 《化学基础论》（伦敦，1790年）中列出的“简单物质”（元素）列表。该书是《化学基础论》英文版的第1版。注意，在该表中，“热质”（caloric）也被列为元素

	Names of the fimple fubftances.	First degree of oxygenation. New Names.	First degree of oxygenation. Old Names.
Combinations of oxygen with fimple non-metallic fubftances.	Caloric	Oxygen gas	Vital or dephlogifticated air
	Hydrogen	Water *.	
	Azot	Nitrous oxyd, or bafe of nitrous gas	Nitrous gas or air
	Carbon	Oxyd of carbon, or carbonic oxyd	Unknown
	Sulphur	Oxyd of fulphur	Soft fulphur
	Phofphorus	Oxyd of phofphorus	Refiduum from the combuftion of phofphorus
	Muriatic radical	Muriatic oxyd	Unknown
	Fluoric radical	Fluoric oxyd	Unknown
	Boracic radical	Boracic oxyd	Unknown
Combinations of oxygen with the fimple metallic fubftances †.	Antimony	Grey oxyd of antimony	Grey calx of antimony
	Silver	Oxyd of filver	Calx of filver
	Arfenic	Grey oxyd of arfenic	Grey calx of arfenic
	Bifmuth	Grey oxyd of bifmuth	Grey calx of bifmuth
	Cobalt	Grey oxyd of cobalt	Grey calx of cobalt
	Copper	Brown oxyd of copper	Brown calx of copper
	Tin	Grey oxyd of tin	Grey calx of tin
	Iron	Black oxyd of iron	Martial ethiops
	Manganefe	Black oxyd of manganefe	Black calx of manganefe
	Mercury	Black oxyd of mercury	Ethiops mineral‡
	Molybdena	Oxyd of molybdena	Calx of molybdena
	Nickel	Oxyd of nickel	Calx of nickel
	Gold	Yellow oxyd of gold	Yellow calx of gold
	Platina	Yellow oxyd of platina	Yellow calx of platina
	Lead	Grey oxyd of lead	Grey calx of lead
	Tungftein	Oxyd of tungftein	Calx of tungftein
	Zinc	Grey oxyd of zinc	Grey calx of zinc

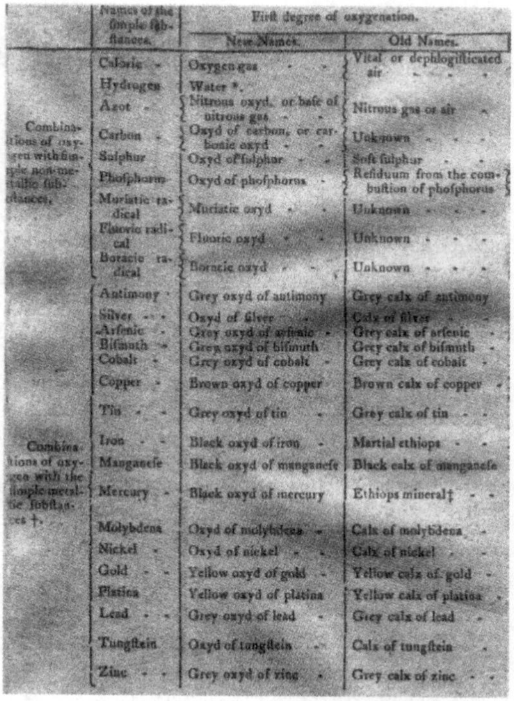

图88 该表也出自《化学基础论》。注意，根据该表的说法，氧气是氧和“热质”的组合。物质燃烧或焙烧时会与氧气结合，并以热量的形式释放“热质”。这种说法有些像燃素理论：“脱燃素空气”（氧气）从燃烧或焙烧的物质中吸收燃素

出版后约20年，汉弗莱·戴维推翻了拉瓦锡的观点。

第二，拉瓦锡假设存在"热质"元素。在某些方面，热质可以替代被拉瓦锡推翻的燃素理论中的燃素。根据这种观点，氧气含有"热质"（这有助于使其保持稀薄状态）。当物质燃烧或形成金属氧化物时，它会与氧气结合（从而使其重量增加），并在此过程中以热量的形式释放"热质"。在图87中，我们看到"热质"被列为元素（"简单物质"）。在图88中，我们看到就像氢气与氧气结合生成水一样，"热质"与氧结合生成氧气。有些具有戏剧性意味的是：拉瓦锡夫人的第二任丈夫本杰明·汤普森（拉姆福德伯爵，1753—1814），最终否定了"热质"的存在。

氢气+氧气→水，水→氢气+氧气

拉瓦锡没有发现物质守恒定律。在当代和早期科学家的头脑中，这是一个坚定的假说。然而，由于他小心地用预称重的液体捕获气体，并且要求必须考虑到化学反应中的所有物质，这使化学研究上升到了新的高度——有些人甚至称之为物理学。如果反应开始时和反应结束时的质量无法匹配，那么分析化学成分就没有多大意义了。这个分析过程与包税官开展审计的过程是一样的。

《化学基础论》的出版以清晰和权威的方式标志着燃素理论的终结。理查德·柯万[①]出版了《燃素和酸成分论》（伦敦，1787年），他在书中有力地证明了燃素存在——这是英国人的观点。拉瓦锡夫人在1788年将这本书翻译成法文，该书成为法国学界反燃素理论的焦点。《燃素和酸成分论（第2版）》于1789年在伦敦出版，其中附上了1788年法国化学家撰写的《化学命名法》。但是，到1792年，柯万接受了反燃素理论并写信给贝托莱："我最终放下武器，放弃了燃素。"

---

① 理查德·柯万（1733—1812），爱尔兰化学家，1780年成为英国皇家学会会员，著有《燃素和酸成分论》《矿物学元素》等。

为了庆祝《化学基础论》的胜利，拉瓦锡夫人打扮成女祭司，隆重地焚烧了施塔尔的《化学基础》（表示对燃素学说执行火刑）。她在此前曾向兵工厂实验室的成员让·亨利·哈森弗拉茨征求庆祝这一成功的建议。在1788年2月20日的一封信中，哈森弗拉茨提出了三种方案：一幅拉瓦锡的肖像画、一部涉及燃素与氧气之间战斗的戏剧和一场关于化学革命的完全寓言化的报告。肖像画是由艺术家雅克·路易斯·大卫（拉瓦锡夫人的美术老师）绘制的。哈森弗拉茨对戏剧提出了两个建议：一是一场大战，氧气的盟友包括碳酸盐、磷酸盐、硫酸盐等，对抗燃素、"酸胶"和"酸火"组成的联军；二是英俊的氧气与他的战友氢气和畸形的已经失去一条手臂的燃素之间的对抗，"酸胶"已经死在了燃素身边，脸色苍白的"酸火"瑟瑟发抖，氧气准备斩断燃素剩下的那条手臂。这部戏剧显然是表演过的，并被记录在《柯瑞尔化学纪事》中。燃素受到审判，施塔尔无力为其辩护，然后燃素被烧死在火刑柱上。如果你仔细想想，就会意识到，如果燃烧的过程中释放燃素，那么燃烧燃素就不会留下任何东西。

图89出自拉瓦锡的《化学基础论》。在图片1中，我们看到了一个非常复杂的蒸馏装置，用于捕获和称重所有的反应产物。样品在蒸馏瓶（A）中加热，挥发性和半挥发性液体被收集在预称重过的球形瓶（C）中；球形瓶右侧的第一个预称重过的三颈瓶装有水，剩余三个预称重过的三颈瓶装有苛性钾（KOH）溶液用来收集酸性气体。剩余的不溶于水、非酸性的气体（例如氧气）通过集气槽或类似的收集装置被输送到瓶子中。被封泥固封在每个三颈瓶的中心开口的长管有小开口，长管下端位于液体的底部，只有在压力积聚时，液体才会泄漏。如果三颈瓶中产生真空，则与玻璃器皿及其所含物的质量相比，被吸入的空气的质量可以忽略不计。拉瓦锡指出，如果所有容器中的物质的质量，包括蒸馏器中的残留物，不等于实验起始时物质的质量，那么必须重新进行实验。

图90的图片1显示了用于分离由发酵或腐烂产生的气体成分的装置。长颈蒸馏瓶（A）通过黄铜管和阀门与玻璃球（B）连接。如果长颈蒸馏瓶中的泡沫超过了长颈蒸馏瓶的容量，多余的泡沫就会被收集在玻璃球中，并被定期排入瓶子（C）中。装有干燥剂（例如氯化钙）的玻璃管（h）可以除去水蒸气。发酵产生的二氧

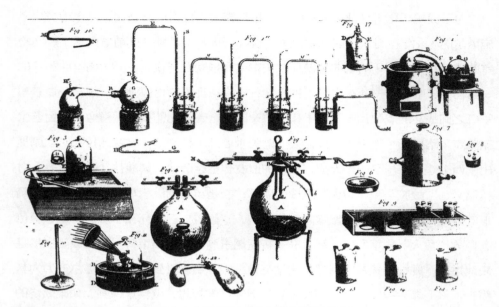

图89 出自拉瓦锡的《化学基础论》，由拉瓦锡夫人绘制插图并雕刻印版

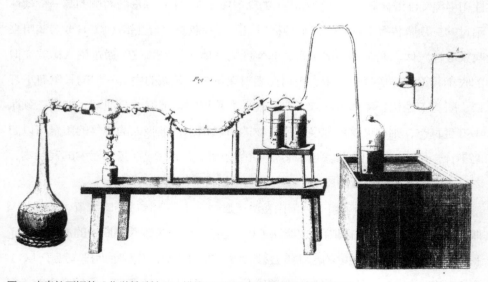

图90 出自拉瓦锡的《化学基础论》，描绘了一种用于收集发酵气体的装置

化碳被收集在装有苛性钾溶液的瓶子（D和E）中。腐烂过程中有时会产生的氢气通过排水法被收集在位于水槽（GHIK）中的玻璃钟罩（F）内。

图89的图片2描绘了著名的在空气中加热金属汞的装置。拉瓦锡在蒸馏器（A）中加热4盎司[①]汞。12天后，他停止加热并对汞表面形成的红色金属灰（HgO）进行称重，其质量为45克。空气体积由50立方英寸[②]减少到42立方英寸（减少约16%）。剩余的空气是"恶臭的空气"。当汞金属灰被转移到一个小型蒸馏瓶中并加热时，产生了8—9立方英寸的"高度可呼吸的空气"和41.5克汞。这种"高度可呼吸的空气"就是被舍勒称为"火空气"的气体，普里斯特利称其为"脱燃素空气"，而拉瓦锡后来称其为"活力空气"，人们现在称其为氧气。当以这种方式产生的氧气被添加到"恶臭的空气"中时，就形成了普通空气。

图89的图片10描绘了一个有趣的定制的长颈蒸馏瓶（参见图26）。长颈蒸馏瓶的球状部分在火焰中被加热并压扁了。长颈蒸馏瓶扁平的底部装有汞，可以在沙浴中加热。顶部的小开口允许空气缓慢循环，但最大限度地降低了汞蒸气的损失。在加热几个月后，其中有产率很高的红色的氧化汞（HgO）。曲颈瓶和气囊装置（图片12）用于在气囊有一半容积的氧气的情况下加热汞，这种装置仅能形成少量的红色金属灰。

在图89的图片3中，我们看到了一个小型装置，该装置用于点燃在充满氧气和汞的玻璃钟罩中的瓷盘上的铁样品。拉瓦锡用虹吸管吸出一些空气以提高汞的位置。他使用一根烧红的铁丝（图片16）接触附着在铁样品上的火绒上的磷。图片17描绘了一根连接在塞子上的被扭成螺旋状的细铁丝，在C处附有一小片火绒。打开塞子，点燃火绒，然后把铁丝放入含氧气的瓶子中。铁燃烧后形成金属灰，落到瓶子的底部，然后被收集、碾成粉并称重。

图89的图4描绘了一个用于在氧气中燃烧磷的大型容器（顶部开口的直径为3英寸）。磷被放在瓷盘D中。一个旋塞被用于把空气抽出，另一个旋塞被用于加入氧气。用凸透镜点燃磷。在磷燃烧的过程中，白色的五氧化二磷薄片（实际上

①　1盎司=28.349 5克

②　1立方英寸=16.387 1立方厘米。

是P_4O_{10}，可在360℃升华）覆盖在容器壁上，并在一定程度上影响了凸透镜的功效。该固体的吸水性极强（$P_4O_{10}+6H_2O \rightarrow 4H_3PO_4$，磷酸）。

约瑟夫·普里斯特利可能是第一个通过在空气中燃烧氢气制造水的人，但他没有注意到这一点。法国化学家皮埃尔·约瑟夫·麦克尔（1718—1784）于1776年在瓷碟上发现了水滴，并意识到水是氢气在空气中燃烧的产物。1783年春，卡文迪许点燃了"易燃空气"和"脱燃素空气"，并将产生的水称重。因此，他被认为是第一个从元素合成水的人。不过，他基于燃素理论解释了这个反应。图89中的图片5描述了由拉瓦锡和著名数学家皮埃尔·西蒙·拉普拉斯（1749—1827）设计的装置。该装置通过右侧管（NN）引入氧气，通过左侧管（MM）引入氢气，定量制备水。1783年6月24日，气体被逐渐加入，并用终端位于L处的导线点燃靠近d'处的氢源。拉瓦锡和拉普拉斯证明了85份氧气与15份氢气反应生成100份水。拉瓦锡用另一个装置（未被描绘在图89中）蒸馏水。火炉上有一个装有木炭的玻璃管，该玻璃管外层附有黏土，还加上了铁条防止其弯曲。水蒸气与木炭接触形成了二氧化碳和氢气，拉瓦锡将其收集并称重。因此，拉瓦锡用纯净的氧气和氢气定量制备水，并定量地将水分解成元素。不过，詹姆斯·瓦特才是第一个认识到水是一种化合物而不是元素的人。

将豚鼠作为内燃机

在拉瓦锡的理论中，由于"热质"是一种"简单物质"（元素），尽管无法具体计算，但拉瓦锡依然希望能对其进行测量。拉瓦锡和拉普拉斯设计的冰卡计[①]，如图91所示。完整的冰卡计如图91的图片1所示，剖视图如图91的图片3所示。带有开口（LM）的篮子（$ffff$）由铁丝网制成，可以用盖子（GH）盖上。这个篮子盛放产生"热质"的样品：热金属、热液体、发生化学反应的混合物（在

---

① 冰卡计是一种简易的实验室比热精确测量设备。

图91 冰卡计，由拉瓦锡和拉普拉斯设计。热量以融化的冰为单位来定义。新陈代谢类似于燃烧的想法源于以下知识：动物需要氧气，产生了二氧化碳和水，以及热量。因此，拉瓦锡意识到，燃烧、焙烧和新陈代谢都是相关的，因为它们涉及其他物质与氧气的结合

159

合适的容器内）、燃烧的物品或活的豚鼠。碎冰被放在内胆（bbbb）和隔热套（aaaa）中。隔热套让测量装置与外界隔离，其中的冰融化后产生的水可通过排水管（sT）方便地排出。由滤网（mm）和筛网（nn）支撑的内胆中的冰吸收了篮子中的样品释放的热量，融化产生的水通过xy被抽出并称重。在实验之前，将碎冰紧密地置于内胆和隔热套中，盖上盖子以及装置盖（见图片7）。这个实验最好在温度不超过10℃且绝对不低于0℃的房间内进行。大的样品被置于装有温度计的金属桶中（见图片8）；腐蚀性的液体则被置于装有温度计的玻璃容器中（见图片9），将桶或玻璃容器放在沸水浴中。在转移样品之前，要把内胆中的水通过xy抽出并排掉，然后快速转移热样品。整个冰卡计内胆的温度恢复到0℃通常需要10—12个小时。然后从内胆中抽出水并仔细称重。拉瓦锡和拉普拉斯意识到：这个实验过程中必然存在热量损失，而这限制了其测量结果的准确性。

拉瓦锡和拉普拉斯将其热量单位定义为融化1磅冰（32℉[①]）所需的热量。他们证明了需要1磅水从167℉开始，然后温度下降135℉（至32℉）才能融化这些冰块。因此，他们把7.707磅重的铁条在沸水浴中加热到207.5℉，并迅速将铁条放入篮子中，密封了冰卡计。11小时后，有1.109 795磅的冰融化了。铁条的温度下降了175.5℉。使用比率 $\frac{175.5}{1.109\ 975} = \frac{135}{x}$，他们发现 $x = 0.853\ 83$。将其除以7.707，得出的商0.110 8是1磅铁冷却到135℉时融化的冰量。其他产生热量的过程也可按照这个方法计算。

豚鼠在冰卡计实验中要比老鼠更"活跃"。当然，进出篮子的空气必须经过浸没在碎冰中的管道。在那段时间里，人们认识到呼吸和燃烧都需要氧气，这与早期两个过程都会产生二氧化碳的观察结果"结合"在一起。因此，将两者等同起来并尝试测量被认为是缓慢"内燃"的动物散发的热量是一次相对较小的创造性飞跃。

想象一下老鼠在冰卡计内瑟瑟发抖的场景，在普里斯特利、舍勒、拉瓦锡和梅奥设计的装置中忍受着"恶臭的空气"，这激发了人们对这种顽强而勇敢的哺

---

① 华氏度是用来计量温度的单位，符号为℉。华氏度 = 32+摄氏度×1.8。32℉=0℃。

乳动物在科学实验中已经并将继续扮演的角色的尊重。尽管柏廷顿指出普里斯特利对老鼠"很友善",但本杰明·富兰克林在写给普里斯特利的信中指出普里斯特利实际上是"……为在'恶臭的空气'中谋杀这么多诚实、无害的老鼠而忏悔……"。

单一选择性吸引（单取代）

瑞典化学家伯格曼在论文《有择吸引论》中以"湿法"或"干法"将化学亲和力和取代（单或双）系统化，图93（a）是图92第20号图的放大图。

在单一选择性吸引中，图93（a）的（1）表示的硫化钙（CaS）在（3）表示的水中被（2）表示的硫酸（H_2SO_4）分解，生成（4）表示的单质硫。单质硫析出（向下的半个半大括号），（5）表示的硫酸钙（石膏，$CaSO_4$）也会析出（向

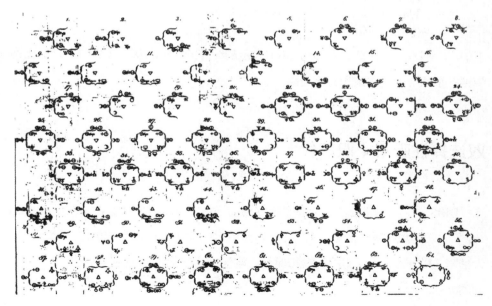

图92 伯格曼的《有择吸引论》（伦敦，1785年）中的化学亲和力表

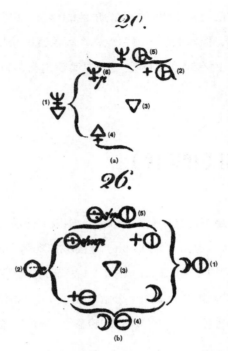

图93 《有择吸引论》中的化学亲和力表中硫化钙的单一选择性吸引（a）
和硝酸银、氯化钠之间的双选择性吸引（b）

下的半大括号）。因此，硫酸对（6）表示的纯净的"钙石灰"（实际上是硫化钙
中钙的来源）的化学亲和力比硫高。

双选择性吸引（双取代）

图93（b）是图92第26号图的放大图。图93（b）中（1）表示的硝酸银和
（2）表示的氯化钠（食盐）在（3）表示的水中发生反应，生成析出（向下的半
大括号）的（4）表示的氯化银和保留在溶液中（向上的半大括号）的（5）表示
的硝酸钠。

不死鸟是"她"吗?

伊丽莎白·富勒姆夫人被基思·詹姆斯·莱德勒①称为"被遗忘的天才"。她撰写了一本了不起的书《论燃烧》,该书于1794年出版,扉页见图94。该书的德文版于1798年出版;该书的美国版于1810年出版,扉页见图95。当时,在大多数情况下,女性对科学的兴趣不但不会得到鼓励,反而会被极力劝阻。1794年版的《论燃烧》是富勒姆夫人私人出版的,大概得到了她的丈夫托马斯·富勒姆的支持。她在这本书的前言中写道:

在某些人看来,我的这种追求似乎是冒昧的。但是我厌倦了懒惰,并且有很多闲暇时间,我的思想使我转向了这种娱乐方式,我发现它很有趣。我希望那些开明的和有学问的人不会认为我冒犯了他们。但是批评的声音也许是不可避免的,因为有些人如此愚昧无知,以至于他们变得阴郁、沉默寡言,他们看到任何表面看起来有学问的事物都吓得心惊胆战。如果幽灵以女人的身份出现,那么他们将会遭受惨淡的痛苦。

富勒姆夫人取得了两个,也许是三个伟大的发现。她是第一个使用金盐和其他金属盐演示光成像技术的人。本杰明·汤普森对此做出了与她的化学解释截然相反的纯粹的物理解释,但是本杰明·汤普森错了。富勒姆夫人将金或银离子通过光化学反应还原为相应金属被认为是第一次证明水溶液化学可以取得与高温冶炼相同的成果。

富勒姆夫人关于水作为催化剂参与将木炭氧化为二氧化碳的研究后来被证明是"非常重要的",她还预见了催化(catalysis)的概念的诞生(贝采利乌斯②

---

① 基思·詹姆斯·莱德勒(1916—2003),加拿大皇家学会会员,被视为化学动力学的先驱者以及酵素物理化学领域的权威。

② 永斯·雅各布·贝采利乌斯(1779—1848),瑞典化学家,他首先倡导以元素符号来代表各种化学元素,并提出了电化二元论。

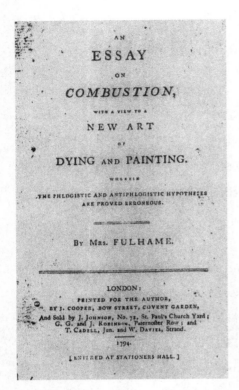

图94 《论燃烧》的扉页（由杰出的化学家、藏书家罗伊·内维尔博士提供）

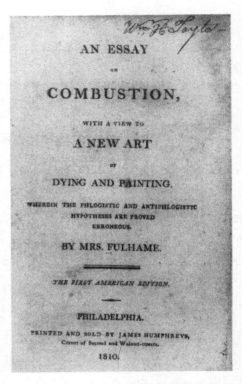

图95 《论燃烧》美国版第1版的扉页（由宾夕法尼亚大学珍本和手稿图书馆提供，来自埃德加·法斯·史密斯的藏品）

在1836年提出的术语"catalysis"源自希腊语，意为"完全松动"）。这也暗含了现代化学的反应机理的概念：逐步、"极为详细"地描述化学反应的过程。我们将通过生成铁锈的反应简要地对此进行说明。爱尔兰化学家威廉·希金斯首次发现水在此过程中的作用，并指责富勒姆夫人剽窃了他的成果（他也指责约翰·道尔顿剽窃了他的成果提出原子论）。富勒姆夫人提出的概念更为笼统，她显然把概念过度扩展了。

尽管铁生锈的过程涉及金属铁与氧形成红褐色的三氧化二铁（Fe_2O_3）的反应，但我们知道，如果金属铁保持干燥就不会在空气中生锈。水起到了电解溶剂和催化剂的作用。如果金属铁处于潮湿的环境中并暴露于充足的氧气下，则会发生以下反应。

反应1的方程式：

$$4Fe（固体）+4H_2O（液体）+2O_2（气体）\rightarrow 4Fe（OH）_2（固体）$$

反应2的方程式：

$$4Fe（OH）_2（固体）+O_2（气体）\rightarrow 2Fe_2O_3 \cdot H_2O（固体）+2H_2O（液体）$$

净反应的方程式：

$$4Fe（固体）+3O_2（气体）+2H_2O（液体）\rightarrow 2Fe_2O_3 \cdot H_2O（固体）$$

显然，反应1中消耗的两个水分子在反应2中重新生成了，因此没有出现在净反应中。它们在反应的中间体$Fe（OH）_2$中被"暂时束缚"，但是当中间体发生反应时就会重新生成。

虽然富勒姆夫人不赞同燃素理论，因此她的观点更接近拉瓦锡的观点，但她并没有公开反对燃素理论。莱德勒推测，这可能是因为普里斯特利是她申请加入费城化学学会的推荐人。富勒姆夫人在《论燃烧》的最后热情洋溢地提到了不死鸟（象征着从灰烬中重生，这也是美国化学会标志的装饰物）：

这种燃烧的观点有助于表明自然界是如何始终不变的，并且通过在地球的表面上保持相同数量的空气和水来维持自然平衡：在各种燃烧过程中消耗空气和水的速度与同等数量的空气和水再次形成的速度一样快，像不死鸟从灰烬中重生一样。

如果说存在一位关于化学史的伟大的权威人士，那一定就是詹姆斯·雷迪克·柏廷顿。他在《化学史》中谨慎地指出："我们或许应该注意到，不死鸟是一种传说中的雌雄同体的鸟。"

枪管中的化学

在错误的情况下，木炭可能很危险。只要问一下扬·巴普蒂斯特·范·海尔蒙特就知道了，他创造了"气体"一词，然后在封闭的室内燃烧木炭，差点儿被"毒气"杀死。

一氧化碳（CO）是含碳元素的物质在贫氧环境中燃烧的副产物。在富氧的环境中，典型的含碳元素和氢元素的易燃材料完全燃烧（氧化），最终形成二氧化碳（CO_2）和水（H_2O）。在这些条件下，CO是一种寿命非常短的中间体，其反应速度与形成速度一样快（前文描述的氢氧化亚铁是金属铁生锈过程中寿命较长的中间体）。富勒姆夫人正确地得出结论，水加快了木炭[①]燃烧的速度，原因还是需要由非常复杂的燃烧反应机理阐明。在没有氢参与燃烧反应的情况下，关键的反应链是：

$$CO+O_2 \rightarrow CO_2+O \qquad\qquad （1）$$

接下来还有许多其他反应，使反应链继续进行。其中一个被认为是（M是发生碰撞的分子或原子）：

$$M+CO+O \rightarrow CO_2+M \qquad\qquad （2）$$

但是，如果有氢源［水、甲烷（CH_4）等］参与燃烧反应，就会发生非常不同且速率更快的化学反应：

$$CO+H_2O \rightarrow CO_2+H_2 \qquad\qquad （3）$$

---

① 木炭是通过将木材缓慢加热到相当高的温度而形成的，最终的产物为约75%的碳、约20%的挥发物（在炽热的木炭中被蒸发）和约5%的灰烬。

$$H_2+O_2 \rightarrow H_2O_2 \qquad\qquad （4）$$

$$H_2O_2 \rightarrow 2OH \qquad\qquad （5）$$

$$OH+CO \rightarrow CO_2+H \qquad\qquad （6）$$

$$H+O_2 \rightarrow OH+O \qquad\qquad （7）$$

木炭由于其固体结构和缺乏氢源而不能迅速燃烧。后面的一系列化学反应还说明了燃烧反应排放的一氧化碳的相对含量。因此，为了捕获和观察CO，我们必须让燃烧反应在非正常条件下进行。

一氧化碳是18世纪末的"谜题"，它是由伯格曼、约瑟夫·马利·弗朗索瓦·拉索纳和约瑟夫·普里斯特利分别独立发现的。水蒸气通过炽热的木炭，产生了"水煤气"，这种"水煤气"非常易于燃烧，但毒性很大（今天我们知道，它是CO、H_2和CO_2的混合物）。普里斯特利观察到，在炽热的枪管中加热白垩（$CaCO_3$）时，会产生"重的易燃空气"，并且其燃烧时的火焰是蓝色的，会生成"被固定的空气"（CO_2）。在烧红的枪管中加热熟石灰——Ca（OH）$_2$时，其结果是产生会爆炸性燃烧的"轻的易燃空气"。反应（8）和反应（9）说明了第一种情况，最终产物有CO。反应（10）和反应（11）说明了第二种情况，最终产物有H_2。当然，更令人困惑的是，"水煤气"中既有"轻的易燃空气"又有"重的易燃空气"。

$$CaCO_3 \rightarrow CaO+CO_2 \qquad\qquad （8）$$

$$3CO_2+2Fe \rightarrow Fe_2O_3+3CO \qquad\qquad （9）$$

这两步反应的气态产物是"重的易燃空气"。

$$Ca（OH）_2{\rightarrow}CaO+H_2O \qquad\qquad （10）$$

$$3H_2O+2Fe{\rightarrow}Fe_2O_3+3H_2 \qquad\qquad （11）$$

这两步反应的气态产物是"轻的易燃空气"。

现在，如果你是约瑟夫·普里斯特利并坚定地坚持燃素理论，那么结论很明显："被固定的空气"（CO_2）和水蒸气都从枪管中的铁中释放燃素，只是程度不同而已。1801年，军事化学家、英国皇家炮兵学院化学讲师、炮兵外科医生威廉·克鲁克香克，终于成功地将氢气与一氧化碳分开。正如我们将在后文看到的那样，本杰明·汤普森还利用炮管来做科学实验。也许英国在18世纪因为战时经济而生产了太多的武器，所以这些武器后来被用作科学实验仪器。

钻孔实验

尽管拉瓦锡推翻了燃素学说，但他还是假设了一种新的气态"简单物质"——一种被称为"热质"的元素。"热质"可以在不发生化学变化的情况下从较热的物体转移到较冷的物体。但是拉瓦锡假定氧气内含有"热质"，在物质燃烧时以热和光的形式释放出来（见图88）。"热质"的概念和燃素的概念之间的相似性是显而易见的。

图96摘自本杰明·汤普森所著的《政治、经济和哲学论文集（第3版）》（伦敦，1798年）第2卷。他证明了在黄铜加农炮炮管的粗坯上钻孔所涉及的机械功足以将水烧开，并且钻孔产生的碎屑的热容量与这些碎屑是炮管的一部分时的热容量相等。人们曾以为热量减少会表现为质量和/或热容量的损失。实际上，本杰明·汤普森的实验似乎表明，由于机械摩擦而释放的"热质"的数量是没有上限的。当然，这是不可能的。他还仔细确认了水在凝结成冰的过程中质量没有变化。当时，本杰明·汤普森的研究成果产生的影响不大：他给出的解释是炮管中

的"热质"的数量非常大，在本杰明·汤普森的实验中只释放出极少部分，而且"热质"非常轻。

这项研究是从热功当量方面建立热力学第一定律的第一个定量步骤：

系统内能=系统吸收的热量−环境对系统做的功

在钻孔实验中，功是由系统（炮管）周围的环境完成的，系统的能量上升，热量也释放到周围的环境（水浴）中。

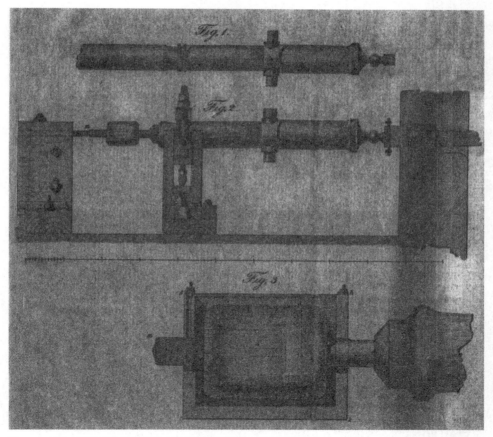

图96 本杰明·汤普森的炮管钻孔实验推翻了早先的"热质说"（摘自《政治、经济和哲学论文集（第3版）》第2卷）

本杰明·汤普森于1753年出生于马萨诸塞州殖民地一个普通的农民家庭。他几乎没有接受过正规教育，基本上是自学成才的，后来搬到了新罕布什尔州的康科德任教。他在19岁时与一个比他大14岁的富有寡妇结婚。1775年，美国独立战争爆发，汤普森成为英国间谍，夫妻二人自此永远分开。汤普森后来逃往英国，并最终从英军退役。他于1784年被英王乔治三世封为爵士，之后移居德国，在巴伐利亚担任陆军大臣和其他要职，并于1793年被封为神圣罗马帝国的拉姆福德伯爵。本杰明·汤普森早期的热力学研究正是基于他在德国的军事相关经历。本杰明·汤普森于1798年返回英国，在1799年协助约瑟夫·班克斯建立了英国皇家科学研究所。在汉弗莱·戴维关于笑气的研究成果发表后，本杰明·汤普森于1801年聘请汉弗莱·戴维为英国皇家科学研究所的化学讲师。

本杰明·汤普森用了四年时间成功地追求到了拉瓦锡夫人，他们于1805年结婚。但是，杰弗里·雷纳–坎汉姆和玛琳·雷纳–坎汉姆在他们合著的《化学领域的女性：从炼金术时代到20世纪中叶她们的角色转变》中指出，"他（本杰明·汤普森）是一个相当自负、乏味的人，期望靠拉瓦锡夫人的财富过上好的生活，同时又能独自进行自己的研究"。本杰明·汤普森和拉瓦锡夫人的关系在结婚两个月后就明显恶化，他们于1809年分居。

给每个人来点儿笑气！

汉弗莱·戴维于1795年在英国康沃尔郡彭赞斯当外科医师学徒，那个时候他已经开始阅读拉瓦锡的《化学基础论》和英国物理学家、化学家威廉·尼科尔森（1753—1815）的《化学词典》，这两本书的内容仍受到燃素理论的影响。汉弗莱·戴维的早期研究引起了英国医学家托马斯·贝多斯（1760—1808）的注意。1798年，托马斯·贝多斯邀请汉弗莱·戴维在贝多斯气体研究所任职。该机构的宗旨是使用可吸入气体治疗疾病。

普里斯特利在1772年对几种气体进行研究的实验中制得了不纯的一氧化二氮

（N₂O）。1799年，戴维在图97的图片2所示的蒸馏器中加热硝酸铵，收集到了由此产生的在水面上的纯净气体。他的实验和生理学研究成果发表在《化学与哲学研究，主要涉及一氧化二氮或脱燃素的含氮空气及其呼吸作用》（1800年）中。图97还描绘了一个储气罐和呼吸器，是这本极为稀有的书在1839年再版时的卷首插图。戴维不计后果地呼吸着这段时期内他新发现的各种气体。他记录了吸入一氧化二氮（笑气）后的感受：

　　4月16日，金莱克医生那天正好在场，我用了半分钟以上的时间从一个装了三夸脱①一氧化二氮的丝绸袋中吸气和呼气。我在此之前没有捂住鼻子或排净肺部空气。在最初的几次吸气后，我有轻微的晕眩感。随之而来的是一种不寻常的大脑充盈感，并随之失去了清晰的感觉和自主能力，这是一种类似于醉酒第一阶段产生的感觉；但没有令人愉悦的感觉。金莱克医生摸了摸我的脉搏，说我的脉搏变得更快、更有力了。

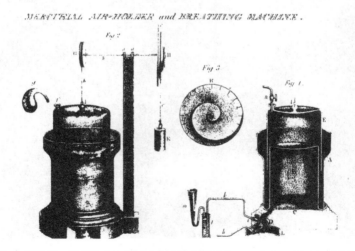

图97 汉弗莱·戴维储存和呼吸一氧化二氮的装置图（出自《化学与哲学研究，主要涉及一氧化二氮或脱燃素的含氮空气及其呼吸作用》，该书1800年出版的版本非常稀有）

---

① 1夸脱等于1.136升。

戴维很会写诗，酷爱钓鱼。他的很多朋友都体验了一氧化二氮，其中包括彼得·马克·罗盖特[1]和塞缪尔·泰勒·柯勒律治[2]。柯勒律治对笑气的描述更具诗意：

第一次吸入一氧化二氮时，我感到整个身体都充满了令人愉悦的温暖，就像我记忆中的从雪中漫步回到温暖的房间后所经历的感觉一样。我唯一想做的就是笑着面对那些看着我的人。我的眼睛睁得大大的，直到最后一刻，我的心还在怦怦直跳。取下呼吸面罩后，所有感觉几乎立刻消失了。

一氧化二氮在1846年首次被用作麻醉剂，但在此之前，它在当时的大学宿舍里引起了轰动。英国讽刺漫画家詹姆斯·吉尔雷于1802年创作的人物漫画（图98）

图98 詹姆斯·吉尔雷于1802年描绘的在英国皇家学会进行的一场演讲（由宾夕法尼亚大学珍本和手稿图书馆提供，来自埃德加·法斯·史密斯的藏品）

---

[1] 彼得·马克·罗盖特（1779—1869），他后来成为一名医师，并于1852年出版了《英语单词和短语词典》。
[2] 塞缪尔·泰勒·柯勒律治（1772—1834），英国诗人、文学评论家，英国浪漫主义文学的奠基人之一。

描绘了戴维拿着气囊并协助演示笑气作用的画面。本杰明·汤普森站在图右侧，露出了赞许的微笑。

《拉瓦锡情史》

1998年上映的电影《莎翁情史》取得了巨大的成功，因此1772—1805年发生的化学革命中的故事应该也可以拍出一部轰动一时的电影。尽管后文是以幽默的方式提出这个想法的，但只要有一个合适的标题，这肯定会是一部史诗级的电影。有没有人愿意出资支持一下呢？

电影的标题也可以换一个，比如《安托万和包税官的女儿玛丽》。在《莎翁情史》中，男主角展示了自己的剑术。在《拉瓦锡情史》中，在实验室、街道和公海上经认证的火药和真正的烟火可以被展现出来。这部电影将以"现代化学之父"安托万-洛朗·拉瓦锡和他的妻子玛丽·安妮·皮埃尔特·波尔兹·拉瓦锡的生活为中心，拉瓦锡夫人是那个时代最成熟、最迷人的女性之一。画外音是这部电影的女主角拉瓦锡夫人的旁白。背景是美国革命、法国大革命，以及英国在失去北美洲殖民地期间和之后的恐惧和暴力反应。这部电影中可以有爱情、暴力、间谍、叛国等因素，这会让其颇具看点。

1766年，炼金术思想的最后残余——燃素已经统治了将近100年。在英国，古怪而富有的天才科学家亨利·卡文迪许认为自己分离出了难以捉摸的燃素，但实际上他制造出了易燃易爆的氢气。18世纪70年代初，在英国伯明翰，约瑟夫·普里斯特利发现了氧气。普里斯特利发现氧气能维持动物生存的时间是正常空气的五倍。他是本杰明·富兰克林在美国革命开始时的朋友。镜头切回到1775年秋天，本杰明·富兰克林告知普里斯特利："英国在这场耗资300万英镑的行动中杀死了150个扬基人，相当于每杀1个人要花费2万英镑……在此期间，这里新出生的人口达6万。"

画面再次切换，28岁的安托万·拉瓦锡是一个富有而睿智的人，想把14岁的玛丽·安妮·皮埃尔特·波尔兹从和安托万·拉瓦锡一起工作的步履蹒跚的好色之徒保泽先生的纠缠解救出来。玛丽·安妮·皮埃尔特·波尔兹和安托万·拉瓦锡于1771年结婚，成为让其他夫妇艳羡的伴侣。安托万·拉瓦锡在他们的住处开始进行科学研究。拉瓦锡夫人的语言能力使安托万·拉瓦锡有机会接触外国化学文献。安托万·拉瓦锡对他读到的文献并不满意，因此决定改变这一切。拉瓦锡夫人学会了足够的化学知识，能够翻译和批判性地评论外国化学文献。作为一名有天赋的艺术家，拉瓦锡夫人还为安托万·拉瓦锡不朽的作品《化学基础论》雕刻了印版，并为本杰明·富兰克林画了一幅令他非常珍视的肖像画。在星期六，安托万·拉瓦锡和拉瓦锡夫人会在沙龙中讨论本周的实验情况。

镜头再次切换，皮埃尔·杜邦神采奕奕、热情洋溢，他和拉瓦锡夫人从1781年开始了一段恋情，这段恋情持续了10多年。皮埃尔·杜邦的后代后来去了美国，在特拉华州创办了杜邦公司。尽管如此，皮埃尔·杜邦和安托万·拉瓦锡之间的友谊并没有受到影响，因此电影中有以下场景：

安托万·拉瓦锡：我的衣橱里有26件皮埃尔·杜邦的长袍。我好像找不到我的实验服了！

拉瓦锡夫人：它和你干净的内衣一起放在实验室里。我们下星期六在沙龙见，亲爱的。

镜头切换，本杰明·汤普森出现了。他出生在马萨诸塞州殖民地一个普通的家庭，在19岁时娶了一个比他大14岁的富有寡妇。在美国独立战争期间，他为英国人做间谍，差点儿被抓到，他抛弃了妻子，卷走了一大笔财产，然后逃往英国。1784年，他在英国被乔治三世封为爵士。他在后面还会出现。

当时，英法两国直接或间接争夺全球主导地位的斗争已经持续100多年了。燃素的争论是英法斗争的一个新领域。理查德·柯万攻击了安托万·拉瓦锡提出的理论，并以印刷品的形式发表自己的观点。拉瓦锡夫人翻译了柯万的作品，这为安托万·拉瓦锡提供了"弹药"，安托万·拉瓦锡在拉瓦锡夫人出版的译文中附加了自己的注释。柯万最终"身受重伤"，放弃了燃素说。但普里斯特利还是没有放弃燃素说！美国独立战争胜利了，英国上下充满了恐惧和愤怒，法国大革命中发生的过度暴力行为加剧了这种恐惧。安托万·拉瓦锡被处决了。当愤怒的暴民发誓要"抖掉他假发上的粉末"并把他的教堂夷为平地时，普里斯特利逃离了英国。

在安托万·拉瓦锡被处决后，欧洲最有资格、最富有、最聪明的求婚者本杰明·汤普森向拉瓦锡夫人求婚。他当时是退休的巴伐利亚官员，推翻了安托万·拉瓦锡提出的"热质说"。这对幸福的未婚夫妇在欧洲旅行了四年。他们于1805年结婚，但婚后两个月就出现了问题。有一天，拉瓦锡夫人的客人被本杰明·汤普森锁在大门外了。于是，拉瓦锡夫人把开水浇在本杰明·汤普森的花上。除了上述内容外，这部电影中还可以加入汉弗莱·戴维和他的朋友举办的"笑气派对"。

在这部电影的宣传片中，还可以有以下旁白：

看！本杰明·富兰克林在巴黎的沙龙中巡游！

看！卡文迪许在造水！

看！拉瓦锡夫人把本杰明·汤普森的花烫死了！

原子论诞生前出现的小插曲

化学导论的书往往描绘了一幅相当整齐的画面，化学研究成果向着道尔顿原子论的方向有序取得进展：发现物质守恒定律、确定物质的成分和多重比例，然后发现原子论。但是，科学发现的历程从来不会这么顺利。

在拉瓦锡之前几十年甚至几百年的化学家们含蓄地认为物质既不能被创造也不能被毁灭。否则，他们为什么要假设存在"火微粒"（见前文关于贝歇尔、玻意耳的介绍和后文关于约翰·弗莱恩德的介绍）来解释金属形成金属灰时质量增加的现象，或者需要假设燃素的浮力（或负质量）来解释上述现象呢？然而，拉瓦锡对化学的物质交换平衡和气体化学的细致工作为发现物质守恒定律奠定了坚实的科学基础。同样，定比定律①长期以来一直被假定存在，例如铜的黑色氧化物无论来自哪个国家、由哪位化学家通过任何一种方法制得，铜的重量占该氧化物的百分比总是80％，氧的重量占该氧化物的百分比总是20％。法国化学家约瑟夫·路易斯·普鲁斯特（1754—1826）的研究证实了这一点，并有助于巩固化学组成原理（化学计量学）。

克劳德·贝托莱是拉瓦锡编写《化学命名法》的伟大合作者之一，他在1803

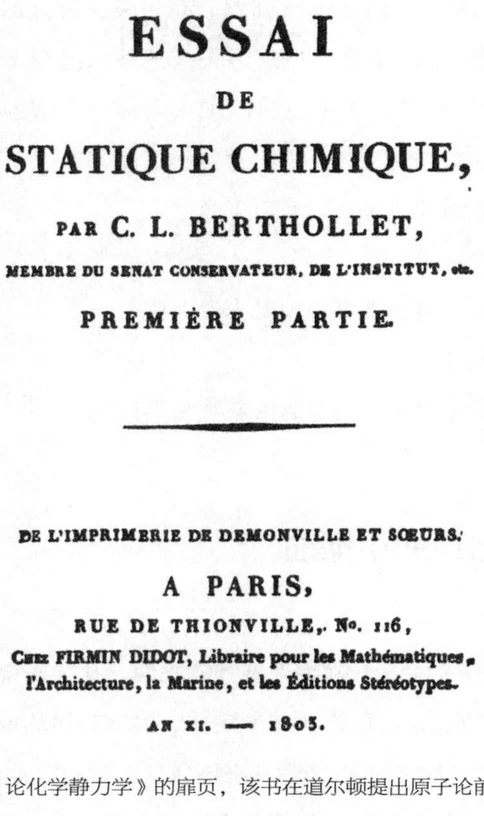

ESSAI

DE

STATIQUE CHIMIQUE,

PAR C. L. BERTHOLLET,

MEMBRE DU SENAT CONSERVATEUR, DE L'INSTITUT, etc.

PREMIÈRE PARTIE.

DE L'IMPRIMERIE DE DEMONVILLE ET SŒURS.

A PARIS,

RUE DE THIONVILLE, No. 116,

Chez FIRMIN DIDOT, Libraire pour les Mathématiques,
l'Architecture, la Marine, et les Éditions Stéréotypes.

AN XI. — 1805.

图99 《论化学静力学》的扉页，该书在道尔顿提出原子论前出版

---

① 定比定律是指出化合物由多种元素按固定的比例组成，这一比例在自然界中保持不变。这一定律对于理解化学物质的组成和性质至关重要，是化学研究的基础之一。

年出版的《论化学静力学》（图99）一书中提出了一些问题。尽管其中混淆了一些混合物和化合物，但他正确地指出：有些晶体化合物的组成是不定且会变化的。例如铁矿石维氏体通常用FeO表示，但其实际的表示式从$Fe_{0.95}O$（铁的重量为76.8%）到$Fe_{0.85}O$（铁的重量为74.8%）不等。我们今天知道，这取决于Fe^{2+}和Fe^{3+}离子之间的比例以平衡O^{2-}离子。在中和三个O^{2-}离子时，两个Fe^{3+}离子就可以抵得上三个Fe^{2+}离子，用Fe^{3+}离子替换Fe^{2+}离子将在晶格中产生间隙，并导致Fe和O的比值小于1∶1且略有变化。维氏体是非化学计量化合物的一个例子，这种化合物有时被称为贝托莱体化合物。

贝托莱还发现，在某些情况下，化学反应中获得的产物取决于反应条件。例如一个著名的实验室化学反应为：

$$CaCl_2 + Na_2CO_3 \rightarrow CaCO_3 + 2NaCl$$

其中$CaCl_2$是石灰的氯化物，Na_2CO_3是苏打，$CaCO_3$是石灰石，NaCl是盐。固态石灰石析出推动了这种"双选择性吸引"。然而，当1798年贝托莱陪同拿破仑前往埃及时，他惊讶地发现了盐湖岸边苏打的沉积物。他推断：湖水中盐的浓度非常高，以至于可以逆转正常的化学亲和关系，因此反应的产物取决于反应条件。事实上，他发现了化学反应的可逆性和质量作用定律，但这后来才被人们理解。

$$CaCl_2 + Na_2CO_3 \rightleftarrows CaCO_3 + 2NaCl$$

这里有一些关于科学方法的思想值得我们学习。借用哲学家卡尔·波普尔经常被引用的例子：如果一个人用了几十年时间只观察白天鹅，那么"所有天鹅都是白色的"的假设似乎是合理的，并且随着几十年不断验证，这个假设被认为是一个已经证实的理论，甚至可能成为定律。它永远无法被证明是正确的，因为所有未来可能出现的情况都无法被检验。不过对黑天鹅的科学观察将推翻这一理论。现在，贝托莱的观察结果可能会被认为是否定定比定律的证据，并严重破坏了原子论。然而，化学家们并没有因为观察到"几只黑天鹅"就把它们抛弃掉，而是保留了这些解释，正确地预见到这些矛盾将在未来得到解释。

原子模型

模型是一个被过度使用的词。然而，原子的存在对于理解化学物质的结构是非常重要的，以至于如果没有原子，我们就几乎无法从科学的角度来合理地解释众多现象。这是一个模型！图100和图101出自约翰·道尔顿（1766—1844）的《化学哲学新体系》（曼彻斯特，1808—1810年）。道尔顿出生于贵格会教徒家庭，家境贫寒，基本上是自学成才的。他12岁时在学校教书，1793年移居曼彻斯特，在新学院当过一段时间数学和哲学教授。新学院于1803年从曼彻斯特迁出，经过各种变迁，于1889年成为牛津大学的曼彻斯特学院。不过，道尔顿一直留在曼彻斯特，他在进行研究的同时依靠做家教、讲课和提供咨询服务过着简朴的生活。詹姆斯·雷迪克·柏廷顿推测："健壮和肌肉发达"的道尔顿很大程度上继承了他"精力充沛、活泼"的母亲的天性。他从未结过婚，但曾短暂地被一个"智力超群和魅力非凡"的寡妇所吸引。道尔顿这样描述自己当时的状态："在我为情所困的一周里，我食欲不振，并出现了其他被束缚的症状，如说话语无伦次，等等。但现在我很高兴重新获得了自由。"

道尔顿一生都对气象学感兴趣，他于1793年出版了《气象观察与随笔》一书。他对大气成分的研究为他的原子论提供了第一条线索。道尔顿意识到空气的成分与空气所处的海拔高度无关。尽管氧气和氮气的密度不同，但它们并没有分成不同的气层。他最初的想法包括：单个原子被一层层热量（大气）包围，热量会排斥相似的原子并吸引不同的原子，从而解释了空气中不同密度的气体不分层的现象。1799—1801年，他定义了水蒸气的蒸气压，并发现当水蒸气与干燥空气混合后，气体混合物的总压力是干燥空气的压力和水蒸气的蒸气压之和。道尔顿

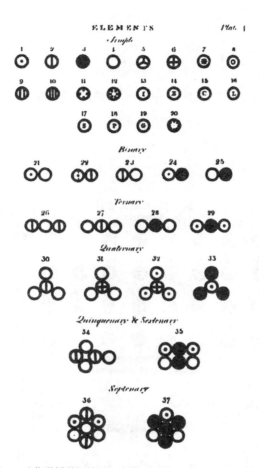

图100 《化学哲学新体系》中的原子图（图片1）

由此提出道尔顿分压定律：在任何容器内的气体混合物中，如果各组分之间不发生化学反应，则每一种气体都均匀地分布在整个容器内，它所产生的压强和它单独占有整个容器时所产生的压强相同。他还发现，正如法国物理学家雅克·查尔斯（1746—1823）早些时候所指出的那样：在压力不变的情况下，空气在受热时体积会随着温度升高而线性增加（查尔斯定律）。

尽管有证据表明18世纪晚期的化学家假定特定物质具有确定的组成，但贝托莱的研究（见前文）表明，"物质"的组成通常取决于起始条件。我们现在了解到，贝托莱观察的是混合物，其比例随着平衡时的条件改变而改变。约瑟夫·路易斯·普鲁斯特曾在巴黎接受教育，后来移居西班牙，在那里担任学术职务。他与贝托莱进行了一场彬彬有礼的辩论，并最终获胜。普鲁斯特证明了有两种不同的锡的氧化物和两种不同的铁的硫化物——每种都有其确定的组成。此前贝托莱发现晶体化合物的组成是不定且会变化的现象，其原因为这些晶体化合物是由两种化合物混合组成的。

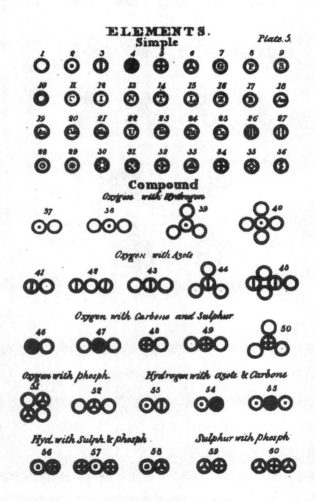

图101 《化学哲学新体系》中的原子图（图片5）

　　道尔顿运用质量守恒定律和定比定律解释了他的原子论。他于1803年正式提出原子论，并于1804年将其告知爱丁堡大学的托马斯·汤姆森。汤姆森的多卷本的《化学体系（第3版）》（爱丁堡，1807年）是第一本包含道尔顿原子论的书。以此为基础，道尔顿提出了倍比定律，用来解释二元化合物不同的表示式。例如氧和氮可以形成不同的二元化合物（图101中的41号物质到45号物质）。将一氧化氮（NO，图101中的41号）与一氧化二氮（N_2O，图101中的42号物质）进行比较，我们可以发现一氧化二氮中氮的质量是一氧化氮中氮的质量的两倍。道尔顿提出的原子论认为：原子是真实的、不可毁灭的，而且与拉瓦锡提出的每一个元素都是单独对应的。他们完全否定了金属通过炼金术发生嬗变的可能性。道尔顿甚至建立了分子模型。

　　道尔顿按照贵格会教徒的生活方式进行科学研究，他假设了一条"最简规则"。他提出了原子量的概念，但他既未能测量原子量，也没有理解原子量的基础。他选择将最轻的元素氢的相对重量设定为1，并假设组合是最简单的方式。例如我们现在知道水是H_2O、氨是NH_3、甲烷是CH_4，但当时道尔顿假定它们分别是HO、NH和CH。根据1803年的化学实验的结果，他得出了原子量如下：氢，1.0（假设）；氧，5.5；氮，4.2；碳，4.3。到1808年，他修改了这些值，运用了当时最新的数据，并将它们四舍五入为整数，原子量如下：氢1（假设）；氮，5；碳，5；氧，7。这些假设将在接下来的几十年中引起混乱。将氢的原子量设为1.0的假设似乎是有先见之明的，不过关于氢的"一体性"假设其实是没有根据的。我们现在知道：氢的"一体性"来自它的原子核只有一个质子。虽然氢气实际上是H_2，但氧气（O_2）、氮气（N_2）和其他一些气体的分子也是由两个原子组成的，它们的相对密度直接反映了它们的原子质量。1815年，英国化学家和生理学家威廉·普劳特（1785—1850）提出普劳特假说：其他元素的原子量是氢原子量的整数倍。

　　詹姆斯·雷迪克·柏廷顿在《化学史》中指出："道尔顿从不认为他的教学工作干扰了他的研究，他说'教学是一种娱乐，如果自己更富有，可能不会花更多时间在研究上'。"对那些未能发现其研究学科的范式但偶尔自命不凡的教授来说，这是值得深思的。道尔顿有一个著名的学生——物理学家詹姆斯·普雷斯科特·焦耳（1818—1889）。由此可以看出，敬业的老师可以教出比自己更出色的学生。

我们在这里！我们在这里！我们在这里！

美国儿童文学家苏斯博士的精彩著作《霍顿听见了呼呼的声音》讲述了呼呼城里的呼呼们的故事。呼呼城是一个在一粒灰尘上的小城市。呼呼们太小了，很难被看见，只有大象霍顿能听见它们的声音。在这粒灰尘被油烧开之前，霍顿鼓励整个呼呼城的呼呼们一起大声喊，宣告呼呼们的存在并拯救它们的生命："我们在这里！我们在这里！我们在这里！"

在许多方面，看不见的（也听不见的）原子在19世纪早期引起了人们对它们的注意。图102出自道尔顿的《化学哲学新体系》。在其中的图片1中，我们看到道尔顿描绘了水中的水分子的排列方式。道尔顿假设，当水结冰时，同一层中的水分子共同移动，排列方式由正方形转为菱形，如图102的图片2所示。道尔顿认为正是这种排列方式导致了众所周知的雪花和冰晶的六重对称性，如图102的图片5所示。他还试图用这些结构来解释已知的事实：在0℃时，冰的密度小于水（冰浮在水面上）。他的论据（以图102的图片3和图片4进行说明）是不正确的（贝采利乌斯于1812年指出了道尔顿的错误）。此外，水中的水分子不是如图102的图片1所示那样有序排列的。然而，道尔顿关于冰的结构的核心思想是正确的。我们现在知道：水分子的形状不是完美的球形，水中的水分子间的氢键是无规则的，分子相对密集，而冰中的水分子间的氢键很规则，整体构成空间网状结构从而使分子间距离变大，导致冰的密度比水小。冰中的水分子的分子晶格一般具有六重对称性，这最终让雪花和冰晶具有六重对称性。

1808年，法国化学家约瑟夫·路易·盖-吕萨克（1778—1850）总结了自己和其他人的一些实验结果，发现了气体化合体积定律（盖-吕萨克定律）。他认识

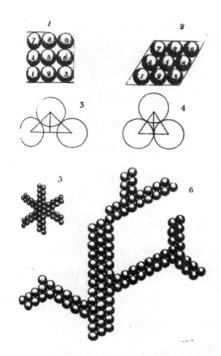

图102 《化学哲学新体系》中用原子论解释为什么冰的密度小于水的图

到，只有当气体的压力和温度相等时，才能比较气体的体积。（气体三定律：第一气体定律是玻意耳定律；第二气体定律是查尔斯定律；第三气体定律是盖–吕萨克定律。）因此，等量的氨（NH_3）和盐酸（HCl）完全反应后生成一种固体盐；一体积的氮气和一体积的氧气完全反应后生成两体积的一氧化氮（NO）；一体积氮气和三体积氢气完全反应后生成两体积氨气。

　　道尔顿反对盖–吕萨克的发现。它们给他提出的"最简规则"带来了麻烦。由于等量的氢气与等量的氯气可以完全发生反应，因此它们包含等量的基本粒子的假设是合理的。然而，如果两体积的氢气与一体积的氧气可以完全发生反应，正如盖–吕萨克所观察到的那样，这与道尔顿将水的分子式描述为HO是不一致的（注意，过氧化氢——H_2O_2是后来才被发现的）。

　　1804年8月，毕奥和盖–吕萨克，像1783年的查尔斯一样，乘坐氢气球升空，测量地球磁场。1804年9月，盖-吕萨克乘坐氢气球从巴黎升空，在约7 000米的高度采集空气样本，发现它们的成分与海平面的空气成分相同。你不得不佩服查尔斯和盖-吕萨克对气体定律的信心。

1811年，意大利物理学家、化学家阿梅代奥·阿伏伽德罗（1776—1856）利用盖-吕萨克、道尔顿和其他人的研究成果提出了他的假设：相同体积的气体（在相同的温度和压力下）具有相同数量的分子。有趣的是，在被斯坦尼斯劳·坎尼扎罗（1826—1910）于1858年重新提出之前，人们几乎已经遗忘了阿伏伽德罗的这一贡献。

另一个支持原子论的宏观证据是1819年由德国化学家艾尔哈德·米切利希（1794—1863）提出的同晶型现象。他将原子组成与可观察到的晶体结构联系起来。磷酸盐和砷酸盐（例如$Na_2HPO_4 \cdot 12H_2O$和$Na_2HAsO_4 \cdot 12H_2O$）以及硫酸盐和硒酸盐（例如Na_2SO_4和Na_2SeO_4）具有相同或非常相似的晶体结构，是因为它们的原子组成非常相似。（您感受到元素周期表的气息了吗？）贝采利乌斯利用这些关系来帮助他设置原子量。

由拉瓦锡和拉普拉斯所做的关于热量的研究（见图91的相关说明）由法国化学家皮埃尔·路易·杜隆（1785—1838）和阿列克西·泰雷兹·珀替（1791—1820）等人继续深入。他们发现了杜隆-珀替定律：在常温下，固体元素（如铅、金、锡、银和硫）的比热和原子量的乘积是常数。这实际上意味着所有原子（独立于它们的特性）具有相同的热容量。这一结果后来被推广到所有固体化合物，并最终解开了一些谜团，如铜的二元氧化物是否真的是CuO和CuO_2或Cu_2O和CuO。

阿伏伽德罗的假设是一个"过早发现"吗？

阿伏伽德罗在1811年把道尔顿的原子论和盖-吕萨克的气体化合体积定律结合起来，提出假说：相同体积的气体（在相同的温度和压力下）具有相同数量的分子。阿伏伽德罗提出的理论关键之一是"半分子"这个术语，这实际上是指双原子分子如H_2、O_2、N_2和Cl_2的原子。道尔顿一直不接受气体化合体积定律，例如他被氮气的"一倍半氧化物"（1体积氮气和1.5体积氧气反应的产物）所困扰。他用贵格会教徒的口吻说："你知道……没有人能分裂原子。"阿伏伽德罗关于术语的表述有些混乱。例如水的"整体分子"含有0.5个氧分子和1个氢分子（或2个氢"半分子"）：$1H_2+\frac{1}{2}O_2 \rightarrow 2H+1O \rightarrow 1H_2O$。阿伏伽德罗假说使道尔顿感到烦恼：如果两种气体在单位体积内的分子数目相等，氮气（N）怎么可能比氨气（NH）密度更大呢？当然，我们现在知道：氮气是N_2，而氨气是NH_3。

安德烈·马利·安培[1]、法国化学家让-巴普蒂斯特·安德烈·杜马（1800—1884）和他们的学生马克·奥古斯丁·高丁在后来的工作中采纳了阿伏伽德罗假说。在杜马之前，人们只掌握了测量永久性气体密度的方法。杜马研究出了一种测量挥发性液体和挥发性固体挥发后产生的气体密度的技术，从而扩大了由理想气体状态方程（$pV=nRT$）确定分子（和原子）重量的范围。由此，高丁发现磷元素的单质形式白磷的分子式是P_4。不过，直到1858年，阿伏伽德罗假说才被斯坦尼斯劳·坎尼扎罗重新提出。

为什么阿伏伽德罗假说需要将近50年的时间才能被广泛接受？冈瑟·西格蒙德·斯坦特[2]关于"过早发现"的概念可能有一定的参考价值，他对"过早发现"的定义如下：如果一个发现的含义不能通过一系列简单的逻辑步骤与规范的或普遍接受的知识相联系，那么这个发现就是"过早发现"。斯坦特以1944年奥斯瓦德·西奥多·艾弗里[3]对DNA作为遗传物质的明确实验鉴定为例，说明了一个"过早发现"为什么难以被人接受。我们现在都知道，DNA只由四种不同的核苷酸组成。一个如此简单的"字母表"怎么能存储巨量的基因信息呢？相比之下，

---

[1] 安德烈·马利·安培（1775—1836），法国物理学家、化学家和数学家。安培最主要的成就是对电磁作用的研究，他被英国物理学家詹姆斯·麦克斯韦誉为"电学中的牛顿"。电流的国际单位安培即以其姓氏命名。

[2] 冈瑟·西格蒙德·斯坦特，1924年3月出生于德国柏林，美国生物学家、美国国家科学院院士。他最初的研究方向是DNA复制和表达，在分子生物学、神经生物学和科学哲学三个领域做出了重要贡献。

[3] 奥斯瓦德·西奥多·艾弗里（1877—1955），加拿大裔美国籍细菌学家，艾弗里在纽约洛克菲勒研究所医院工作期间发现了遗传物质的转化现象。1944年，艾弗里与他的合作者提出报告，指出引起转化现象的是细胞内的脱氧核糖核酸分子，而不是当时人们普遍认为的蛋白质。

蛋白质有由20种氨基酸组成的"字母表"，显然是更好的存储信息的选择。因此，虽然艾弗里的实验结论是可靠且明确的，但当时的科学家并没有立即接受艾弗里提出的概念性框架来理解它们，而且在这个概念性框架被提出来五六年后，它还是没有引起人们的注意。与之类似，在阿伏伽德罗生活的时代，原子论还没有被普遍接受，阿伏伽德罗关于术语的表述也有些混乱。此外，阿伏伽德罗从事法律工作，在都灵大学担任数学和物理学教授，尽管他是一个"学识渊博、为人谦逊的人"，但据说他"在意大利鲜为人知"。同样，艾弗里是一个"安静、谦虚、无争议的绅士"。假如阿伏伽德罗有机会与优秀的公关公司合作，也许元素周期表的发现时间就可以提前一二十年了。

化学不是应用物理

道尔顿的原子论源于化学实验，解释了化学定律。几十年后，原子论才被物理学家"采用"。

事实上，早在道尔顿提出原子论的约100年前，有人就试图将那个时代的物理学理论应用于化学，但是失败了。最早尝试这些应用的是英国数学家约翰·基尔（1671—1721）和英国医生约翰·弗莱恩德（1675—1728）。牛顿用公式表示了两个物体之间的万有引力：

$$F = \frac{Gm_1m_2}{r^2}$$

距离（r）是根据物体质心（质量为m_1的地球的中心和质量为m_2的苹果的中心）的距离计算得出的，而万有引力随着距离的平方（r^2）增大而减弱意味着，如果距离增加一倍，那么万有引力仅为原来的四分之一。

基尔和弗莱恩德都认为万有引力是一种弱力，除非有行星参与。在弗莱恩德出版的非常少见的《化学讲座》（见图103和图104）中，他描述了一种类似于万

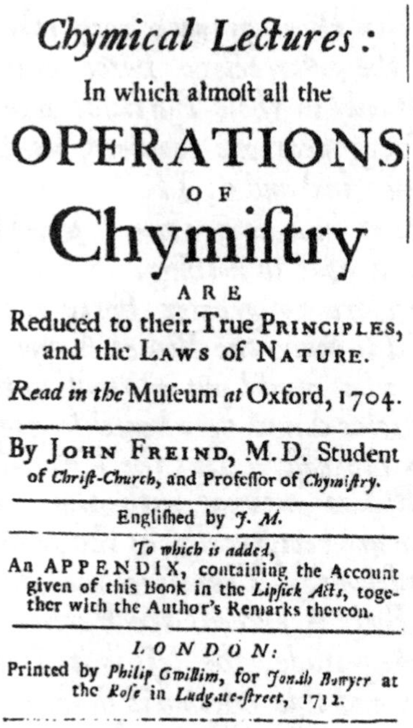

Chymical Lectures:

In which almoft all the

OPERATIONS

O F

Chymiſtry

A R E

Reduced to their True PRINCIPLES,
and the LAWS of NATURE.

Read in the Muſeum *at* Oxford, 1704.

By JOHN FREIND, M.D. Student
of *Chriſt-Church,* and Profeſſor of *Chymiſtry.*

Engliſhed by *J. M.*

To which is added,
An APPENDIX, containing the Account
given of this Book in the *Lipſick Acts,* toge-
ther with the Author's Remarks thereon.

LONDON:
Printed by *Philip Gwillim,* for *Jonah Bowyer* at
the *Roſe* in *Ludgate-ſtreet,* 1712.

图103 弗莱恩德于1712年出版的《化学讲座》的扉页。弗莱恩德试图用牛顿提出的物理学理论解释物质的物理和化学性质。牛顿怀疑把物质结合在一起的力是电力和磁力

有引力的力，在非常微小的距离上非常强大，存在于粒子表面（c点和d点），并且与距离存在更高的阶数关系（$\frac{1}{r^{10}}$，$\frac{1}{r^{100}}$……？）。因此当c和d之间的距离很小的时候，这种力就消失了。

弗莱恩德也认识到金属比它形成的金属灰轻。他通过假设"火微粒"（见前文介绍玻意耳的"粒子流"的相关内容）的结合来解释这个现象。他认为："火微粒"分离了金属粒子，从而削弱了它们之间的作用力。因此，银的熔点为962℃，而其金属灰（Ag_2O）在300℃就会迅速分解就可以理解了。虽然金属灰不易溶于水，但金属本身更不易溶于水。不过，铅的熔点为327℃，而一氧化铅（PbO）的熔点为886℃；汞是液体，而氧化汞（HgO）是固体，尽管其水溶性略高于汞。更让人困惑的是，金属灰实际上是成分容易分解的混合物。

Velocity they approach each other For the Attractive Force exerts it self only in those Particles which are very near one another; as for instance, in d and c; The Force of such as are remote is next to nothing. Therefore no greater Force is requir'd to move the Bodies A and B, than what would put into motion the Particles d and c, when disengag'd from the rest. But the Velocities of Bodies moving with the same Force are reciprocally, as the Bodies themselves. Therefore the more the Body A exceeds the Particle d in Magnitude, the less is its Velocity; and this Motion is so languid, that oftentimes 'tis overcome by the Circumambient Medium, and other Bodies. Hence it is that this Attractive Force does scarce exert it self, unless in the smallest Particles, separated from the rest.

图104 《化学讲座》中描述原子间引力的页面

在20世纪，我们已经认识到经典物理学可以解释投出的篮球这种大的、移动缓慢的物体的运动规律。我们知道，需要用量子力学才能说明将原子结合在一起的电子的运动规律。具有讽刺意味的是，诸如由Fe^{2+}和O^{2-}等离子组成的盐（离子理论是由瑞典化学家斯万特·奥古斯特·阿伦尼乌斯在19世纪末建立的）聚集在一起的力几乎完全可以用经典物理学中的库仑定律解释，但是带负电荷的电子不会掉到带正电荷的原子核上。

第六章
化学变得专业化，
并应用于农业和工业

"电动手术刀"

　　本杰明·汤普森的努力促成了1799年英国皇家科学研究所成立。本杰明·汤普森注意到了23岁的汉弗莱·戴维的成就和热忱，并于1801年任命他为化学讲师。戴维对拉瓦锡提出的"热质说"持批评态度，不过这对他的科研工作应该没有什么影响。

　　英俊、富有诗人气质的戴维在英国皇家学会迅速走红，吸引了男男女女来听他的演讲。他还从事了一些实用性问题的研究，包括制革和农业化学（他的《农业化学中的元素》于1813年在伦敦出版）。当时，亚历山德罗·伏打（1745—1827）的"人造电器官"（伏打电堆）激发了科学界和公众的兴趣。它由一系列交替排列的银和锌圆盘组成，每对圆盘之间都被一层浸过盐水的硬纸板隔开。伏打于1776年在科莫湖中发现了甲烷，他搅动泥浆，将冒出来的气泡收集在倒置的装满水的瓶子中。1800年3月20日，他在给英国皇家学会主席约瑟夫·班克斯①的信中首次描述了伏打电堆。

　　17世纪下半叶，人们用电进行了各种化学实验。在伏打发明伏打电堆后仅一个月，英国化学家安东尼·卡莱尔（1768—1840）和威廉·尼科尔森就建造了一个由36对银板（有时用半克朗银币做银板）和锌板组成的伏打电堆。他们将一根

---

① 约瑟夫·班克斯（1743—1820），英国探险家、植物学家、博物学家、自然学家。

黄铜（铜锌合金）线连接到银板（伏打电堆的负极）上，再将一根黄铜线连接到另一端的锌板（伏打电堆的正极）上，然后将两根黄铜线浸入装有水的试管中。当连接在正极上的黄铜线被腐蚀时，在负极上会产生氢气泡。当两根线都由铂制成时，在负极形成氢气，在正极形成氧气。戴维开始致力于包括电解水在内的电化学研究，图105摘自戴维的《化学哲学原理》（伦敦，1812年；费城，1812年）。图105的（a）部分描绘了一个由24对银板和锌板组成的伏打电堆，每对板都用浸在液体中的布隔开。1806年，戴维公开表示，将化合物结合在一起的力在本质上是与电有关的。

　　1807年，戴维致力于解决一个困扰拉瓦锡的问题：拉瓦锡坚信苛性钾（KOH）是一种化合物，尽管它无法被"简化"。戴维使用了一个庞大的、功率更大的伏打电堆（他的" 6和4的250的能量电池"，似乎指的是150对4英寸方板

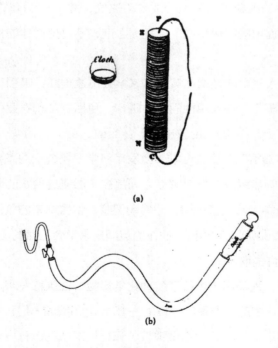

(a)

(b)

图105 摘自汉弗莱·戴维的《化学哲学原理》：（a）戴维的伏打电堆，由交替叠在一起的锌板和银板组成，并用湿布隔开；（b）枪管实验装置，在炽热的枪管（无空气）中，苛性钾与铁发生反应产生金属钾

与100对6英寸的方板相连）。他尝试电解苛性钾的水溶液，但仅仅将水电解了。但是，当他将一块固体苛性钾放在铂圆盘（与负极相连）上并且将铂丝（与正极相连）触及苛性钾顶部时，固体上的两个接触点都熔化了。固体苛性钾的上表面剧烈冒泡，这是由于氧气引起的。固体苛性钾的下方（铂圆盘上）出现了银色水银状的液珠，其中一些发生爆炸并燃起了明亮的火焰。根据后来担任助手的汉弗莱·戴维的堂兄弟埃德蒙·戴维的说法（由汉弗莱·戴维的兄弟约翰·戴维撰写报告）：

当汉弗莱·戴维看到钾的小球从苛性钾的外壳中冲出，在进入空气时着火后，他无法抑制自己的喜悦，在房间里欢呼跳跃，欣喜若狂。但他只用了一点儿时间就让自己镇定下来，继续实验。

几天后，戴维成功分离出钠。他的伏打电堆让他制得了钡、锶、钙和镁（拉瓦锡正确地将其氧化物识别为化合物，但无法分离出金属）。在这段时间里，戴维还证明了氯气不含氧。因此，盐酸不包含氧，这推翻了拉瓦锡关于所有酸都包含氧的假设。

在戴维电化学分离钾的第二年，法国化学家盖-吕萨克和泰纳尔（1777—1857）通过化学方式制得了钾。图105的（b）部分描绘了在枪管中进行实验的实验装置。在无空气的环境中，铁制成的枪管被加热到白热状态，装置右上方的管中的苛性钾被熔化，熔融的苛性钾与铁接触后发生反应产生钾。

跨越时代的"化学手术刀"

直到20世纪中叶，汉弗莱·戴维一直保持着发现最多化学元素的纪录：六种。他之所以成功，是因为他是第一个将新型"手术刀"（伏打电堆或电池）系统地运用于解决化学问题的人。他非常谦虚地将他的发现归功于仪器，而不是自

己的才华:

对于不同时代的人来说，与其说人类劳动取得各种不同成果的原因是智力因素，不如说是人类掌握的方法和工具具有的特殊性。

火显然是最古老的"化学手术刀"。火神将雅典娜从宙斯的头颅中释放出来（见图36）可以被看作火在化学变化中的作用的隐喻。在1 600年前，火的应用最终在古代人已知的九种元素（碳、硫和七种金属：铁、锡、铅、铜、汞、银和金）的基础上增加了四种新元素（锑、砷、铋和锌）。火为生产新的"化学手术刀"的蒸馏器提供动力，新的"化学手术刀"包括硫酸（通过蒸馏绿矾——$FeSO_4 \cdot 7H_2O$制得）、硝酸（通过将硫酸加入硝石中后蒸馏制得）和王水（硝酸和盐酸混合而成）。氧气、氯气和氟气（由法国化学家亨利·穆瓦桑于1886年发现）也是有效的"化学手术刀"。

辐射，包括粒子和中子，最终导致了真正的嬗变。格伦·西奥多·西博格[1]及其在芝加哥和伯克利的同事保持发现元素数量的纪录并非巧合，因为他们使用这些粒子发现了全新的元素，扩展了元素周期表。20世纪80年代以后，激光和扫描隧道显微镜成功地促进单个原子之间的反应——这似乎是进行"化学手术"的最终方法。

戴维拯救了工业革命

1815年，有两件大事令英国人感到震撼：第一，威灵顿公爵战胜了拿破仑；第二，戴维战胜了矿井中的瓦斯。在19世纪早期，工业革命面临停滞不前的风

---

[1] 格伦·西奥多·西博格（1912—1999），美国化学家，1951年诺贝尔化学奖得主，他与他领导的团队共发现了10种元素。

险，因为当时人们使用带有火焰并会引发爆炸的煤油灯开采煤矿，存在着很高的风险。1812年，纽卡斯尔附近的一场矿难使101名矿工丧生，英国超过三分之二的煤矿被认为太危险而不能继续开采，因为其中的瓦斯（主要成分为甲烷）含量很高。

1815年，汉弗莱·戴维受"煤矿事故预防协会"主席之托，对如何预防煤矿爆炸进行研究，并给出了一个解决方案。他在1818年出版的《给煤矿工人的安全灯：对火焰进行的一些研究》一书的卷首插图（图106）中展示了他优雅而简单的发明。戴维早先研究过火焰及其传播过程，并指出火焰无法通过小孔传播。因

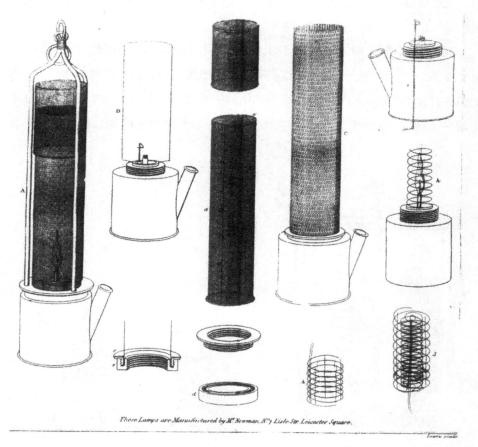

These Lamps are Manufactured by Mr Newman, N° 7 Lisle Str Leicester Square.

图106 汉弗莱·戴维的《给煤矿工人的安全灯：对火焰进行的一些研究》（伦敦，1818年）中的插图

此，他的解决方案是用一个圆柱形的金属丝网把灯围起来，这样火焰仍然可以接触到空气。火焰的热量通过金属丝网传导出去，温度就降低到甲烷的闪点以下，而火焰本身无法穿透网孔。

在讨论煤气时，我们就要提到德国化学家弗雷德里克·阿库姆（1769—1838）在支持英国引入煤气照明方面发挥了关键作用。我们可以想象伦敦的夜生活在广泛使用煤气照明后会发生多么巨大的变化。"月圆之夜，恋人之乐"，但是其他夜晚怎么办呢？在一个没有月亮的夜晚的伦敦大雾中，两个恋人也许可以听见对方的声音，却看不到对方。煤气是通过水蒸气与炽热的焦炭发生反应产生的，主要由氢气和一氧化碳组成，还有少量的乙烯和乙炔，以及二氧化碳、硫化氢和氨气。

图107摘自阿库姆的《煤气灯的实用论著（第3版）》（伦敦，1816年）。这幅图描绘了一种用于展示和测试不同煤种的气体设备。右边的装置是一个轻便的炉子，装有干馏煤用的铸铁蒸馏器。中间的装置是一个具有三个腔室的净化器（第一个腔室用水收集氨气；第二个腔室用氢氧化钾溶液收集二氧化碳和硫化

图107 煤气照明系统的示意图

氢；第三个腔室接收其他液态产物）。左边的装置是以中等压力将煤气存储在水面上的储气罐。左边的装置的顶部有造型优雅的灯。到1815年，伦敦的街道下已经铺设了26英里[①]长的主煤气管道了。

除了《煤气灯的实用论著》外，阿库姆还撰写了许多有关化学理论与实践以及趣味化学的书籍。他的书《论食品掺假和厨房毒物》（伦敦，1820年）使他树敌众多。其中一些人合谋指控他窃取英国皇家科学研究院图书馆中的书籍并将其损坏。他虽被释放，但不堪羞辱的他离开英国去德国担任教授了。他优秀的作品《用于各种哲学和实验化学操作的仪器和设备的释义词典》于1824年以匿名的方式出版。

化学中的二元论

早期的炼金术士和自然哲学家相信物质的二元性——太阳和月亮、男性和女性、硫（固定的）和汞（易挥发的）。当戴维电解氢氧化钾（KOH）并在正极产生有挥发性（女性）的"精神"（氧气）和在负极产生具有爆炸性、固定（男性）的"物质"（钾）时，这对他们来说是非常正常的事情。

永斯·雅各布·贝采利乌斯1779年出生于斯德哥尔摩，一年后他伟大的同胞舍勒在变质的牛奶中发现了乳酸。图108出自贝采利乌斯的第一本书《动物化学讲座》的扉页。他在肌肉中发现了乳酸，这一发现被收录在他的两卷本专著《化学教程》的第二卷中。乳酸将在此后发展起来的立体化学中发挥关键作用。就像在贝采利乌斯之前的舍勒一样，贝采利乌斯在他那个时代的化学研究工作中存在着巨大的影响力。事实上，在现代化学教科书中，他也是非常重要的人物。他发展了我们用于表示元素的符号（H、C、Cl，还有后来被改为K的Po等），并提出了化学式的书写规则，其中表示各种原子数目的数字被标在元素符号的右

---

① 　1英里 = 1.609千米。

上角。李比希和波根多夫于1834年将其改为了我们现在使用的化学式的书写规则，将表示各种原子数目的数字标在元素符号的右下角，如H_2O。贝采利乌斯是现代化学命名体系的建立者；他发现了硒和钍，并与瑞典化学家赫新格尔共同发现了铈；他是最早分离出硅的人（由盖-吕萨克和泰纳尔最早发现，但他们只得到了不纯的无定形硅，没有对其进行鉴定）；他是第一次将锆和钛作为金属分离的人，它们的结合态此前被认为是一种新元素。实际上，钛是元素周期表中最热门的元素之一，人们在1910年首次制得纯金属钛。贝采利乌斯为分析化学的发展做出了重要的贡献，包括在新的和复杂的有机分析领域，他极其细致的研究（常常重复实验多达30次）证实了道尔顿的倍比定律并完善了原子论。他还证明了道尔顿和贝托莱的发现是相互兼容的。贝采利乌斯将他所谓的"经验公式"（例如C_2H_6O）与他所谓的"理论公式"（例如$C_2H_4+H_2O$）区分开来，并定义了"异构体"和"同素异形体"。1827年，贝采利乌斯断言："一种特殊的生

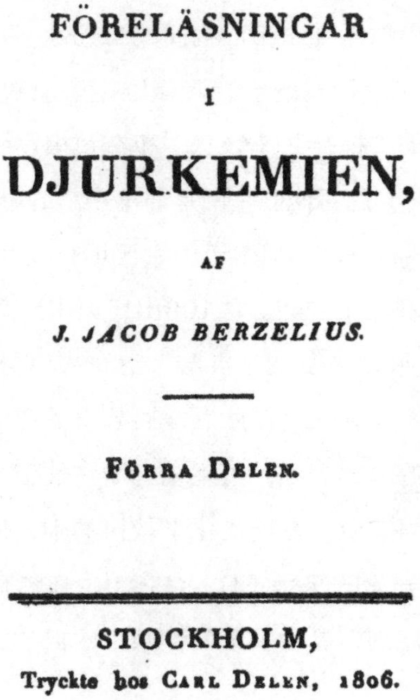

FÖRELÄSNINGAR

I

DJURKEMIEN,

AF

J. JACOB BERZELIUS.

FÖRRA DELEN.

STOCKHOLM,

Tryckte bos CARL DELEN, 1806.

图108 《动物化学讲座》的扉页

命活力介入了有机化合物的形成过程，而要在实验室里的制备它们几乎是不可能的。"

贝采利乌斯的世界观的核心原则是二元论，这至今仍体现在我们对化学理解的方方面面，特别是对于诸如氯化钠之类的离子化合物。简而言之，氯化钠是由带正电荷的部分（Na^+）和带负电荷的部分（Cl^-）组成的。这种二元论早在30年前就已经成为拉瓦锡思想的一部分了：

酸=原子团+氧

碱=金属+氧

盐=碱+酸

术语"radical"（自由基）由法国化学家德莫维奥（1737—1816）提出并被拉瓦锡接纳和使用，其被定义为"根本或根源""事物的基础或来源"。贝采利乌斯将可称重的物体分为负电性类物质和正电性类物质。负电性类物质被吸引到正极（遵循戴维总结出的惯例），而正电性类物质被吸引到负极（尽管贝采利乌斯最初对正负极的定义与戴维的定义不同，但他后来还是屈从于被人们广泛接受的戴维的定义）。尽管诸如乙酸钠之类的有机盐符合二元论的概念，但对绝大多数有机物来说，二元论并不适用。

亚当斯不喜欢原子

美国第二任总统约翰·亚当斯和第三任总统托马斯·杰弗逊[①]分别来自两个最初的"强大的殖民地"马萨诸塞州和弗吉尼亚州。他们是美国独立战争中的盟友和骨干力量，后来关系变得极度疏远，但在晚年和解。令人惊讶的是，两人都于

---

① 托马斯·杰弗逊（1743—1826），美国第三任总统（1801—1809），《独立宣言》的主要起草人，美国开国元勋之一。

1826年7月4日去世，这刚好是《独立宣言》签署50年的纪念日。亚当斯当时不知道杰弗逊已经去世了，他在临终前感叹："托马斯·杰弗逊还活着。"

这两位伟大的领导人都致力于发展当时还略显稚嫩的美国的学术文化。图109是弗吉尼亚州医学博士、美国海军外科医生托马斯·埃威尔出版的《关于物质的规律或性质的简单论述》（纽约，1806年）一书的献词页。1805年，埃威尔收到了杰弗逊的来信，内容如下：

对于将化学知识用于家庭用途的重要性，我一直是非常确信的。大多数哲学家似乎只是为彼此而写作。化学家们已经写了上千种关于物质的构成的书，但这些物质对生活来说并没有任何重要意义。制作面包、黄油、奶酪、醋、肥皂、啤酒、苹果酒等的工艺至今仍然无法解释。查普塔尔最近总结了酿酒的化学原理；已故的彭宁顿博士也总结了制作面包的化学原理，并承诺将他掌握的知识投入到对日常生活有用的研究中。但是死亡把他可能取得的成果从我们手中夺走了。我认为，关于这些主题的优秀论文应得到普遍认可。

约翰·戈汉姆于1817年被授予哈佛大学欧文化学教授职位时，收到了约翰·亚当斯发来的一封精彩的贺信。这位退休的总统表达了这样一种观点：物质只是"形而上学的抽象"，他"无法理解"原子，并且对分子"忍俊不禁"。在他那封令人愉快的信的结尾处，他告诫人们：

化学家们！请用不知疲倦的热情和坚持不懈的精神进行你们的实验，给我们最好的面包、黄油、奶酪、葡萄酒、啤酒和苹果酒，房屋、轮船、汽船，还有花园、果园、田野，更不用说服装和炊具了。如果你们的实验意外产生了任何深刻的发现，请欢呼并大喊"尤里卡"。但是，永远不要为了成为第一个发现某种物质的人或发现最小的物质粒子而进行任何实验。

TO

THOMAS JEFFERSON, *Esq.*

OF VIRGINIA,

THE PRESIDENT OF THE UNITED STATES OF AMERICA.

SIR,

TO inscribe this work to you, I was in-
cited by an impulse given from a view of your
station, as well as a sense of favors receiv-
ed. Raised by your own qualities, and the
will of a free people, to the first place among
them, the legitimacy of your title will be ques-
tioned by none.

IN preparing the following plain discourses,
I was stimulated by a desire to imitate you in
doing good. I was anxious to revolutionize
the habits of many of our countrymen; to lessen
their difficulties, by acquainting them with im-
portant improvements, and to diffuse more
widely that genuine happiness derived from the
interesting study of the ways of nature.

YOU, sir, have long since enjoyed the lux-
ury of serving your countrymen.

WITHOUT expressing sentiments concern-
ing your services as a statesman, in affairs
better suited to my opportunities of observing,

图109 《关于物质的规律或性质的简单论述》的献词页

电流的化学能

19世纪是科学专业化的时期，有机化学、无机化学、物理化学和分析化学成为学科。1812年，迈克尔·法拉第（1791—1867）第一次在英国皇家科学研究所听到了汉弗莱·戴维的演讲，他随即要求在戴维的实验室工作，并在1813年被任命为实验室助理。戴维在1812年被封为爵士，并在当年娶了一位富有的寡妇。尽管戴维在1813年辞去了英国皇家科学研究院教授的职务，但他继续做实验并访问交流，并与法拉第保持着师生关系。1813年，戴维带着他的化学仪器开始了前往欧洲大陆的旅行（他在旅馆房间里做了一些实验）。尽管当时英国和法国处于交战状态，但戴维总有大批热情的观众。由于战争局势的复杂性，戴维任命年轻的法拉第为他的"临时随从"，不过戴维夫人对这个任命"太当真"了。1815年，法拉第在英国皇家科学研究所获得了级别更高的职位并开始公开演讲。他于1820年开始撰写他的第一篇研究论文，并且提出要求，由他尊敬的导师戴维编辑这些论文。尽管法拉第在许多化学领域都有重要贡献，但他最重要的贡献是在电化学领域。当然，这是戴维和贝采利乌斯开创的领域。

1831—1855年，法拉第在《皇家学会哲学学报》上发表了一系列关于"电学的实验研究"的论文。詹姆斯·雷迪克·柏廷顿在《化学史》中指出，关于电解和原电池的主要研究成果出现于1833年至1840年，其中最重要的成果是发现电化学当量：

像磁力一样，化学能与通过的绝对电量成正比。

图110出自法拉第第七系列讲座的文稿，于1834年1月9日提交给英国皇家学会，并于1834年1月23日、2月6日和2月13日被宣读。图片64至图片66（图110）是法拉第发明的用于测量电解（"电解"是法拉第提出的术语）水产生的气体量设备的变体。这些气体有时被单独收集，有时被一起收集。法拉第指出：被分解的水的量与所用电量成正比，并简要地将"1度电"定义为"在电解水时，释放0.01立方英寸的干燥混合气体（经温度和压力校正）所用的电量"。他意识到这种仪器可用于测定电量，因此将其称为"静电伏特计"（法拉第后来将其改称为伏特计；人们后来称其为电量计或库仑计）。

法拉第（偶然）发现冰和盐是绝缘体，但它们的融化物（熔化物）是良好的导体。图110的图片69、图片71和图片72描绘了法拉第电解熔融盐的装置的三种

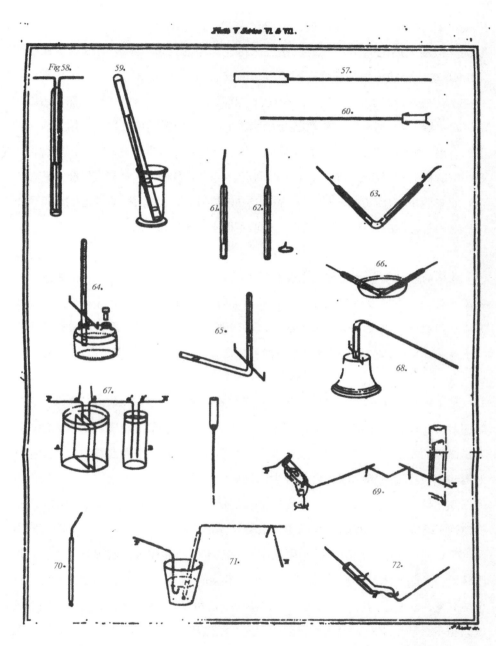

图110 该图摘自迈克尔·法拉第在英国皇家学会第七系列讲座的文稿，描绘了静电伏特计，其中电流通过电解水产生的气体量来测量（见图片64至图片66）。图片69、图片71和图片72描绘了电解熔融盐的设备。法拉第发现电解产生的物质的质量与电流成正比，并可以表明物质的电化学当量

形式。图片69包括一个玻璃管，玻璃管中有一根一端熔接了灯泡的铂丝，另一根铂丝被浸入熔融盐中。该装置通过伏特计与电池连接。氯从熔融的氯化亚锡（$SnCl_2$）中释放，再与氯化亚锡结合，形成热的气态四氯化锡（$SnCl_4$，沸点为114℃）并被收集起来。金属锡沉积在预先称重的铂丝上。待设备冷却后，将熔化的$SnCl_2$从铂丝上刮下来，并确定由于镀锡导致铂丝质量增加的量。法拉第收集到了3.2g锡，同时收集到3.85立方英寸的气体。在$H_2 = 1$的情况下，拉瓦锡发现氯化亚锡中的锡的相对质量为58.53（四次测定结果的平均值）。这与现代测定的锡的相对原子质量118.7（$118.7 \div 2 = 59.35$）非常接近。尽管法拉第像他的导师戴维一样对原子存在的现实感到不自在，但他不得不得出以下结论：

物体的等效重量就是那些包含相等电量的物体的重量。或者说，如果我们依照原子论……在通常的化学作用中相互等价的物体的原子，与和其相连接的原子有着相同数量的电量。但我必须承认，我嫉妒"原子"一词，因为尽管谈论原子非常容易，但是很难就其性质形成清晰的概念，尤其是在考虑化合物的时候。

除电解这一术语外，通过与学者威廉·惠威尔（1794—1866）合作，法拉第还发展了电极、阳极、离子、阴极、阴离子、阳离子和电解质等术语。他被认为是试管的发明者，还对气体液化技术进行了早期研究。例如他发现，当使用注射器将氯气压缩到管中时，会形成少量的油状绿色液体。他还使用了新发现的固体二氧化碳，把它放入丙酮浴中（1835年，法国化学家查尔斯·蒂洛里尔发现：将CO_2压缩成液体，液体蒸发后使剩余的液体迅速冷却形成了干冰），温度降低到-78℃。这使得法拉第能够利用高压和低温液化乙烯和其他低沸点气体，并得出结论，某些气体是"永久气体"，如氢。例如甲烷的临界温度为-82.6℃：在这个温度下，临界压力为4.60MPa，甲烷就将冷凝为液体，然而在-78℃时，再强的压力也不会使甲烷冷凝为液体，因此在这个温度和更强的压力下，甲烷就是"永久气体"。

"热带原始森林"

"在我看来，有机化学就像是热带原始森林，充满了最引人注目的东西。"1835年弗里德里希·维勒（1800—1882）在给贝采利乌斯的信中这样写道。我记得在我即将第一次上"有机化学"课程的时候，我收到父亲寄来的一本将近1 000页的《有机化学》，并告诉我要学习里面的所有内容。35年后，我意识到他可能是在开玩笑，但我花了将近半个学期的时间才摸到了这门课的门道。因此，我在教授"有机化学"课程的时候，完全能够理解学生们的感受。

有机化学是关于碳化合物的化学。我们知道像碳酸盐这样的矿物质不被认为是有机物，而由它们产生的某些气体，如二氧化碳（或一氧化碳）也不被认为是有机物。尽管拉瓦锡没有像这样对有机化学进行区分，但有机化学被认为不同于其他化学。在19世纪早期，有机化学在化学教科书中被归入关于"动物化学"和"植物化学"的描述性章节中。混合物的复杂性及分子式的复杂性，以及有机化合物不遵从无机化合物（如水或氯化钠）遵从的二元论的事实，都增加了理解有机化学的难度。

1999年5月24日，我访问了美国化学文摘社（CAS）的网页查看物质注册表。当时为美国东部时间上午11点17分11秒，注册表中共有19 632 211种物质，其中约1 200万种是有机物（68%），剩下的物质是生物序列（17%）、配位化合物（6%）、聚合物（4%）、合金（3%）和板状无机物（2%）。其中，约有16万种物质具有足够的实际重要性，可列入国家或国际化学品清单和登记册。截至1997年，每年大约有130万种新物质被添加到清单。造成这些令人望而生畏的数字和令人难以置信的物质多样性的主要原因是碳原子，它可以与几乎所有元素的原子（包括碳原子本身）形成键。它以单键，双键，三键和链、环、笼的组合形成四种化学键。两分钟后（美国东部时间上午11点19分12秒），在CAS的物质注册表中有了19 632 221种物质（增加了10种新物质）。

图111出自爱德华·尤曼斯的《化学图谱》（1857年），描绘了大气中的碳

循环涉及动植物的部分。左边是植物，它们吸收二氧化碳和水（箭头向下）并产生氧气（箭头向上）。在右边，我们看到动物吸入氧气（箭头向下）（注意，图中注明的是单个氧原子，而不是O_2），食物滋养着的动物产生二氧化碳和水。在尤曼斯的著作中，水的分子式（HO）以及氧的原子量（8）、碳的原子量（6）、硫的原子量（16）等是错误的，但氨气的分子式（NH_3）是正确的，氮的原子量（14）也是正确的。

在尤曼斯的书中，关于分子式、原子量、同分异构体和原子价的混乱非常明显。在接下来十年左右的时间里，这些混乱之处将会全部被纠正。

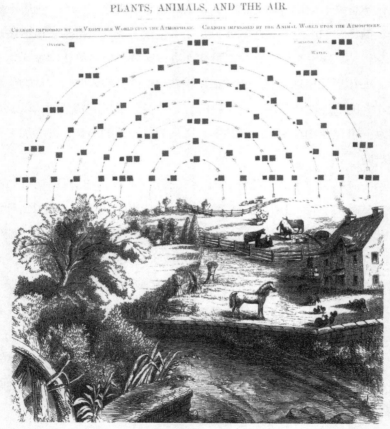

图111 大气中的碳循环涉及动植物的部分，出自1857年版的爱德华·尤曼斯的《化学图谱》（纽约，1854年首次出版）

征服"热带原始森林"

在自然界，有机化合物通常存在于极其复杂的混合物中。对煤进行破坏性蒸馏会产生数百种易于检测到的化合物，如果人们对其进行全面细致检测，则会发现其中包含数千种化合物。如果化学家想确定一种化合物的分子式，必须先将其与其他化合物分离并进行严格提纯。即使在今天，21世纪的技术也未必能将不同的化合物完全分离。

拉瓦锡不认为有机化合物超出了正常的化学研究对象的范围，并且用通常的装置（如图89中的图片1所示的蒸馏装置）分析了在木炭燃烧过程中消耗的氧气和生成的二氧化碳的量。他分析了酒精、脂肪和蜡的相应情况。然而，他关于水和二氧化碳的组成的数据存在少许误差：

	拉瓦锡测量的值	正确的值
CO_2	28% C；72% O	27.2% C；72.8% O
H_2O	13.1% H；86% O	11.1% H；88.9% O

这些误差似乎可以忽略不计。虽然这些误差适用于确定简单的物质（如CH_4）的分子式，但对于复杂化合物的分子式（如$C_{18}H_{38}O$）来说，这些误差将带来明显的问题，并且会干扰对碳的化合价的理解。

盖-吕萨克和泰纳尔用氯酸钾（$KClO_3$）作为氧化剂，对有机化合物的碳含量进行了第一次准确测定。他们将分析样品和氯酸钾一起压成小球，小心地放入用木炭加热的容器中，由此产生的二氧化碳被氢氧化钾吸收。他们后来用氧化铜（CuO）代替$KClO_3$，因为氧化铜更安全，并且不会氧化有机氮。由于贝采利乌斯的改进，分析仪器继续蓬勃发展。

德国化学家尤斯图斯·李比希（1803—1873）发明的C、H和O的分析方法目前仍被广泛使用。他的第一本关于有机分析的书于1837年出版，非常罕见。图112摘自《有机分析手册》的英文版的第1版（伦敦，1853年）。李比希指出，有机物质通常会吸收水分，想要对有机物质进行精确分析，必须先去除其中的水分。图112的（a）部分描绘了一种干燥装置。连接在右侧三颈烧瓶上的虹吸管吸走水，形成负压，吸引空气通过左侧的干燥管C（其中充满氯化钙）。样品处于熔炉上方热浴中的A管中（未在图中标出）。A管通过玻璃管与C管和D管连接，D管负责凝结从样品中释放的水分。定期将A管从炉中取出并称重，直到重量不再发生变化。如有必要，还可对D管进行称重，以确定样品的含水量。

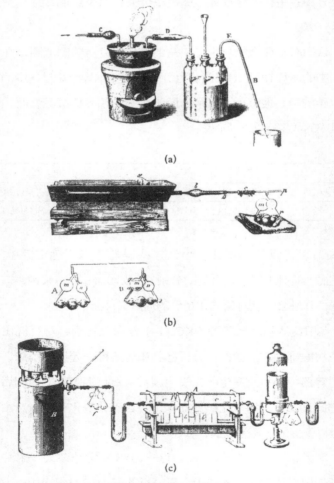

（a）

（b）

（c）

图112 摘自李比希的《有机分析手册》英文版第1版（伦敦，1853年）：
（a）部分描绘了待分析有机物的定量干燥装置；（b）部分描绘了测定碳和氢的装置；（c）部分描绘了能够使用纯氧气和空气进行碳/氢分析的装置

图112的（b）部分描绘了李比希的"钾离子装置"（kaliapparat），"kalia"指的是钾盐和氢氧化钾溶液，它们占据了有五个球的玻璃器皿A中的三个较低的玻璃球。分析用的样品被放在一根硬玻璃管中，玻璃管位于一个被火焰加热的铁槽中。加热产生的水被收集在位于铁槽右侧的预称重的干燥管中。二氧化碳被收集在钾离子装置中处于低位的三个玻璃球中的氢氧化钾溶液中。钾离子装置中处于高位的上部两个玻璃球有两个功能：第一，在实验开始之前，通过钾离子装置的开口处抽出一些空气，让氢氧化钾溶液进入玻璃球m中，如果保持负压状态，并且m中的液位没有下降，则说明装置不漏气；第二，这些玻璃球还可以防止由于飞溅而导致氢氧化钾溶液损失。预先称重的钾离子装置后面是一个预先称重的干燥管（图中未显示），这个干燥管可以收集从整套装置中流失的水蒸气。

图112的（c）部分描绘了一个使用纯氧进行氧化反应的装置。氧气在B罐中生成，通过装有浓硫酸的钾离子装置f，然后通过以氯化钙填充的U形管g。干燥的氧气被引入位于铺有一层氧化镁的铁槽上的燃烧管cc中。燃烧管的左边有一个厚铜塞，氧化铜占据了燃烧管三分之二的体积。最右边的设备可以引入干燥的不含二氧化碳的空气。

以下是德国化学家阿道夫·斯特雷克在德国吉森大学李比希实验室于1848年报告的分析结果：发现胆酸的分子式为$C_{48}H_{39}O_9$（原子量：C=6；O=8）。现在，胆酸的分子式是$C_{24}H_{40}O_5$（C=12；O=16）。很明显，阿道夫·斯特雷克得出的结果是基本准确的，但不足以正确描述分子式。但这正是理解碳的化合价的必备条件。

李比希出生和成长在一个相当贫困的环境中。他是一个充满激情而暴躁的人，在学生时代因参与政治活动而被捕。他得到了德国化学家和物理学家卡尔·威廉·卡斯特纳（1783—1857）的资助，先后在波恩大学和埃尔朗根大学学习。1822年，卡斯特纳说服埃尔朗根大学在李比希缺席的情况下授予李比希博士学位。正如威廉·布洛克在《诺顿化学史》中所说："李比希的学术生涯中有一个污点，就是他自己从来没有为自己的博士学位发表过论文。"李比希在整个职业生涯中经常与他人进行激烈的学术辩论，他后来甚至对他的赞助人卡斯特纳也进行了很不友善的批判。当得知自己发现的雷酸银和弗里德里希·维勒发现的氰酸银的分子式相同时，李比希毫不犹豫地对维勒进行攻击。后来，他们两人一起进行分析，发现了异构现象的第一个例子，由此开始了化学史上最伟大的友谊之一，并就此解决了争议。1843年，温文尔雅、睿智的维勒建议"A型人格"的李比希：

> 与马尔汉德开战，或者说其实与其他任何人开战，都不会给你带来满足感，对科学也没什么用处。你只不过是消耗你自己，发怒并损坏你的肝脏和神经——你这样的话，最后只能吃莫里森蔬菜丸了。想象一下你自己在1900年的样子，那时我们都分解为碳酸、水和氨了，我们骨灰中的成分可能成为毁坏我们坟墓的某只狗的骨头的一部分。那么，谁会在乎我们是平和还是愤怒地生活呢？谁会想到论战、想到你为了科学牺牲健康和心灵的安宁呢？没有人。但是你的好主意、你发现的新事实——这些非物质的东西，将永远被人知道和记住。不过，我怎么能建议狮子吃糖呢？

李比希于1824年加入吉森大学，成为《药学杂志》的联合编辑。1832年，他成了这本杂志唯一的编辑，并将其改名为《药学年鉴》。1840年，这本杂志被改名为《化学与药学年鉴》，这只强硬、刻薄的"狮子"使它成为一本重要的化学杂志。他在吉森大学建立了一所著名的研究和教学实验室，到1852年，他已经影响了大约700名化学和药学学生。那年，李比希前往慕尼黑大学担任教授，但他的健康状况已经不允许他继续在实验室工作了。他激动的情绪可能是导致他身体不好的原因，他在激烈的化学学术论战中度过了最后的20年。维勒在1843年以笔名"S. C. H. 维迪尔"在《化学与药学年鉴》上发表了一篇论文体现了他的幽默感，维勒活到了82岁。李比希培养了众多出色的学生，很多人后来成为化学界的领军人物，比如为染料化学和染料工业奠定基础的奥古斯特·威廉·霍夫曼（1818—1892）、因提出苯环状结构学说为有机结构理论奠定坚实基础而被誉为"化学建筑师"的弗里德里希·奥古斯特·凯库勒（1829—1896）等。他培养了20多名美国化学家，其中包括在约翰斯·霍普金斯大学设立了美国第一个化学博士点的艾拉·雷姆森和在宾夕法尼亚大学开设了化学博士项目的埃德加·法斯·史密斯。

碳的相对原子质量和相关的混乱

分子式和原子量的混乱是早期原子论悲剧性的"副产品"。道尔顿遵循"最简法则"提出了不正确的分子式，如用HO表示水、用NH表示氨。尽管盖－吕萨克的气体化合体积定律（1808年）、阿伏伽德罗假说（1811年）、杜隆－珀替定律（1819年）以及其他研究开始澄清这种混乱，但直到坎尼扎罗在1858年发表论文和1860年卡尔斯鲁厄会议后，分子式、当量和原子量的概念才得到澄清。

图113出自爱德华·尤曼斯的《化学图谱》。它体现了碳原子和氧原子相对于氢原子的原子质量（假设为1）长期以来的混乱局面。杜隆确定了CO_2与O_2的密度比为1.382 18，因此在温度和压力相等的情况下，装100克O_2的容器可以装138.218克CO_2。如果我们接受阿伏伽德罗假说，那么CO_2中的氧元素与碳元素的质量比为100.00/38.218。根据盖－吕萨克和杜马的假设，"被固定的空气"的分子式为CO而不是CO_2，当氧原子的相对原子质量为16.0时，碳原子的相对原子质量就应该为6.12。贝采利乌斯确定"被固定的空气"是CO_2，并把碳原子的相对原子质量定为12.24。然而，在1840年，杜马和尚·余维·斯塔发表了他们关于纯石墨在纯氧中燃烧的非常精确的研究。他们对所有未燃烧的灰烬进行称重，确定碳原子的相对原子质量为12.0（如果氧原子的相对原子质量为16.0，那么"被固定的空气"就是CO_2）。尽管如此，我们可以从图113清楚地看出，这种混乱的局面又持续了大约20年。分子式和原子量的问题只能在卡尔斯鲁厄会议上解决。在《化学图谱》中，碳（6）和氧（8）的相对原子质量是后来的公认值（在卡尔斯鲁厄会议后确定下来）的一半，而氮的相对原子质量是正确的14。因此，图113中所示的乙酸（图中标为$C_4H_4O_4$）实际上是$C_2H_4O_2$，丁酸（图中标为$C_8H_8O_4$）实际上

是$C_4H_8O_2$，并且图中所示的同系物的差异的基本单位是CH_2而不是C_2H_2。

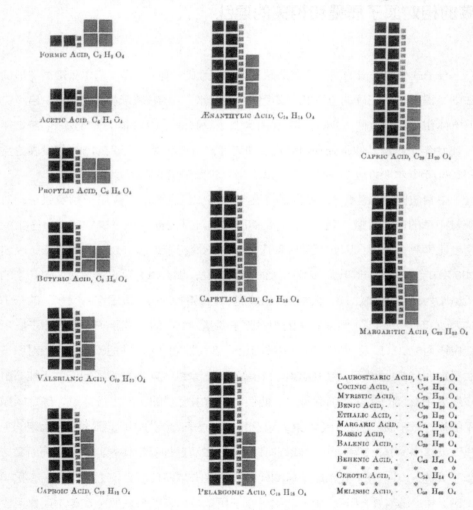

图113 同源系列化合物，出自尤曼斯的《化学图谱》

为什么氮原子是蓝色的？

尤曼斯在《化学图谱》中以不同的颜色代表不同元素的原子，如图113所示。尤曼斯解释说：氧气在肺部让血液的颜色从暗红色变为鲜红色，因此氧原子被表示为红色；天空是蓝色的，氮气占空气成分的80％，因此氮原子被表示为蓝色；碳原子、硫原子和氯原子分别被描绘这些元素的单质在自然状态下的颜色：黑色、黄色和绿色。由木头、金属或塑料制成的大多数分子模型保持相同的配色方案是很"酷"的。现在，大多数分子模型模拟程序将氧原子表示为血红色，并保留其他元素的传统颜色。

我不能把握"化学水"，但我可以制造尿素

图114出自爱德华·尤曼斯的《化学图谱》，描绘了19世纪中期人们理解的异构体的概念。有机化学的领域是广阔的。截至2006年，除了生物序列以外，人们已知的有机化合物超过了2 000万种。这种巨大的多样性在很大程度上是由于存在大量同分异构体——分子式相同但原子的排列方式不同的物质。

19世纪20年代，两位伟大的有机化学家尤斯图斯·李比希和弗里德里希·维勒发现了两种截然不同的物质，分别是雷酸银和氰酸银，它们具有相同的分子式。李比希最初对维勒的研究结果进行了攻击，但在他们见面并对物质进行比较后，他们一致认为雷酸银和氰酸银的组成是相同的，这令李比希感到非常困惑。这一难题最终由贝采利乌斯在1830年解决了，他提出了异构体的概念。他将异构体分为两种："同素异构"，指化学成分相同但是分子构造不同的情况，这基本上与现代的异构体概念相似；"同素异量"，指元素种类和比例相同但是分子量为倍数的情况，这与聚合物的概念相似。因此，尽管丁烯（C_4H_8）和乙烯（C_2H_4）具有相同的组成（C：H=1：2），但两者在气体状态下密度不同。在尤

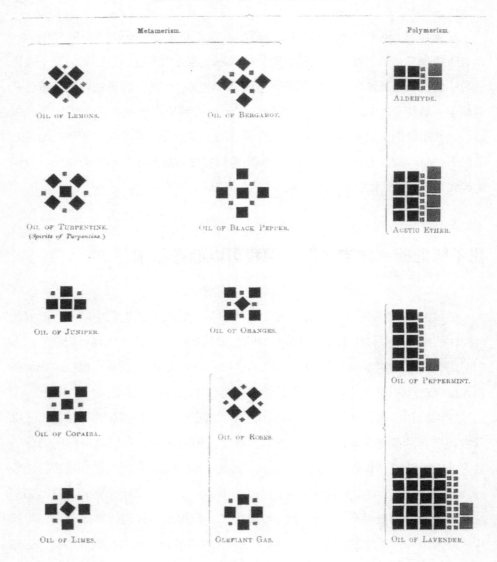

图114 同分异构体示例，出自尤曼斯的《化学图谱》。尤曼斯把同分异构体描绘成原子不同的排列方式，但他也假设生成这些化合物的化学反应起了一定的作用。例如由于碳的同素异形体石墨和金刚石的原子排列方式是不同的（他假设不同的碳单质也是同素异形体），那么烃的同分异构体（例如丁烷和异丁烷）也就保持了产生它们（同样是他提出的假设）的同素异形体的碳的不同排列方式

曼斯的《化学图谱》中，同分异构体被认为是由碳的同素异形体产生的。

有趣的是，比起化学教科书，人们更容易在与化学史相关的书中找到关于雷酸的信息。有两种容易获得的雷酸盐：被用作雷管"起爆药"的雷酸汞和被认为使用起来太危险的雷酸银。因此，让我们一起向雷酸的发现者李比希致敬！

1828年，维勒试图合成氰酸铵（NH_4OCN），结果发现一种物质与目标化合物的分子式相同，但其所有性质与尿素（H_2NCONH_2）相同。尿素是哺乳动物尿液中的一种成分，维勒给他的导师贝采利乌斯的信中写道："……可以这么说，我不能把握'化学水'，但我必须告诉你，我可以不需要肾脏，或者说不需要通过动物，无论是人还是狗，就能够制造尿素……"这是活力论终结的开始。活力论认为："有机"物质具有一种生命活力，因为它们总是从活的有机体中分离或至少与活的有机体有关。因此，它们不能由非有机物质（实际上是元素）合成。

实际上，维勒很可能是按照他的初衷，先合成了氰酸铵。然而，在加热和蒸发掉水后，氰酸铵在溶液中发生异构化反应转化为尿素。两年后，1830年，李比希和维勒实际上是通过干燥的氨气和氰酸的反应合成固体氰酸铵的。在一个充满氨气的密封容器中，氰酸铵的晶体是稳定的，但如果容器被打开，氰酸铵在两天内就完全转化为尿素了。后来，英国化学家杰克·杜尼兹和他的同事通过X射线晶体学测定了氰酸铵的结构。他们指出，即使使用20世纪末的技术，也很难用X射线区分氰酸盐的N端和O端。

据说维勒是活力论的信徒。正如燃素理论的信徒普里斯特发现了推翻燃素理论的氧气一样，活力论的信徒维勒合成了尿素，推动了活力论垮台。活力论真正被终结于19世纪40年代，德国化学家赫尔曼·科尔贝（1818—1884）有效地证明了含有组成醋酸（醋的活性成分，与酒精有关，而酒精又与葡萄糖有关，因此醋酸被认为是有机的和纯天然的）的化学元素的无机物可以通过以下顺序合成醋酸：

$$H_2+O_2\rightarrow H_2O$$
$$FeS_2+C\rightarrow CS_2+Fe$$
$$CS_2+2Cl_2\rightarrow CCl_4+2S$$

$$2CCl_4 \rightarrow C_2Cl_4 + 2Cl_2$$
$$C_2Cl_4 + 2H_2O + Cl_2 \rightarrow CCl_3CO_2H + 3HCl$$
$$CCl_3CO_2H + 3H_2 \rightarrow CH_3CO_2H + 3HCl$$

其中CH_3CO_2H是乙酸（醋酸）。

在结构化学中，还有其他问题需要澄清。1841年，贝采利乌斯提出了同素异形体的概念。这是指由同样的单一化学元素组成，因原子的排列方式不同，而具有不同性质的单质。比如氧气（O_2）及其同素异形体臭氧（O_3）；在硫晶体中，硫原子形成化学式为S_8的环状八原子分子，但可以加热形成"塑性硫"（硫原子的长链）。碳有多种同素异形体：石墨，一种"无限"的碳原子薄片；金刚石，碳原子构成的"无限"三维网络；富勒烯，如C_{60}，由碳原子组成形状类似的巨型笼状分子结构。我们认为每一种富勒烯都是一个同素异形体。贝采利乌斯也解决了同一物质不同的晶体排列方式这一令人感到困惑的问题，他称之为多晶型现象。

我们以有趣的故事结束这段旅程。东阿拉巴马大学化学与自然科学教授约翰·达比在《化学教科书——理论与实践》（纽约，1861年）中描述了异构体。他正确地指出甲酸乙酯和乙酸甲酯是"异构体"（它们的分子式都是$C_3H_6O_2$）。他接着说："把这些现象归因于原子的不同排列方式的解释难以令人满意。因为在无机化学中，元素的单质呈现出不同的状态，被称为同素异形体，而这种原因在有机化学中显然是不可能的。我们目前只能把这看作是上天的意志。"

"热带原始森林"中的两条溪流

在19世纪40年代和19世纪50年代，随着有机化学的复杂性变得越来越明显，维勒发现的"热带原始森林"的"阴暗程度"不断加深。但具有讽刺意味的是，绝大多数有机化合物只由四种元素组成：碳、氧、氢和氮。

在那时，对H、C、O仍存在三组相对原子质量的看法：贝采利乌斯认为是

1、12、16；李比希认为是1、6、8；杜马认为是1、6、16。贝采利乌斯的二元化学理论作为一个重要的组织原则在这里起到了关键作用。我们现在知道：绝大多数有机化合物是通过共价键（共用电子）结合在一起的，如乙醇（C_2H_6O）；简单的无机盐是由通过静电力结合在一起的离子组成的，如氯化钠。然而，直到1884年，瑞典化学家斯万特·奥古斯特·阿伦尼乌斯（1859—1927）才认识到离子是真正的实体。

戴维和贝采利乌斯的研究工作清楚地证明了电力在将氯化钠和水等化合物结合在一起时的重要性。电正性元素可以代替其他电正性元素（如HCl、KCl、$MgCl_2$）；电负性元素可以代替其他电负性元素（如Na_2O、NaCl、NaBr）。1815年，盖－吕萨克对氢氰酸（HCN）的研究使他发现了氰气（CN_2）和一系列其他化合物，如氰化钾（KCN）和氰化银（AgCN），这些化合物使CN自由基保持完整，就好像它是一个"原子"。事实上，氰似乎和氯气（Cl_2）中的氯一样是"基本元素"。更复杂的自由基很快就被发现了：在1832年发表的关于苯甲醛及其衍生物的研究中，李比希和维勒发现了苯甲酰自由基（C_7H_5O）。这真是令人兴奋，因为苯甲酰自由基似乎是由三种元素组成的"完整"单元。但是，更多令人烦恼的问题正浮出水面，例如：

1. 盖－吕萨克发现，氢氰酸（HCN）与氯气反应生成氯化氰（ClCN）。电负性元素怎么能取代电正性元素呢？

2. 同样，氯仿（$CHCl_3$）中的氢如何能被氯取代而产生四氯化碳（CCl_4）呢？

3. 如果苯甲酰自由基与氯结合形成苯甲酰氯，那么它应该是电正性的。它怎么能包含电负性元素氧呢？

4. 我们知道$SO_3+H_2O \rightarrow H_2SO_4$，$C_2H_4+H_2O \rightarrow C_2H_6O$（乙醇），以及HCl与$C_2H_4$（自由基"醚"）反应生成$C_2H_5Cl$（乙基氯）。但为什么乙醇与硫酸反应形成乙醚（$C_4H_{10}O$）时会释放出$C_2H_3$自由基？这些分子是否随心所欲地分解成不同的自由基呢？

图115出自尤曼斯的《化学图谱》（1857年），发生在化学理论混乱时期的末期。这张图说明了化学理论和原子量普遍存在混乱的情况。

图115上部的插图显示了主要由贝采利乌斯发展并受到德国和英国学派推崇的复合自由基理论。在这个理论假设中，有机自由基彼此独立地结合在一起形成有机化合物。这些自由基可以是乙基（C_4H_5，当C的原子量为6时，被表示为C_4H_5，"双碳原子"的概念在德国广受欢迎并被尤曼斯接纳，应用在《化学图谱》中）和羟基（OH，当氧的原子量为8时，被表示为HO_2）。"甲酰基"自由基被表示为C_2H—，意思是CH—可以与三个氯自由基结合形成氯仿。

图115中部的插图描绘了另一种理论假设：类型理论。该理论最初由杜马提出，认为化合物与化学类型（或类别）有关。类型是有意义的，都有H的酸，如HCl、HBr、HCN组成一个类型。与之类似，NaCl、KCl、$MgCl_2$、NaBr和NaCN等盐也形成一个类型。在这里，事情变得具有"不确定性"，因为Cl能够用来代替H（见前文）。实际上，在1840年出版的一期《化学与药学年鉴》中，S. C. H. 维迪尔（弗里德里希·维勒的笔名）发表了一篇讽刺性的论文，他在其中说，按照逻辑，乙酸锰（"$MnO+C_4H_6O_3$"）中的所有氢原子都可以被氯原子取代，从而"证明"乙酸锰（一种盐）和氯气（一种气体）同属一个"类型"。现在，学过了有机化学课程中关于"胺"的知识的学生不难认出图115中部的插图描绘的物质：乙胺、二乙胺和三乙胺。它们和无数其他胺都属于"氨型"，因为它们可以直接从氨气衍生制得。"水型"物质则复杂得多，包括醇、醚、羧酸、酯和酸酐（在现代的有机化学教材中至少有五章），甚至可以扩展到硫酸和磷酸等酸。法国化学家查理·弗雷德里克·热拉尔（1816—1856）最终确定了四种基本类型：氮型（胺和酰胺）；水型（见上文）；氢型（烃类、酮类、醛类）；氯化氢型（烷基氯化物、酸性氯化物和相关溴化物）。

图115下部的插图描绘的配对理论是由贝采利乌斯提出的，以改进自由基理论。配对理论认为：原化合物中的一个自由基在新化合物中保留其性质，而另一个自由基在新化合物中通过替换或重排改变其性质（"配对"）。杜马在1838年发现，乙酸氯化产生的三氯乙酸和乙酸具有相似的性质，就可以用上述理论来解释。酸性自由基基本保持不变，而另一个相关自由基发生了变化。

实际上，奥古斯特·洛朗（1807—1853）和热拉尔的有机化学著作《可怕的

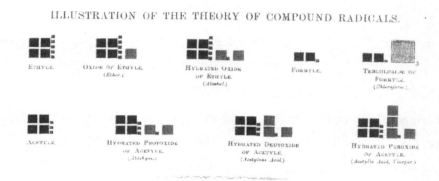

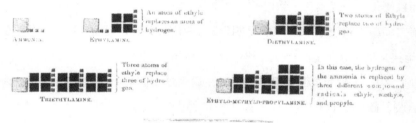

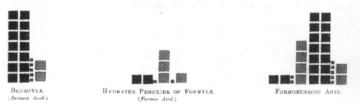

图115 出自尤曼斯的《化学图谱》，描绘了在卡尔斯鲁厄会议之前有机化学反应结构的三种流行理论

孩子们》，最终或多或少地将自由基理论和类型理论的各个方面整合到现在的有机化学教科书中。

想要伟大的化学理论吗？只需要让凯库勒打个盹儿

在19世纪50年代末，探查"热带原始森林"的工作取得了两项重大进展。1858年，斯坦尼斯劳·坎尼扎罗强调了阿伏伽德罗于1811年发表的假说——同体积的气体（在相同的温度和压力下）具有相同数量的最终单位（Cl_2、O_2、P_4的分子数；汞蒸气的原子数）的重要性。利用理想气体状态方程（$pV=nRT$）和杜马发明的方法，如果知道其他原子的重量，就可以在分子中测量单质状态下不易挥发的原子的相对原子质量。因此，在这个年代的末尾和1860年的卡尔斯鲁厄会议上，相对原子质量问题基本上得到了解决。这不仅为元素周期律的诞生奠定了基础，而且使化学公式具有一致性。

第二项重大进展是认识到碳是四价的。弗里德里希·奥古斯特·凯库勒先在1857年狭义地阐述了这一观点，然后在1858年对所有含碳化合物进行了阐述。凯库勒原本是吉森大学建筑专业的学生，后来他多次聆听李比希的讲演，深受吸引和启发，改为攻读化学专业。原子价的概念有时被认为是凯库勒在1854年发表的著作中先提出的，但也有人认为，这是由英国化学家威廉·奥德林（1829—1921）和其他人在更早的时候提出的。凯库勒还提出了一个重要的观点：碳原子是直接相连的——它们具有相同的"亲和力"。这个观点与电化学二元论相违背。凯库勒回忆了他是如何在1854年于伦敦乘坐公共汽车时，将图像与现有数据结合，得出碳是四价的观点的：

我陷入了幻想之中。原子在我眼前跳跃。我总是看到它们这些小东西在运动，但我从来没有成功地辨别出它们运动的性质。然而，现在，我看到两个较小的原子如何频繁地结合成一对；一个较大的原子如何拥抱两个较小的原子；一个较大的原子如何紧紧抓住三个甚至四个较小的原子；所有原子在令人眩晕的舞蹈中不停旋转。我看到那些大的原子是如何形成一条链的，而那些小的原子只是挂在链的末端。

历史表明，阿奇博尔德·斯科特·库珀（1831—1892）与凯库勒同时并独立地发现了碳的四价性（和碳–碳键）。但是，库珀的论文发表时间由于技术原因被他的上司阿道夫·武尔茨推迟了。在碳的四价性被凯库勒“抢先”发表后，库珀怨气冲天，很快就被武尔茨解雇了。库珀在不到30岁的时候，身体就不堪重负，导致了这位原本前途无量的科学家的职业生涯实质上被终结了。

碳是四价的认识为结构有机化学奠定了基础。1861年，俄国化学家亚历山大·米哈依洛维奇·布特列洛夫（1828—1886）首先指出，分子中原子的特殊排列方式决定了物质的物理和化学性质：

> 对于每一种化合物，只有一个合理的化学式是可能的，并且当支配化学性质对化学结构的依赖关系的一般规律被推导出来时，这个化学式将完全表达这些性质。

这句话在现代的有机化学课程上仍然适用。图116摘自1868年在莱比锡出版的布特列洛夫的《有机化学研究导论》（俄文版，1864年）的德文版。这些化学式显示了碳的四价性，并清楚地表达了异构体之间的结构差异。

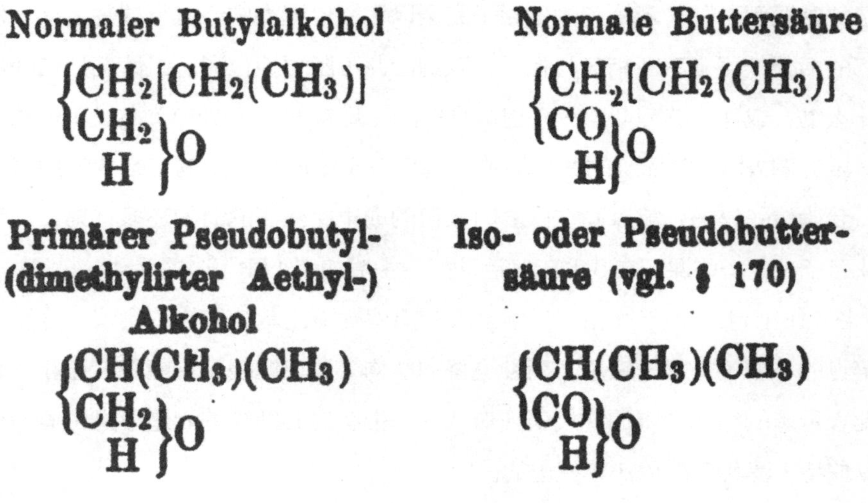

Normaler Butylalkohol

$\left\{\begin{array}{l} CH_2[CH_2(CH_3)] \\ \left.\begin{array}{l} CH_2 \\ H \end{array}\right\} O \end{array}\right.$

Normale Buttersäure

$\left\{\begin{array}{l} CH_2[CH_2(CH_3)] \\ \left.\begin{array}{l} CO \\ H \end{array}\right\} O \end{array}\right.$

Primärer Pseudobutyl- (dimethylirter Aethyl-) Alkohol

$\left\{\begin{array}{l} CH(CH_3)(CH_3) \\ \left.\begin{array}{l} CH_2 \\ H \end{array}\right\} O \end{array}\right.$

Iso- oder Pseudobuttersäure (vgl. § 170)

$\left\{\begin{array}{l} CH(CH_3)(CH_3) \\ \left.\begin{array}{l} CO \\ H \end{array}\right\} O \end{array}\right.$

图116 出自《有机化学研究导论》的德文版（莱比锡，1868年）的内文页面

1825年，法拉第首次从压缩石油气中提取了苯，这种物质的结构在当时是一个有趣的谜。苯的分子式为C_6H_6，它是高度"不饱和"的，当时的人们认为苯会经历像乙烯和其他烯烃的加成反应。但苯的化学成分与人们预期的情况大不相同。凯库勒再次声称自己想出了一个解决方案：

我坐下来编写教科书，但没有进展，我的思想开小差了。我把椅子转向炉火，打起了瞌睡。原子又在我眼前跳跃起来，这时较小的基团谦逊地退到了后面。我的心灵之眼因这类幻觉不断出现而变得更敏锐了，现在能分辨出多种形状的总体结构：一列列长长的，有时紧密地靠在一起，它们像蛇一样缠绕、旋转。可是，看！那是什么？有一条蛇咬住了自己的尾巴，这个形状嘲弄般地在我的眼前旋转着。这就像是一闪而过的电光，我被惊醒了。我花了这一夜的剩余时间，认真分析了这个假想。

图117中下方所示的一组结构图的右上角是苯的"香肠模型"，该组结构图出自凯库勒于1865年发表在《化学学会公报》上的论文。该组结构图下方的三个结构表示苯、氯苯和二氯苯。后来，拉登堡和科尔纳的工作使得凯库勒在1872年提出了"共振假说"：苯分子中碳原子完全以平衡位置为中心进行振荡运动，使得相邻的两个碳原子不断相吸与相斥，双键因此不断更换位置。凯库勒打瞌睡前在读什么书？或许安德烈亚斯·利巴维乌斯的《炼金术》（图50）激发了他的蛇之梦。或许图26（b）描绘的波尔塔的"乌龟"是凯库勒需要的苯结构的线索。然而，我确信：第一，凯库勒在做梦时取得的成果比我清醒时的还多；第二，我打算让自己少上一些课，在我的年度活动报告中增加"小睡"这项活动。

图118出自1886年德国化学学会庆祝凯库勒提出苯的结构的会议上分发的一本罕见的小册子。猴子采用了两种交替的结构（尾巴缠绕和不缠绕）连在一起，以此表示苯的结构。苯的现代表现形式——带有实心圆圈的六边形是由英国化学家罗伯特·罗宾森在1925年提出的。

将苯和其他相关芳香族衍生物能够发生复杂的取代化学反应的特点以苯的结

ces principes permettra-t-elle de prévoir de nouvelles métamorphoses et de nouveaux cas d'isomérie.

Qu'il me soit permis, en terminant, de faire une observation sur les formules rationnelles par lesquelles on pourrait représenter la composition des substances aromatiques et sur la nomenclature qu'il conviendrait de leur appliquer.

Il est vrai que les substances aromatiques présentent sous plusieurs rapports une grande analogie avec les substances grasses, mais on ne peut pas manquer d'être frappé du fait que sous beaucoup d'autres rapports elles en diffèrent notablement. Jusqu'à présent, les chimistes ont insisté surtout sur ces analogies; ce sont elles qu'on s'est efforcé d'exprimer par les noms et par les formules rationnelles. La théorie que je viens d'exposer insiste plutôt sur les différences, sans toutefois négliger les analogies qu'elle fait découler, au contraire, là où elles existent réellement, du principe même.

Peut-être serait-il bon d'appliquer les mêmes principes à la notation des formules, et, quand on a de nouveaux noms à créer, aux principes de la nomenclature.

Dans les formules on pourrait écrire, comme substitution, toutes les métamorphoses qui se font dans la chaîne principale (noyau); on pourrait se servir du principe de la notation typique pour les métamorphoses qui se font dans la chaîne latérale, lorsque celle-ci contient du carbone. C'est ce que l'on a tenté dans ce Mémoire pour plusieurs formules, en supprimant toutefois des formules typiques la forme triangulaire que la plupart des chimistes ont acceptée, en suivant l'exemple de Gerhardt, et que l'on ferait bien, selon moi, d'abandonner complètement à cause des nombreux inconvénients qu'elle entraîne.

Je ne dirai rien sur les principes que l'on pourrait suivre en formant des noms. Il est toujours aisé de trouver des noms qui expriment une idée donnée, mais tant qu'on n'est pas d'accord sur les idées, il serait prématuré d'insister sur les noms.

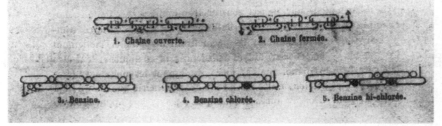

图117 凯库勒关于苯和二苯衍生物的"香肠模型"，见《化学学会公报》（巴黎，1865年），卷3，第98页（由宾夕法尼亚大学珍本和手稿图书馆提供，来自埃德加·法斯·史密斯的藏品）

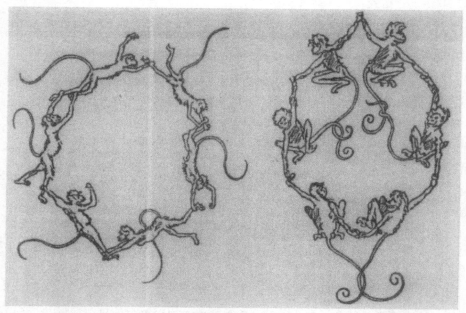

图118 1886年，德国化学学会庆祝凯库勒提出苯的结构的会议上分发的小册子中的插图（由威利集团VCH出版社提供）

构来解释，标志着结构化学的胜利。随着憎恨凯库勒的赫尔曼·科尔贝于1884年去世，没有人抵触结构化学了。用威廉·布洛克在《诺顿化学史》中的话说：

　　正如毕加索通过让观众看到事物的内部和背后而改变了艺术一样，凯库勒也改变了化学。现在，经验丰富的分析化学家和合成化学家可以通过光学系统"看到"和"读出"化学性质源于分子的内部结构。

"我的父母去了卡尔斯鲁厄，而我只得到了一件糟糕的T恤！"

　　亲爱的读者，我很抱歉，这个标题是对美国到处都有的纪念品T恤的抱怨的俗气模仿。1860年，来到宜人的德国城市卡尔斯鲁厄开会的近140名化学家几乎没有划船或购买纪念品。人类的事业如科学探索，需要集体的努力。我们需要人与人之间的互动行为来刺激和激励良性竞争，使"1+1>2"。从这个角度来看，人类和白蚁很相似。白蚁必须先大量聚集，然后才能形成"集体观念"并建造一个"金字塔"（蚁巢）。人类大，它们小；我们有休息时间喝咖啡、看手机，它们没有。它们通过触角沟通，我们通过使用互联网、发送电子邮件、发表演讲、参加研讨会和座谈会、阅读文章和书籍、在吃饭时聊天等方式沟通，并在专业会议上躲避评估报告——越远越好。

对化学元素进行分类的尝试始于19世纪初。德国化学家约翰·沃尔夫冈·德贝莱纳（1780—1849）在1816年和1817年指出，锶的化学性质与钙、钡相似，其原子量是钙和钡的原子量的算术平均值。1829年，他注意到了其他类似的"三元素组"，并声称通过计算氯和碘的原子量的算术平均值，他正确预测了新发现的溴的原子量。

1860年9月3日，卡尔斯鲁厄会议召开，与会的化学家试图解决有关原子、分子、当量、命名和原子量的棘手问题。对于坎尼扎罗在1858年出版的小册子提供的原子量精确数值和在会议上的陈述演讲，德国化学家尤利乌斯·洛塔尔·迈耶尔（1830—1895）评论如下：

我眼前的屏障好像不见了，所有的疑虑都消失了，取而代之的是一种平静而确定的感觉。如果若干年后我自己能做些事情澄清混乱的局面，使激烈的情绪变得平静下来的话，那么这应归功于坎尼扎罗的小册子。

斯坦尼斯劳·坎尼扎罗出生于巴勒莫，是卡尔斯鲁厄会议上的明星。他回顾了阿伏伽德罗假说的重要性，将其与杜隆-珀替定律等其他发现结合起来，并阐明了相对原子质量成为未来元素周期表的"Y轴"，而化学性质成为"X轴"。在图119中，我们看到了坎尼扎罗对原子、分子和原子量的描述。"半分子"的概念源自阿伏伽德罗1811年的命名法。图120是坎尼扎罗对杜隆-珀替定律的直接阐述。在这个表中，所有由三个原子组成的分子在固体状态下，平均每个原子的比热几乎相同，与原子的种类无关。这是对原子论和原子量的有力证明。

	Simboli delle molecole dei corpi semplici e formule dei loro composti fatte con questi simboli, ossia simb. e form. rappresentanti i pesi di volumi eguali allo stato gassoso		Simboli degli atomi de'corpi semplici, e formule dei composti fatte con questi simboli		Numeri esprimenti pesi corrispondent
Atomo dell'idrogeno . . .	𝕳¹/₂	=	H	=	1
Molecola dell'idrogeno . .	𝕳	=	H²	=	2
Atomo del cloro	ℭ𝔩¹/₂	=	Cl	=	35,5
Molecola del cloro . . .	ℭ𝔩	=	Cl²	=	71
Atomo del bromo . . .	𝔅𝔯¹/₂	=	Ar	=	80
Molecola del bromo . . .	𝔅𝔯	=	Br²	=	160
Atomo dell'iodo	𝔍¹/₂	=	I	=	127
Molecola dell'iodo . . .	𝔍	=	I²	=	254
Atomo del mercurio . . .	𝔥𝔤	=	Hg	=	200
Molecola del mercurio . .	𝔥𝔤	=	Hg	=	200
Molec. dell'acido cloridrico	𝕳¹/₂ℭ𝔩¹/₂	=	HCl	=	36,5
Mol. dell'acido bromidrico.	𝕳¹/₂𝔅𝔯¹/₂	=	HBr	=	81
Mol. dell'acido iodidrico .	𝕳¹/₂𝔍¹/₂	=	HI	=	128
Mol. del protocl. di merc.	𝔥𝔤ℭ𝔩¹/₂	=	HgCl	=	235,5
Mol. del protobr. di merc.	𝔥𝔤𝔅𝔯¹/₂	=	HgBr	=	280
Mol. del protoiod. di merc.	𝔥𝔤𝔍¹/₂	=	HgI	=	327
Mol. del deutoclor. di merc.	𝔥𝔤ℭ𝔩	=	HgCl²	=	271
Mol. del deutobr. di merc.	𝔥𝔤𝔅𝔯	=	HgBr²	=	360
Mol. del deutoiod. di merc.	𝔥𝔤𝔍	=	HgI²	=	454

图119 坎尼扎罗基于阿伏伽德罗假说建立的原子量体系。这幅图摘自坎尼扎罗的著作《坎尼扎罗关于分子和原子理论及化学符号的著作》（巴勒莫，1896年）

Formule dei composti	Pesi delle loro molecole $= p$	Calorici specifici dell'unità di peso $= c$	Calorici specifici delle molecole $= p \times c$	Numeri di atomi nelle molecole $= n$	Calorici specifici di ciascun atomo $= \dfrac{p \times c}{n}$
HgCl²	271	0,06889	18,66919	3	6,22306
ZnCl²	134	0,13618	18,65666	3	6,21888
SnCl²	188,6	0,10161	19,163646	3	6,387882
MnCl²	126	0,14255	17,96130	3	5,98710
PbCl²	278	0,06641	18,46198	3	6,15399
MgCl²	95	0,1946	18,4870	3	6,1623
CaCl²	111	0,1642	18,2262	3	6,0754
BaCl²	208	0,08957	18,63056	3	6,21018
HgI²	454	0,04197	19,05438	3	6,35146
PbI²	461	0,04267	19,67087	3	6,55695

图120 坎尼扎罗使用杜隆-珀替定律为他的原子量体系提供有力的证据，摘自坎尼扎罗的著作《坎尼扎罗关于分子和原子理论及化学符号的著作》（巴勒莫，1896年）

墙上的标志

在一个虔诚的穆斯林家庭里，墙上可能装饰着精美的手写《古兰经》经文；在天主教信徒的家中，人们可能会看到十字架；佛教徒可能会在家里供奉菩萨像。每一间化学教室、讲堂和实验室都挂着化学人的标志——元素周期表。

图121的（a）部分出自门捷列夫的化学教科书《化学基础》（圣彼得堡，1891年）于1891年出版的德文版的第1版，显示了那一时期的元素周期表。虽然其中缺乏稀有气体和过渡金属（镧系元素和锕系元素）的"岛屿"，但其他方面看起来与现代元素周期表很相似。

在卡尔斯鲁厄会议结束后不久，英国化学家约翰·亚历山大·纽兰兹（1837—1898）发表了一些关于原子量规律性的论文。1864年，他发表了一个版本的元素周期表，并指出了他的八音律："……从一个给定的元素开始的第八个元素是对第一个元素的一种重复，就像音乐中八音阶的第八个音符一样。"纽兰兹在1865年发表了一个修改过的元素周期表，并在1866年进一步改进了它。威廉·奥德林在1865年出版了一个按原子量排列的元素周期表。迈耶尔在1868年制作了一个元素周期表（未发表），将碳、氮、氧、氟和锂放在各自组的顶部，并于1869年首次出版了元素周期表的修订版。

现代元素周期表的创建者是门捷列夫。门捷列夫的母亲是一个不折不扣的英雄。1848年，在身体虚弱的丈夫去世以及自己经营的玻璃厂被大火烧毁后，她带着有科学天赋的儿子去了莫斯科。由于门捷列夫是西伯利亚人，因此莫斯科大学拒绝了他。他的母亲把他带去了圣彼得堡，他在他父亲以前的同事的帮助下于1850年进入了圣彼得堡师范学院自然学系学习，他的母亲不久就去世了。门捷列夫在1887年发表的一篇论文的献词中写道："她以身作则，用爱来纠正错误，为了让她的孩子投身科学事业，她带着孩子一起离开西伯利亚，耗尽了她最后的资源和力量。"

在取得教师资格后，门捷列夫继续攻读硕士。硕士毕业后，他被圣彼得堡大学聘为副教授。后来，他先后在巴黎和海德堡深造，并于1861年回到圣彼得堡，成为工艺学院的教授，后来又成为圣彼得堡大学的教授。1868年，门捷列夫在写《化学原理》，据说他当时已经开始思考元素周期律了，他曾去过卡尔斯鲁厄会议，但不知道纽兰兹的研究成果。门捷列夫的第一版元素周期表是1869年印刷的，与迈耶尔发表元素周期表的年份一致，门捷列夫于1871年出版了元素周期表的修订版。

考虑到詹姆斯·雷迪克·柏廷顿提出的观点，找到可能是元素周期表的早期思想仍然是令人着迷的。图121（b）出自门捷列夫的《有机化学（第2版）》（圣彼得堡，1863年），其中确实透露了门捷列夫的先见之明。

门捷列夫的元素周期表的光辉之处和重要地位在于他大胆地在元素周期表中留下空白，他预言了到当时为止尚未被发现的元素。在图121的（a）部分中，铝

（Al）下面是镓（Ga）。在1871年，镓元素尚未被发现，但是门捷列夫预言存在一种新元素，他称之为“类铝”，他还预言了“类铝”的原子量、密度、熔点和氧化物的分子式。1875年，法国化学家勒科克·德·布瓦博德兰（1838—1912）宣布发现了它，并将其命名为“高卢”（Gaul），以安抚他的同胞们在普法战

GRUPPE:	I.	II.	III.	IV.	V.	VI.	VII.	VIII.
Reihe: 1	. H			RH^4	RH^3	RH^2	RH	Wasserstoffverbindungen.
» 2	Li	Be .	B	C .	N .	O .	F .	
» 3	. Na	Mg	. Al	. Si	. P	. S	Cl	
» 4	K .	Ca .	Sc .	Ti	V .	Cr .	Mn .	Fe. Co. Ni. Cu.
» 5	. (Cu)	. Zn	. Ga	Ge	. As	. Se	. Br	
» 6	Rb. .	Sr .	Y .	Zr .	Nb	Mo .	— .	Ru. Rh. Pd. Ag.
» 7	. (Ag)	Cd	. In	. Sn	. Sb	. Te	. J	
» 8	Cs .	Ba .	La	Ce .	Di? .	— .	— .	— — — —
» 9	. —	. —	. —	. —	. —	. —	. —	
» 10	— .	— .	Yb .	— .	Ta .	W .	— .	Os. Ir. Pt. Au.
» 11	. (Au)	. Hg	. Tl	. Pb	. Bi	. —	. —	
» 12	— .	— .	— .	Th .	— .	U .	— .	
	R^2O	R^2O^2 RO	R^2O^3	R^2O^4 RO^2	R^2O^5	R^2O^6 RO^3	R^2O^7	Höchste salzbildende Oxyde RO^4

(a)

Зная атомность радикаловъ, легко предугадать ихъ обыкновеннѣйшія соединенія, наблюдая всегда чтобы сумма атомностей всѣхъ радикаловъ была четное количество.

Простѣйшiе виды соединеній будутъ:

$$R'R';\quad R'^2R'',\quad R'^3R'''.$$

Потому водородъ образуетъ слѣдующія типическія соединенія:

Главные типы: $\left.\begin{matrix}H\\H\end{matrix}\right\}$, $\left.\begin{matrix}H\\H\end{matrix}\right\}O$ и $N\left\{\begin{matrix}H\\H\\H\end{matrix}\right.$

Производные типы: $\left.\begin{matrix}H\\Cl\end{matrix}\right\}$ $\left.\begin{matrix}H\\H\end{matrix}\right\}S$ $P\left\{\begin{matrix}H\\H\\H\end{matrix}\right.$

$\left.\begin{matrix}H\\Br\end{matrix}\right\}$ $As\left\{\begin{matrix}H\\H.\\H\end{matrix}\right.$

Орг. химія, Менделѣева. 2

(b)

图121 门捷列夫的元素周期表的第1版发表于1869年。（a）部分出自《化学基础》（圣彼得堡，1891年）于1891年出版的德文版的第1版。（b）部分展现的有趣的图片出自门捷列夫的《有机化学（第2版）》（圣彼得堡，1863年）。尽管詹姆斯·雷迪克·柏廷顿指出门捷列夫在1868年就开始思考元素周期律了，但门捷列夫关于元素周期表的想法似乎更早就出现了。罗伊·内维尔博士在与亚瑟·格林伯格的私人谈话中提到，门捷列夫在1856年发表的硕士论文中就有对元素进行分组的想法了

争失败后受挫的自尊心。1879年，瑞典化学家拉斯·弗雷德里克·尼尔森发现了一种新元素，与门捷列夫预言的"类硼"的性质非常吻合，尼尔森将其命名为钪（Sc）。1886年，德国化学家克莱门斯·温克勒（1838—1904）发现了被门捷列夫称为"类硅"的新元素，其性质符合门捷列夫的预言。温克勒用德国的拉丁文Germania将其命名为锗（germanium），元素符号为Ge。

不过，门捷列夫的预言并不总是正确的。他勇敢地把碘放在原子量更大的碲元素之后，错误地预言新的实验会修正碘的原子量。他还预言了一些其实并不存在的"新元素"。门捷列夫当时并不知道，决定元素周期表中的元素顺序的不是原子量，而是原子序数。这将在第一次世界大战前被英国物理学家亨利·莫斯利（1887—1915）发现。

神经病学专家、作家奥利弗·萨克斯（因《睡人》而出名）坦言自己一直痴迷于元素周期表：

　　我的厨房里贴满了各种形式的元素周期表，有长方形、螺旋形、金字塔形、风向标式的。在厨房的桌子里，有一张我非常喜欢的木制的圆形的元素周期表，我可以像祈祷轮一样转它。

显然，在萨克斯的家里，"化学会说话"，他甚至在钱包里放了两个小的元素周期表的挂件。也许在每天的固定时间，萨克斯会面向圣彼得堡的方向沉思，对像先知一样的门捷列夫致敬。

人民的化学

19世纪出版的《农民粪肥手册》（图122）和《600个无比珍贵的配方》（图123）延续了16世纪早期的传统。《自然魔法》之类讲述秘籍的书籍介绍了化妆品、葡萄酒和其他混合物的配方。菜谱书和关于家庭生活的书籍还提供了实用的

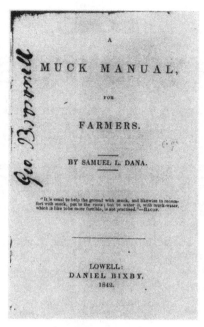

图122 《农民粪肥手册》的扉页

家庭疗法、关于保存食物的信息以及数以千计关于日常生活的小窍门。

美国化学家塞缪尔·达纳（1795—1868）撰写的《农民粪肥手册》是一本对矿物、岩石、土壤、肥料和堆肥进行介绍的简单易懂、充满智慧的书。达纳是一位受人尊敬的化学家和"美国漂白系统"的发明者。他的书沿袭了一种实用的传统，就像阿奇博尔德·科克伦的《关于农业和化学密切联系的论述》（伦敦，1795年）和汉弗莱·戴维的《农业化学中的元素》（伦敦，1813年）一样。达纳仔细地向务实的读者讲述了他需要在化学词典中引入"urets"这个用于描述金属硫化物的新术语的原因。《农民粪肥手册》还讨论了土壤腐殖质的化学性质，其复杂性在今天仍然令人望而生畏。时至今日，美国的赠地大学①依然开办农业技术推广服务项目，其目的和达纳撰写的实用手册是一样的：为农民提供实践教学。

---

① 美国的赠地大学是指由美国国会指定，按照《莫雷尔赠地法》将美国联邦政府在各州所属的土地赋予各州，通过销售土地筹措并赋予资金建立的大学。赠地大学除了开展正常教学工作之外，还应设法促进实用农业、科学、军事科学和工程等方面的教育。

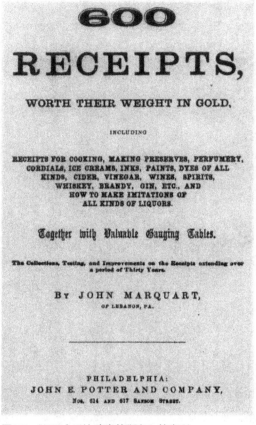

图123 《600个无比珍贵的配方》的扉页

当我写这本书的时候，我是一个移居到北卡罗来纳夏洛特的布鲁克林扬基人①。与在这一地区生活了很长时间的人交谈是件很有趣的事情。一位朋友告诉我，由于南方联盟的军队在南北战争中节节败退、陷入困境，盐在食品保存和运输中的作用极其重要。未经腌制的肉在运输途中往往会腐烂，腌制过的肉则保存完好，但必须在水中反复煮沸才能勉强食用。破坏盐的来源，南方联盟士兵的战斗力就会下降。从战略上讲，1864年，为了争夺弗吉尼亚州索尔特维尔的控制权

---

① 扬基人（Yankee）有两层含义：在美国以外泛指一切美国人；在美国国内指新英格兰和北部一些州的美国人。作者此处说自己是布鲁克林扬基人，表示自己不喜欢纽约洋基队（New York Yankees）。——编者注

爆发了一场战役。那里有一个天然盐场。南方家庭被迫拼命地从熏制房下面的泥土地里挖土，并将土在水中"煮沸"，以便从土中回收盐①。这是一个非常令人悲伤的、和人的性命相关联的化学反应。

我们以稍微轻松一些的故事作为结束，虽然它并不会令人振奋。在约翰·马奎特于1867年出版的《600个无比珍贵的配方》中，我们找到了一些配方。83号配方是"治疗黑牙的良方"：将磨碎的鞑靼盐（碳酸钾）和食盐混合，在早上刷牙之后用这种粉末摩擦牙齿。479号配方用于"治愈牛胃气胀"。牛胃气胀是牛进食过量导致牛的第一个胃——瘤胃中食物过多而胀气，进而无法排出其中的东西的情况，这会危及牛的生命。配方如下：1磅芒硝（$Na_2SO_4 \cdot 10H_2O$，一种泻药）、2盎司姜粉、4盎司糖蜜，搅拌均匀后倒入3品脱②沸水。当其温度降至"刚挤出来的牛奶"的温度时，给牛强行灌下全部剂量的药物（捂住你的耳朵，捏住你的鼻子）。

花生做的墨水和美国南方最好的糖

1947年，罗阿尔德·霍夫曼刚满10岁，正住在德国的一个难民营，当时的他对法国籍波兰裔物理学家、化学家玛丽·居里（1867—1934，世称"居里夫人"）和乔治·华盛顿·卡佛（1864—1943）的传记（德文版）很感兴趣。

乔治·华盛顿·卡佛出生于南北战争爆发前，是摩西·卡佛家的奴隶。在南北战争结束后，摩西·卡佛发现他此前的奴隶中只有5岁的乔治·华盛顿·卡佛幸存了下来，但他得了严重的百日咳。乔治·华盛顿·卡佛回到他以前的主人家，在那里待了近10年。后来，他外出旅行并培养自己对动植物的兴趣以及在音乐和其他艺术方面的天赋。他在将近30岁时获得了高中文凭，并于1894年成为

---

① 我从北卡罗来纳州退休的巡警哈罗德·埃克那里了解到了从熏制房下的土中煮盐的历史。自从美国独立战争以来，他们一家一直住在北卡罗来纳州国王山附近。

② 1品脱=0.473升。

现在艾奥瓦州立大学的第一位非洲裔美国毕业生，在1896年取得硕士学位。他用他的农业知识为广大非洲裔美国农民提供各种农业服务。应时任校长布克·华盛顿之邀，乔治·华盛顿·卡佛前往阿拉巴马州的塔斯基吉大学，主持新设立的农业系。

作为一名塔斯基吉大学新成立的农业学院的行政人员，乔治·华盛顿·卡佛没有官僚作风。然而，将研究与实践结合是他真正的使命，乔治·华盛顿·卡佛开创了作物轮作和在北美洲种植大豆和花生等豆类作物以补充土壤养分的先河。他和他在塔斯基吉大学的同事开发了大约300种从花生中提取的产品（例如墨水、塑料、染料），还有100多种从甘薯中提取的产品。由此，花生从一种"非作物"发展成为美国南方的第二大经济作物（仅次于棉花）。1990年，乔治·华盛顿·卡佛和有机化学家珀西·朱利安（1899—1975）一起成为第一批入选美国国家发明家名人堂的非洲裔美国人。珀西·朱利安博士率先合成了用于治疗青光眼的毒扁豆碱，研发出了生产类固醇激素药物可的松的经济路线，对治疗类风湿关节炎起到了巨大作用，并因此成为位于芝加哥的格利登公司的第一位非洲裔美国人研究主管。

化学工程师诺伯特·瑞利克斯（1806—1894）是发明家文森特·瑞利克斯（法国画家埃德加·德加的舅公）和一位自由的有色人种女性康斯坦斯·维万特的儿子。他和自己的母亲康斯坦斯·维万特长期保持联系。诺伯特·瑞利克斯在巴黎接受教育，于19世纪30年代发明了用于制糖的三效蒸发器。他与种植园园主朱达·本杰明（后来被南方联盟总统杰弗逊·戴维斯任命为国务卿）合作，运用三效蒸发器生产糖，获得了奖项和认可。此后，诺伯特·瑞利克斯的设备被广泛采用。

第七章
普及化学知识

迈克尔·法拉第的第一位化学老师

简·马舍特（1769—1858）出生于英国，嫁给了瑞士著名的医师及业余化学家亚历山大·马舍特。受汉弗莱·戴维公开演讲的影响，她尝试了一些实验，并决定写一本书《化学谈话》来解释化学：

> 在冒昧地向公众，尤其是女性提供化学入门读物时，作者身为女性，认为可能需要做一些解释：她觉得有必要为此道歉，因为她最近才知道关于化学的知识，并没有资格被称为化学家。

我们可以将这一外交辞令式的辩解与前文引用的富勒姆夫人在1794年出版的《论燃烧》的前言进行比较。富勒姆夫人公开鄙视那些限制女性角色的狭隘无知的人。据说《化学谈话》伦敦版的第1版出版于1805年，不过也有观点认为是1806年。埃德加·法斯·史密斯估计这本书截至1853年总销量大约为16万册。

即便我们特别仔细地阅读《化学谈话》早期版本的扉页和正文也无法发现关于作者身份的信息，部分原因是简·马舍特没有接受过正规培训而谦虚。不过，那个时代的礼节也是一个可能的原因。最离谱的是，后来的版本（例如1822年、1826年、1829年和1831年的版本）由男性出版人出版，他们在赞美这位"女作家"的同时加入了自己对这本书的批评。有人为简·马舍特辩护：

一位从事该工作的美国编辑告诉我们，他之所以没有在封面上放置简·马舍特的名字是因为他认为简·马舍特是虚构的人物！

《化学谈话》的内容主要是B夫人与两名13—15岁的少女卡洛琳和艾米丽之间令人愉悦的对话。它对化学原理的介绍虽然通俗易懂，但绝不算肤浅。简·马舍特更新了自己的版本，收录了与她通信的戴维和其他著名化学家的最新研究成果。以下是美国版1814年版本的《化学谈话》（扉页见图124）的节选。

B夫人：从其自身的强大特性以及它所参与的各种组合来看，硫酸在许多领域中具有非常重要的意义。它也可以在高度稀释后被当作药物使用。如果在浓缩的状态下服用，硫酸就会是一种最危险的毒药。

卡洛琳：我敢肯定它会烧伤喉咙和胃。

B夫人：你们能想到有什么解药吗？

卡洛琳：大量喝水可以稀释硫酸。

B夫人：这样做肯定可以削弱酸的腐蚀性，但浓硫酸和水混合产生的热量会让人无法忍受。你们还能想到其他可以有效中和硫酸的腐蚀性的物质吗？

艾米丽：碱可以与它结合。但是，纯碱也具有腐蚀性，它本身就是毒药。

B夫人：碱不一定是腐蚀性的。肥皂和氧化镁或碳酸镁，与油或水的混合物将会是硫酸最好的解药。

艾米丽：如果是这样的话，我想钾盐和氧化镁会与硫酸发生反应形成硫酸盐，对吧？

B夫人：没错。

英国小说家玛利亚·埃奇沃思（1767—1849）似乎读过简·马舍特的书，她曾通过给妹妹服用加入氧化镁的牛奶来挽救吞酸的妹妹的性命。有趣的是，在美国女作家芭芭拉·汉布利（1951—）创作的悬疑小说中，一位学校的女老师有本书叫《针对女性的化学谈话》，作者为马瑟（可能是位夫人）。

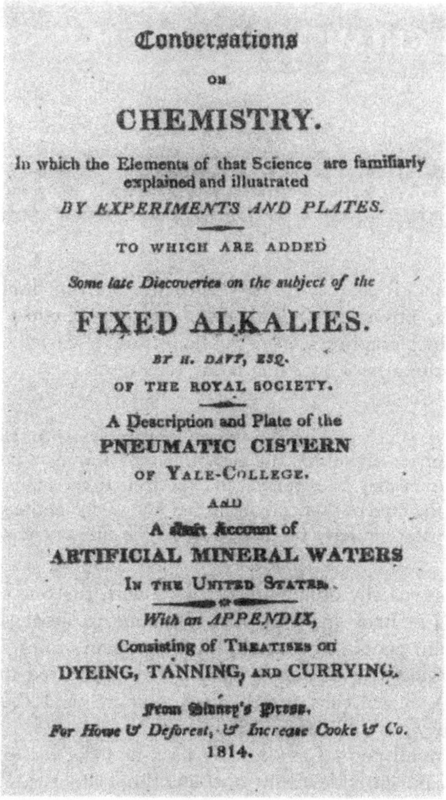
Conversations
ON
CHEMISTRY.
In which the Elements of that Science are familiarly explained and illustrated
BY EXPERIMENTS AND PLATES.
TO WHICH ARE ADDED
Some late Discoveries on the subject of the
FIXED ALKALIES.
BY H. DAVY, ESQ.
OF THE ROYAL SOCIETY.
A Description and Plate of the
PNEUMATIC CISTERN
OF YALE-COLLEGE.
AND
A Short Account of
ARTIFICIAL MINERAL WATERS
IN THE UNITED STATES.
With an APPENDIX,
Consisting of TREATISES on
DYEING, TANNING, AND CURRYING.
From Sidney's Press.
For Howe & Deforest, & Increase Cooke & Co.
1814.

图124 《化学谈话》的扉页

19世纪伟大的科学家迈克尔·法拉第出生于一个非常贫穷的家庭，他13岁就开始做书籍装订工。他第一次接触化学就是通过简·马舍特的书，他后来说：

因此，当我通过一些我可以进行的小实验来证实简·马舍特书中的内容，并发现它与我理解的一样时，我觉得自己掌握了化学知识中的一个基本点，并牢牢地抓住了它。从那时起，我就深深地崇敬简·马舍特：首先，她给我带来了极大的益处和乐趣；其次，她能够把关于自然事物的知识的真谛和原理传达给一个没受过教育的、有着好奇心的年轻人。

你可以想象当我终于认识简·马舍特时的欣喜心情。我常常回首往事，欣喜地把过去和现在联系起来。当我向她寄去感谢信时，我就想到她是我的第一位女导师，这样的想法永远萦绕在我的心头。

简·马舍特对法拉第的深远影响可能体现在两个方面。除了对科学研究的巨大贡献外，迈克尔·法拉第还因为做了大量科学普及工作而闻名，他面向普通听众公开演讲，他的著作《蜡烛的故事》（1861年）成为经典的化学科普读物。

《化学不神秘》

在简·马舍特的《化学谈话》的开头，卡洛琳说："B夫人，说实话，我对化学没有什么好感，也不指望从中获得很多乐趣。我更喜欢那些在宏观尺度上研究自然的科学，而不是那些研究琐碎细节的科学。"在道尔顿的原子论发表四年之后，十几岁的学生已经开始说"我很无聊"了！

伦敦医院的外科医生兼临时化学助理约翰·斯科芬创作的《化学不神秘》（伦敦，1839年），让年轻人和老年人都兴奋不已：

如果我在你们面前提出教你一些新游戏，比如改进过的扔球、放风筝或玩蛙跳，那你们肯定会非常专心地听我说。我要教你们很多新游戏。我打算教你们一门充满兴趣、奇妙和美的科学。这门科学能在你们年轻时给你们带来乐趣，在你们年老时给你们带来财富。简而言之，我要教你们化学。

《化学不神秘》的扉页（图125）描绘了一个发生在马戏场的场景，其中虚构的叙述者（"老哲学家"）回忆起了他虚度青春的一个场景。他喜欢恶作剧，并在舞台的地板下放出了硫化氢气体（有腐烂的鸡蛋味），驱走了表演节目的巨人和矮人。不过，他很快就承受了惹恼巨人的后果，并因此在医院住了两天。

图126描绘了"老哲学家"在课堂上做基于假设的演讲，然后愚蠢地把笑气分

发给教室里的学生。

　　创作这些图画的插画家和漫画家乔治·克鲁克香克（1792—1878）可能是第一个为儿童读物绘制生动、幽默的插图的人，他还为查尔斯·狄更斯的《雾都孤儿》（1838年）绘制了插图。

图125 《化学不神秘》的扉页

图126 《化学不神秘》中的插图

《蜡烛的故事》

　　《蜡烛的故事》摘自法拉第公开演讲的笔记，是对此前60年辉煌的普及化学知识运动的总结，这主要涉及三个人：汉弗莱·戴维、简·马舍特和迈克尔·法拉第。图127（a）是《蜡烛的故事》（纽约，1861年）的扉页，该书的伦敦版也在1861年出版。

　　我们在前文中介绍了本杰明·汤普森的钻孔实验（图96）驳斥了拉瓦锡的"热质说"。本杰明·汤普森于1805年与拉瓦锡的遗孀结婚，两人在结婚两个月后就分居了。1799年，本杰明·汤普森提出了改善中产阶级教育状况、提高技术和制造业水平的想法，促成了英国皇家科学研究所的成立。他聘请年轻的汉弗莱·戴维担任化学助理讲师、实验室主任以及该机构化学期刊的编辑。戴维的公开演讲很受欢迎，听众人数很多，简·马舍特就是其中之一。戴维的讲座激发了简·马舍特对化学的兴趣，这最终促成她创作了《化学谈话》。简·马舍特在她的作品中收录了戴维的最新研究成果，并与戴维保持着科学方面的通信往来。

　　迈克尔·法拉第出生一个贫穷的铁匠家庭。13岁时，他成为一个装订书籍的工人。在雇主的允许下，他阅读了简·马舍特的书并深受启发。1812年，一位顾客给法拉第送了一张戴维在英国皇家学会演讲的门票。之后不久，法拉第将他写的演讲笔记的副本寄给戴维，并表示希望成为戴维的助手。戴维雇用了年轻的法拉第。1820年，法拉第发表了他的第一篇论文。法拉第承认自己对简·马舍特怀有感激之情，并一直与她保持通信往来。法拉第在1818年选修了一门演讲课程，并且在后来成为一位"杰出的演讲者"。

　　《蜡烛的故事》来自法拉第的公开演讲。这本书被翻译为多种语言并不断重印。法拉第在第一讲中提出了以下基本观点：

　　我打算在这些讲座上为大家讲一讲关于蜡烛的化学史……这一课题的相关领域十分丰富，它在本质上为哲学的各分支领域提供了种类繁多的切入点。这些现

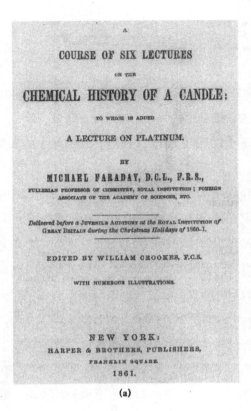

(a)

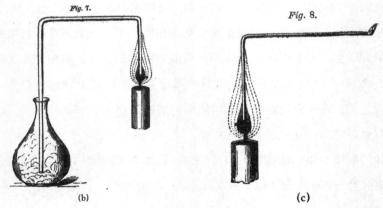

图127 （a）迈克尔·法拉第的《蜡烛的故事》（纽约，1861年）的扉页。该书不是由法拉第撰写的，而是根据他在英国皇家学会公开演讲的内容摘录而来的。从汉弗莱·戴维到简·马舍特，再到法拉第，这种向公众普及化学知识的做法传承了60年。（b）收集看不见的蜡烛燃烧产生的气体的装置。（c）"铰接式的蜡烛"

象涉及的法则支配着宇宙中的万事万物。要想走进自然哲学的研究领域，最好的方式便是研究蜡烛的物理现象，任何新式课题都不会比这一课题更合适。因此，我相信我的选择不会令你们失望。

图127（b）是第二讲的相关内容。玻璃管的一端开口进入到蜡烛火焰较暗的中间部分。火焰中心产生的看不见的蒸气在玻璃管的另一端排出后凝结在烧瓶中。然后，法拉第告诉观众蒸气和气体的不同之处。他继续在另一个烧瓶中加热一些蜡烛，然后将蒸气倒入盆中，再点燃蒸气。

图127（c）的装置用于另一个演示实验，法拉第将一根玻璃管的一端开口置于火焰中心，然后点燃从玻璃管的另一端排出的蒸气以形成一种"铰接式的蜡烛"。他进一步指出，如果将玻璃管的一端置于火焰顶部而不是火焰中部，那么玻璃管的另一端就不会有蒸气排出，因为蒸气在火焰顶部全部燃烧了。因此，法拉第证明了看不见的易燃蒸气存在于火焰中心而不是顶部。法拉第打趣道："虽然我们谈论的是气体，但我们谈论的其实是蜡烛。"

进入火焰中心

图128是爱德华·尤曼斯的《化学图谱》1857年版中关于蜡烛火焰的奔放而绝妙的别具风格的插图。图中标示的二氧化碳（CO_2）的分子式是正确的，但作者错误地（见前文关于图115的讨论）将水的分子式标为HO、将燃料的分子式标为CH，并将氧气描述为氧原子（O）而不是氧分子（O_2）。在这幅图中，火焰下部的内部区域（看起来为深蓝色）燃料丰富并缺乏氧气。我们现在知道，这部分火焰以及紧邻火焰的上方和周围的明亮区域充满了寿命非常短的、奇异的、反应活性非常高的富含碳元素的分子和颗粒。由于这些富含碳元素的物质活性非常高，它们会积极地与如氧化锡等金属氧化物反应，吸收氧元素，将金属氧化物还原为金属。位于火焰外部区域边缘的物质氧化性强，富含活性非常高的羟基（真

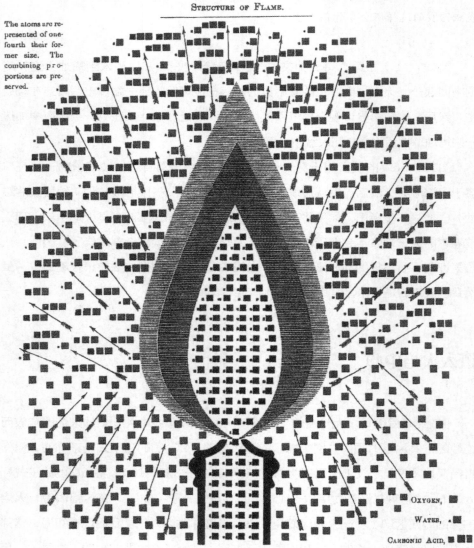

图128 《化学图谱》中描绘蜡烛火焰的插图

正的HO-），以及氧气、二氧化碳和水。在此区域，锡将立即被氧化成氧化锡。在约200年前，人们通过使用一种叫作"吹管"的"火焰手术刀"了解这些关于火焰的细节。

贝采利乌斯在其著作《吹管在化学分析和矿物检验中的应用》（斯德哥尔摩，1820年；伦敦，1822年）中将使用吹管的历史追溯到珠宝商的传统使用方法。他认为，吹管最早被应用于"干燥"化学的时间约为1733年。理想的吹管是由黄铜制成的，黄铜吹管的一端连接有一个"象牙尖"（开口直径约为$\frac{3}{8}$英寸），以便于化学家呼气，另一端熔接了一个铂尖（开口直径约为$\frac{1}{16}$英寸），呈90°弯曲。将铂尖插入火焰，并以有力而稳定的方式进行吹气，可以去除与目标物质接触的还原或氧化部分。作者指出，经验不足的使用者也许需要很费力才能进行吹气。他详细介绍了一种使用方法：通过呼吸让口中充满空气并不断补充，以此产生稳定而有力的气流。吹管是用于分析矿物样品的灵敏仪器，可以发现样品中含量极低的金属杂质成分。例如一张纸的灰烬在来自吹管的还原火焰的作用下，可以产生微小的金属铜颗粒。

现在，你闻到了！现在，你闻不到了！

这是富有想象力的人教化学的一种富有想象力的方法。亨利·德朗普斯在《图解化学》（巴黎，1823年）中将想法转化为流程图，按照化学反应的步骤将物质分解成不同的部分，然后重新结合。德朗普斯是一名律师和业余魔术师。1784年，他出版了一本书名为《揭秘白魔法》。当时有一个声名显赫的魔术师名叫皮内蒂，他自称为骑士、数学和自然科学教授等，他引用了很多《揭秘白魔法》中的内容，但没有表明出处。德朗普斯出版了许多试图揭穿皮内蒂的书籍，但最终只是增加了皮内蒂的声望。最后，年事已高的德朗普斯尝试写化学教材。

图129描绘了"两种无味的物体接触后会产生具有强烈刺激性气味的气体，而另外两种物体结合的产物与这种气体结合后形成了一种可见的、可触摸的物

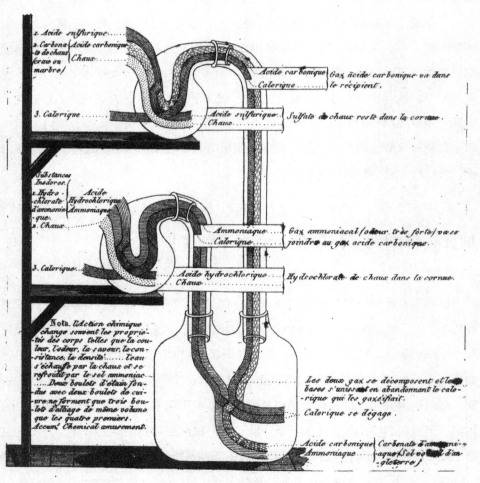

图129 亨利·德朗普斯在《图解化学》中引入了一种假想的装置说明化学物质"分解"以及随后进行的反应

体"。在左上部，我们看到硫酸与石灰石（$CaCO_3$）的成分结合在一起。$CaCO_3$
通过加热（"热质"）可以释放出石灰（CaO）和二氧化碳（CO_2）。硫酸钙
（$CaSO_4$）和水留在顶部蒸馏瓶中，二氧化碳和"热质"则到达位于底部的烧瓶
中。在左中部，我们看到石灰（CaO）和"热质"被加入氯化铵（NH_4Cl）中，
在这种情况下会发生化学反应，产生具有强烈的刺激性气味的氨气（NH_3），在
左中部的蒸馏瓶中留下氯化钙（$CaCl_2$）和水。氨气和"热质"与二氧化碳和"热
质"（毫无疑问是在有水的情况下）结合，形成（NH_4）$_2CO_3$（碳酸铵），这是
一种可见的、可触摸的物体。

图130描绘了更为神奇的化学反应。紫罗兰花瓣的浸液实际上是一种酸碱指示
剂（由玻意耳于1675年首次发现）。将醋（一种酸）加入中性蓝色紫罗兰的浸液

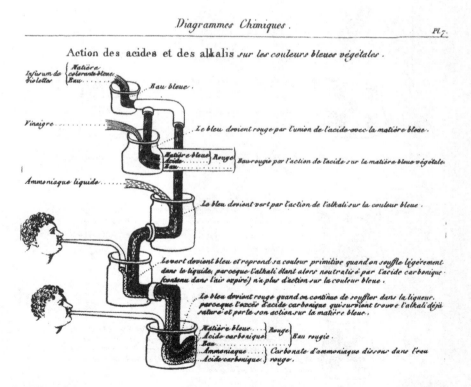

图130 《图解化学》说明了通过向紫罗兰花瓣的浸液中先后加入醋、氨水和二氧化碳，溶液的颜色会
发生一系列变化

中，溶液的颜色变成红色。当逐渐加入大量氨水后，溶液的颜色会从红色变成蓝色再变成绿色。实验者第一次吹入二氧化碳，二氧化碳在水中形成碳酸，将溶液中的碱中和，溶液变成了蓝色。实验者第二次吹入更多二氧化碳形成更多碳酸，溶液的颜色恢复为红色。

图131描绘了硫酸铜的分子结构（缺一个氧原子）。直到19世纪后期，由于阿伦尼乌斯的发现，人们才了解离子化合物。该图从上向下数第三幅图片描绘了向硫酸铜溶液中加入金属铁（铁原子）。铁原子失去电子（被氧化），而铜离子

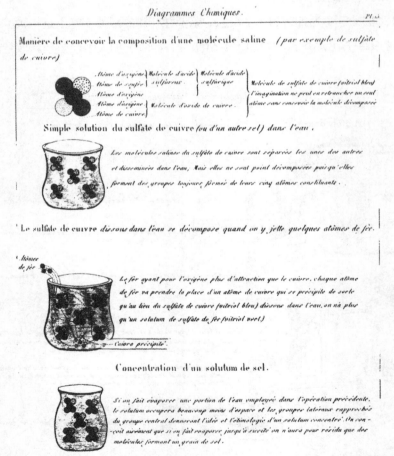

图131 德朗普斯不知道离子，也不知道硫酸铜的分子式是$CuSO_4$，不过他在图中很好地说明了铁原子会通过氧化作用把铜离子还原为金属铜

被还原为铜原子（金属铜）并沉淀出来。

图132提醒世人：法国人推翻了燃素理论。顶部的图片描绘了由"铅土"（氧化铅）和燃素组成的金属铅。加热金属铅会导致燃素损失，并留下氧化铅。该图指出，金属氧化物比金属重，这是不可能的（除非燃素具有负质量）。因此，在法国发展起来的"热质说"比先在德国发展起来、后在英国流行的燃素理论受到的批评更少。

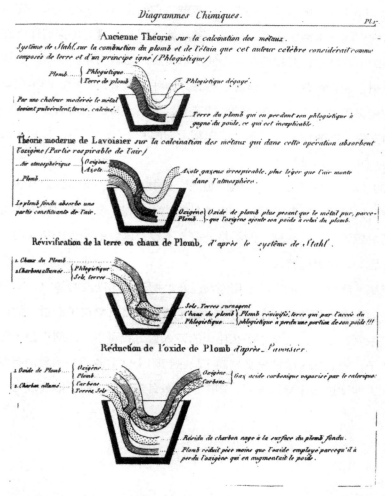

图132 该图描绘了铅焙烧后的重量是增加的，而不会因为失去燃素导致重量减少

氯精灵？

美国教育家露西·里德·迈尔所著的《化学仙境》（波士顿，1887年）是对简·马舍特在约80年前首次出版的精彩的《化学谈话》相当珍贵的说明。在这本书里，双胞胎约瑟夫和约瑟芬跟随叔叔理查德·詹姆斯学化学。理查德·詹姆斯是一位化学家，被称为"教授"。

图133（a）所示的氯精灵各有一只手臂，它们穿着绿色的衣服，完全展开的翅膀暗示它们的化学性质活泼。溴是一种液体，因此溴精灵是穿着红色连衣裙、翅膀折叠的单臂精灵；温和地加热会使溴精灵展开翅膀飞翔。独臂的碘精灵穿着紫色连衣裙，翅膀折叠，双腿盘起。约瑟芬惊呼道："天哪！它们实在是太可爱了！"钠精灵和氯精灵结合在一起形成了盐，它们穿着白色的衣服，翅膀折叠，双腿弯曲交叠，如图133（b）所示。氢精灵如图133（c）所示。盐酸（实际上是气态HCl）如图133（d）所示。

图134（a）正确地描述了空气的组成，其中氮气约占80%，氧气约占20%。氧精灵有两只手臂，这是正确的，图134（b）中组成水分子的氧精灵也是如此。但是氮精灵应该有三只手臂，而不是一只。不过，这会不会有些吓人呢？八隅体规则在此后30年里仍然有效。

理查德·詹姆斯让他的侄子和侄女以及他们的邻居朋友闻氯气、溴和硫化氢的味道。他还在家里放了一瓶剧毒的马钱子碱，并将其给孩子们看。他还作了一首诗："汞啊，汞啊，我是个多么伟大的诗人！"我可不想让理查德·詹姆斯靠近我的孩子。迈克尔·法拉第受到简·马舍特的《化学谈话》的激励而投身化学研究。如果他读过《化学仙境》，知道这么多有毒物质，他可能会成为一名注册会计师。

MOLECULE OF CHLORINE.

(a)

SALT.

(b)

HYDROGEN FAIRIES.

(c)

HYDRO-CHLORIC ACID.

(d)

图133 摘自《化学仙境》：（a）由于氯离子是–1价的，所以两个氯精灵各有一只手臂；（b）一个氯精灵和一个钠精灵结合成为氯化钠，因为氯化钠在常态下是固体，所以它们的翅膀和腿是折叠起来的；（c）两个氢精灵各有一只手臂；（d）一个氯精灵和一个氢精灵结合成为盐酸

FAIRIES OF THE AIR.

(a)

FAIRY PICTURE OF WATER.

(b)

图134 摘自《化学仙境》：（a）空气；（b）一个氧精灵和两个氢精灵结合形成水分子

"顽皮的"氟：有尖牙的精灵？

理查德·詹姆斯在关于卤族元素的课程行将结束时谈到了氟：

氟是我们介绍的最后一个卤族元素。氟精灵非常任性，很难被抓住，也很难保存下来。据说它们的脚和翅膀非常灵活，因此它们很活跃，还穿着隐身斗篷，非常顽皮，以至于没有人能完全肯定自己曾经抓住过它们，并将它们与其他东西分开。

露西·里德·迈尔知道在她的书出版的前一年——1886年，亨利·穆瓦桑（1852—1907）分离出了氟气吗？她也许知道。

氟是最活泼的元素，氟气（F_2）中的氟-氟键很弱，而碳和氟形成的化学键和氟化氢（HF）中的化学键非常强。F_2几乎能从其他任何物质中夺取电子。它不与氩反应，但与氙（Xe）反应。XeF_2相对于Xe和F_2是稳定的，而Kr（氪）和F_2相对于KrF_2是稳定的。矿物萤石（CaF_2）已经被人们认识数百年了。到1830年，人们发现存在第四种卤族元素，并且很难将其从其化合物中分离出来。到1670年，人们已经知道，在萤石中加入硫酸会产生一种能腐蚀玻璃的气体（HF）。至少有两位19世纪早期的化学家因为在探索气态氟化合物的化学性质时中毒影响健康而去世，还有许多化学家的健康因此受损。我们可能认为氟是一种长着獠牙的精灵，但它被称为元素中的"霸王龙"，而我更喜欢称它为元素中的"塔斯马尼亚魔鬼"。

最后，穆瓦桑在惰性的铂容器中用液态氟化氢做电解质，在其中加入氟氢化钾（KHF_2）使它成为导体，用惰性铂铱合金做电极，才获得氟气体。穆瓦桑在氟化学方面的努力损害了他的健康。他在1906年获得了诺贝尔化学奖，几个月后去世，享年55岁。在1906年诺贝尔化学奖的评审过程中，门捷列夫以一票之差输给了穆瓦桑。门捷列夫于1907年去世，因此无缘诺贝尔奖。

期中考试前夜的梦

  哈弗福德学院实验室的精灵们认识到19岁的麦克斯菲尔德·派黎思①是个有天赋的艺术家。精灵们尽最大努力帮助他通过化学课程的考试，让他成为一名真正的画家、插画家和设计师。事实上，他后来把这些精灵当成自己的专用模特，经常把它们作为森林场景作品的主题。

  图135摘自派黎思的实验笔记本，目前是哈弗福德学院图书馆贵格会的藏品。现在，一名教授应该如何评价这样的笔记本？一方面，教授会要求学生对实验的描述应当严谨而准确。另一方面，派黎思的教授莱曼·比彻·霍尔适时地指出，派黎思的"观察和实验总结简明扼要、文笔严谨"。由于霍尔教授在笔记本上很少做

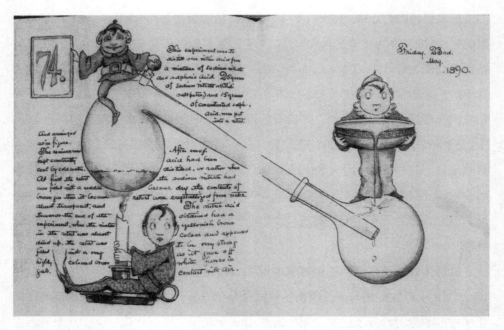

图135 麦克斯菲尔德·派黎思化学实验笔记本的页面，由哈弗福德学院图书馆贵格会提供

---

① 麦克斯菲尔德·派黎思（1870—1966），美国画家，他擅长运用色彩，尤其是明亮的"派黎思蓝"。

记号（而且这些记号是用浅色铅笔写的），而且派黎思在大约20年后（1910年）把这本笔记本送给他，我们可以有把握地认为，派黎思顺利通过了化学考试。

现在，翻到《化学》诗篇的第3页

图136是出版于1873年的英国基督教诗篇《化学》的扉页。

对于十几岁的年轻人或八旬老人来说，
这本书可以唤醒记忆。
它就像火柴或化学火炬，
因为无知者需要被光照亮。

它对学习化学的响亮号召听起来有点儿"勉强"：
化学知识应该
海陆皆知，
播种化学的种子，令人兴奋，令人欣喜，令人愉悦

我们从第3页开始：
（全体起立）
物质是宇宙的主体，
在化学的帮助下，
用所有已知最好的设备，
已经有63种物质被分解出来了
（或处于自由的、真正本质的状态），
这些物质被称为元素或简单物质；

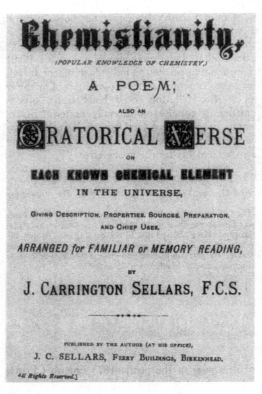

图136 《化学》的扉页。这本书据说是用来教记忆力不佳的青少年和老人通过背诵诗篇来学习化学的。这本书中的诗歌是最糟糕的诗歌之一。如果你认为称玻璃为"死蜜日"（die-bee-day）是个不错的主意的话，那么你会喜欢这本书

我们无法将这些物质再分，

或者细分为更小的物质。

根据它们的组合重量顺序命名，

还有43种已知的、已证实的、真正的金属，

在化学家罗斯科①提出的系统归类下，

① 亨利·罗斯科（1833—1915），英国化学家，他是首先制备出纯钒的人，并指出钒属于磷-砷族。

被分为十个族;

每个族的物质

按其组合重量的顺序或其化学能的类型排列。

我们再翻到第61页:

氧气,是身体情感的女王;

是人类在地球生活的支持者;

活着的动物,

所有常见形式的活动都需要氧气,

日常燃烧木头或煤也需要氧气;

它也是大多数发热的化学反应的主要推动者,

是无色气态物体,

没有味道,也没有气味。

(全体请坐)

《化学》诗篇的作者塞拉斯写道:"在读化合物的名称时,许多人对它们冗长而无意义的名称感到失望。"(这种抱怨在学习化学课程的学生中仍然很常见。)因此,他发明了一个更简单的字母命名法,下面是简要说明。作者所知的五种最轻的元素为:

按字母顺序排列	塞拉斯发明的命名法		现在的命名
ABGEN	Ab	Abb	氢
AMYAN	Am	Amm	硼
ATYAN	At	Att	碳
BAGAN	Ba	Bay	氮
BEGEN	Be	Bee	氧

如果我们使用这种命名法，水（H_2O，我们今天可称之为一氧化二氢，但我们并不会这么叫）将被读成"die-abb-bee"。玻璃（二氧化硅）将有悦耳的声音"die-bee-day"，而P_2O_3则是欢快的"try-bee-die-dee"。然而，一氧化二氮（N_2O）是"die-bay-bee"（与英语"去死吧，宝贝"发音类似），这可能会让需要麻醉的患者感到害怕。

"分子力学"在1866年就被提出来了吗？

随着经典物理学不断发展，人们渴望用数学方法计算分子的形状和使它们结合在一起的力。如前文所述，约翰·弗莱恩德于1704年发表的演讲的内容在《化学讲座》（伦敦，1712年）中体现，这是早期将经典物理学应用于这一问题的尝试。在20世纪初，人们意识到，要解决这个问题，需要量子力学（最终，埃尔温·薛定谔于1926年提出了薛定谔方程）。经典物理学根本不适用于计算原子中电子的性质。然而，对真正有趣的分子（例如由超过五个原子组成但不是很大的分子）进行精确的量子计算，必须等到20世纪末，因为那需要巨大的计算能力。1998年，约翰·波普尔和沃尔特·科恩获得诺贝尔化学奖，这说明精确的量子计算的价值得到了明确认可。

但是，在大自然中发现的大型不对称分子如吗啡等生物碱，或者非常复杂的蛋白质，应该怎么用数学方法计算呢？美国物理有机化学家弗兰克·韦斯特海默（1912—2007）提出了一种现在被称为"分子力学"的方法。它基本上以经典物理学为基础，根据胡克定律，将化学键视为弹簧，使用了很多从实验中推导得到的参数。这种方法缺乏理论基础，但非常有用。它被广泛应用于制药业，是新药设计方案的基础。

约瑟夫·贝玛在1866年出版了一本书名叫《元素的分子力学》，扉页见图137。这本书中包含了大量数学和物理知识，实际上几乎没有化学知识。约瑟夫·贝玛在英国皇家学会展示了他的作品，但听众对其中的内容表示怀疑。我的

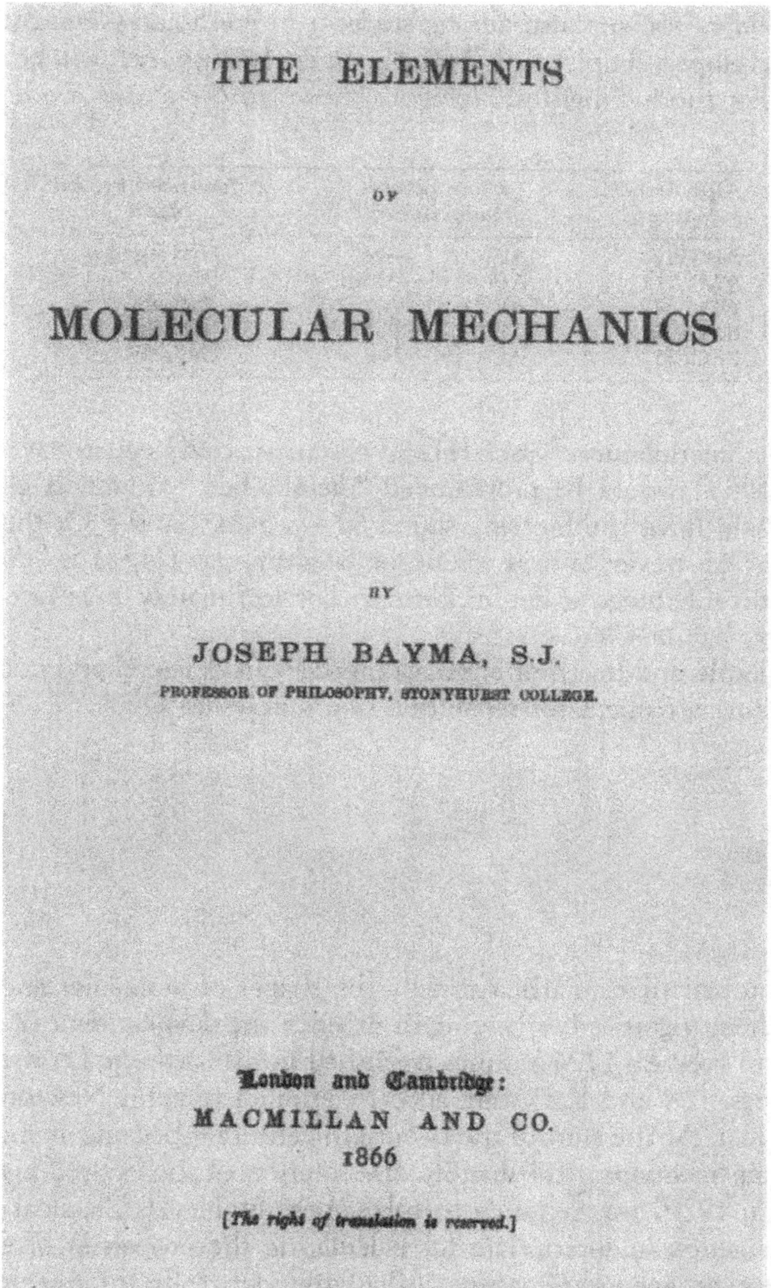

THE ELEMENTS

OF

MOLECULAR MECHANICS

BY

JOSEPH BAYMA, S.J.

PROFESSOR OF PHILOSOPHY, STONYHURST COLLEGE.

London and Cambridge:

MACMILLAN AND CO.

1866

[The right of translation is reserved.]

图137 《元素的分子力学》的扉页

一个英国书商朋友称这本书为"疯子读物"。尽管如此，这本书还是很有趣的。在这本书的第四卷《元素的原始多面体系统的动力学构成》中有这样的问题：问题一：四个具有同等力量的排斥性元素被排列在一个有吸引力的中心的周围，形成一个正四面体，试求出该系统的动力学方程。你认为荷兰化学家雅各布斯·亨里克斯·范特荷甫[1]和法国化学家约瑟夫·阿切尔·勒贝尔（1847—1930）看到这本书了吗？吉列斯比和尼霍尔姆在1957年提出价层电子对互斥理论[2]时，看到这本书了吗？

---

① 雅各布斯·亨里克斯·范特荷甫（1852—1911），荷兰化学家，1901年由于"发现了溶液中的化学动力学法则和渗透压规律以及对立体化学和化学平衡理论的贡献"，成为第一位获得诺贝尔化学奖的人。
② 价层电子对互斥理论（Valence Shell Electron Pair Repulsion, VSEPR）是一个用来预测单个共价分子形态的化学模型。该理论认为：分子或离子的几何构型主要取决于与中心原子相关的电子对之间的排斥作用，该电子对既可以是成键的也可以是没有成键的（被称为孤对电子），只有中心原子的价层电子才能够对分子的形状产生有意义的影响。

第八章
对化学键的现代观点的探讨

骑着飞马在空间中研究化学

在19世纪的大部分时间里，旋光性是物质的一个神秘性质。让·巴蒂斯特·毕奥发现某些矿物具有旋光性，会使偏振光平面发生旋转。1815年，毕奥发现某些液体，例如松节油和溶有樟脑的酒精溶液，也具有旋光性。1848年，路易斯·巴斯德[①]的天才发现证实了旋光性与不同分子的关系。不过，基于理性的结构化学的理论在大约15年后才出现。

巴斯德说过一句常被引用的话："机会总是留给有准备的人。"事实上，当他在法国第戎一个寒冷的实验室观察酒石酸铵钠结晶时，意外的发现帮了他的忙。他仔细观察无旋光性的葡萄酸（在当时被称为葡萄酸，其实只是外消旋的酒石酸）铵钠盐的结晶，发现其晶面一半向左、一半向右，在某种意义上，它们是镜像（如我们的左手和右手），不能点对点叠在一起。（图138中的图片Ⅷ和图片Ⅸ是苹果酸氢铵左旋和右旋半面体晶体的平面图，它们的三维结构不可重叠。）巴斯德在显微镜下用镊子将两种不同的晶体分开，并分别配成溶液。他发现，每一种溶液都具有旋光性，但方向相反。一种溶液具有右旋光性，另一种溶液具有左旋光性。巴斯德将被称为外消旋体的等量对映异构体混合物首次分离。

巴斯德的观察结果开始与其他发现的结果联系起来。例如舍勒在1770年从发

---

① 路易斯·巴斯德（1822—1895），法国微生物学家、化学家，他研究了微生物的类型、习性、营养、繁殖、作用等，把微生物的研究从主要研究微生物的形态转移到研究微生物的生理途径上来，从而奠定了工业微生物学和医学微生物学的基础，并开创了微生物生理学。

酵牛奶中分离出乳酸[$CH_3CH(OH)COOH$]，贝采利乌斯在1807年从肌肉中分离出乳酸，但是人们发现发酵牛奶中的乳酸不具有旋光性，而肌肉中的乳酸具有旋光性。这种天壤之别的根源是什么？

1874年，22岁的雅各布斯·亨里克斯·范特荷甫和27岁的约瑟夫·阿切尔·勒贝尔发现了这个问题的答案。虽然他们当时都在位于巴黎的阿道夫·武尔茨实验室工作，但他们的发现是互相独立的。范特荷甫后来继续从事物理化学方面的研究，并因发现溶液渗透压定律等成果在1901年获得了第一个诺贝尔化学奖。

范特荷甫的《空间化学》英文版第1版是从该书法文版第2版翻译过来的。范特荷甫和勒贝尔假设：碳原子位于四面体中心，四个位于四面体的角上的不同的原子或基团与之相连，这个四面体是不对称的，以不可重叠的镜像形式存在。这些是前面描述的对映异构体。图138中的图片Ⅳ和图片Ⅴ描绘了由不对称碳原子连接四个不同基团（R_1到R_4）的广义对映异构体的三维四面体模型。图片Ⅵ和图片Ⅶ描绘了用硬纸板剪下的图形，可以制作如图片Ⅳ和图片Ⅴ所示的模型。

前文关于乳酸的问题的答案现在已经很清楚了。乳酸具有不对称的碳原子，连接四个不同的基团：H、CH_3、OH和COOH。舍勒从发酵牛奶中提取的乳酸具有等量的对映异构体（外消旋体），因而不具有旋光性；贝采利乌斯从肌肉中提取的乳酸具有旋光性，因为仅存在一种对映异构体。

1876年，范特荷甫被任命为荷兰乌得勒支大学兽医学院的初级教师。1877年，他于1875年出版的《空间化学》法文版被译成德文版。维尔茨堡大学的有机化学家约翰尼斯·威利森努斯（1835—1902）非常支持《空间化学》，但莱比锡大学的赫尔曼·科尔贝教授给出了截然不同的评价：

乌得勒支兽医学院的范特荷甫博士似乎对精确的化学研究毫无兴趣。他发现一项不太艰巨的任务：骑上飞马（显然是从兽医学院借来的），飞向他的化学帕纳萨斯山的顶峰。他在那里，在《空间化学》一书中揭露了他是如何发现原子在空间中的位置的。

多么尖酸刻薄的评论哪！可悲的是，虽然科尔贝是一位颇有成就的化学家，他在30多年前曾亲手埋葬了活力论（见前文），但这段评论可能是他最常被引用的话了。具有讽刺意味的是，1885年接替科尔贝在莱比锡大学的职位的正是威利森努斯。

图138中的图片X描绘了具有碳中心的互穿四面体的结构，两个碳原子之间有一个单键。范特荷甫正确地假设了这种单键可以自由旋转。图片XI.*a*、图片XI.*b*、图片XII和图片XIII对顺式异构体和反式异构体（例如马来酸和富马酸）之间的差异进行了合理的解释。图片XIV解释了六元环在化学领域中广泛存在的拜耳张力学说。

我们以业余诗人、理论化学家乔尔·利伯曼的诗句来结束这段关于分子的三维空间的故事：

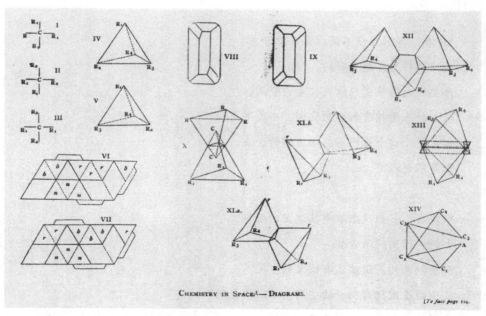

CHEMISTRY IN SPACE — DIAGRAMS.

[To face page 124.

图138 范特荷甫的《空间化学》英文版第1版（牛津，1891年）中的插图

致范特荷甫和勒贝尔

没有了放大镜和魔杖，
我们就看不到分子和它们的键。
不过没关系，因为它们显而易见，
四配位意味着碳原子是平面的。*
（不然呢？）

走近范特荷甫、勒贝尔，我们听见他们的争论：
"分子是不可见的，但它们处于三维空间中。"
为什么这么说呢？这很容易就能看出来：
四键的碳原子连接了四个不同的基团，
它们就像一个四面体。**
（不然呢？）

*现在，我们显然不是在说正方形，
因为那样显然是不对的。
那些较大的基团应该有较大的空间，
较小的基团拥有剩余的空间，难道不是吗？
任何关于四个基团形成四边形的说法，
都是胡说八道。

**现在，我们显然不是在说正四面体，
大的基团仍然很贪婪。
那些较大的基团应该有较大的空间，
较小的基团拥有剩余的空间，难道不是吗？
这样的四面体一定不是正四面体，

就是这样，不用再说了。

乔尔·利伯曼

阿契厄斯是左撇子吗？

巴斯德在对映异构体和外消旋体领域的研究取得了杰出的成果，他认识到一种物质的单一对映异构体（如具有旋光性的碱）可用于分离另一种物质的对映异构体（如外消旋酸）。关于这一点，我们可以很简单地用双手进行类比，我们把不能与其镜像重叠的分子称为手性分子。右手手套可以区分（"分开"）右手和左手。巴斯德和其他人很快意识到，他们发现的所有具有旋光性的化合物都来自活的生物体。肌肉中的乳酸具有旋光性，而人工合成的乳酸则没有。此外，生物体通过选择性代谢一种对映异构体，可以很容易分解外消旋体。因此，巴斯德在含有酵母的悬浮液加入3g不具有旋光性的仲戊醇（不对称的碳原子连接的四个基团是H、OH、CH_3和C_3H_7）。一个月后，他从混合物中提取仲戊醇，发现剩下的仲戊醇是右旋的。酵母选择性地代谢了左旋的仲戊醇。

生物体中是否存在一种与生命有关的力量使它们成为旋光性物质的唯一来源呢？这种与生命有关的力量最终是解决外消旋体问题的唯一手段吗？前文讨论过阿契厄斯，它被认为是一个精神炼金术士。帕拉塞尔苏斯认为它居住在我们的胃部附近（见图63），人们认为阿契厄斯只有一个头和两只手，将食物和空气中有毒的成分与营养成分分开。如果阿契厄斯是左撇子，我们可能更早知道生物体是如何区分左旋与右旋对映异构体的。令人高兴的是，严肃的科学家没有回到活力论的观点。现在，那些已经学会了制备一种药物纯净的对映异构体而不含另一种对映异构体的公司已经赚取了数十亿美元，它们也不用向阿契厄斯支付薪水。

约翰·里德：立体化学家

在这本书的其他部分，我表达过自己对约翰·里德非凡才智和学识的倾慕之情，他写了关于炼金术和化学的精彩三部曲。约翰·里德是一位立体化学的早期开拓者，"参与了"这个领域里至少两项非常重要的发现。

有趣的是，虽然范特荷甫和勒贝尔都假设具有一个不对称的碳原子是物质具有旋光性的必备条件，但是到19世纪末，人们还没有分离出一个链上碳原子少于三个的具备旋光性的物质。这促使挪威化学家弗里德里希·佩克尔·莫勒在他的著作《鱼肝油与化学》（伦敦，1895年）中的"原子在空间中的位置"的部分，提出了他的"螺旋理论"。莫勒假设三碳链是物质具备旋光性的最低要求。其想法是，一个"之"字形链上有三个碳原子是产生手性螺旋的必要条件，这种手性螺旋能够在以太中产生右旋或左旋，从而解释物质具备右旋或左旋性质的原因。莫勒是"以太论"的支持者，尽管"以太论"被在1887年进行的迈克耳孙–莫雷实验所否定，但还是得到了包括门捷列夫在内的一些著名科学家的支持。具有讽刺意味的是，在莫勒的著作出版三年后，范特荷甫在他的著作《空间中的原子分布》英文版第2版（伦敦，1898年）中增加了具备旋光性的物质应当有三碳链的说法。

1914年，人们发现了第一种只含有一个碳原子的旋光性化合物 [$CHClI$ (SO_3H)]。它是由英国化学家威廉·杰克逊·波普（1870—1939）和约翰·里德在剑桥大学合成并进行光学拆分的。波普和他的同事将立体化学的领域从碳扩展到氮、磷、硫、硒、硅和锡。

约翰·里德早年在苏黎世大学师从瑞士化学家阿尔弗雷德·维尔纳（1866—1919），并获得博士学位。维尔纳因对无机化学分子内原子连接的研究而获得了1913年诺贝尔化学奖。严格来说，他在1911年发表的论文中报道的具备旋光性的钴化合物中有六个碳原子，但其具备手性的原因是六配位钴的空间关系而不是碳原子。维尔纳在这项革命性实验中的合作者就是约翰·里德。

大海捞针

在正常情况下，空气应该是无色无味的，不过现在也有人售卖新鲜空气。在18世纪70年代，舍勒和普里斯特利证明："燃素空气"（氮气）约占空气的80%，"脱燃素空气"（氧气）约占空气的20%。

19世纪90年代，物理学家瑞利爵士和化学家威廉·拉姆赛注意到"化学氮"和"空气氮"的密度不一致。在0℃和760毫米汞柱的压力下，"空气氮"的密度（每升1.257 2g）显然比"化学氮"的密度（每升1.250 5g）高大约0.54%。"化学氮"是通过一氧化氮（NO）或一氧化二氮（N_2O，笑气）与氢气反应制得的，也可以通过加热亚硝酸铵（NH_4NO_2）或通过尿素（NH_2CONH_2）与次氯酸钠（NaOCl）反应制得。"化学氮"和"空气氮"的密度存在差异的原因可能是"化学氮"中存在一种较轻杂质，如残余的微量氢气，或是"空气氮"中存在一种较重杂质，后一种原因的可能性更大。瑞利爵士和拉姆赛粗略估计，这种杂质的含量可能在1%左右。他们此前没有想到，在那时，人们每天呼吸的空气中含有约1%尚未被发现的物质，他们在题目为《氩，一种新的大气成分》的论文中写道：

从许多方面来看，最简单的解释就是承认在去除氧气、水和二氧化碳后，除了氮气以外，空气中存在其他成分。这种成分的占比不是很大……但在接受这一解释时，即使是暂时的，我们也不得不面对这样一种可能性：在我们周围，有一种气体到处都有、大量存在，但可能一直没有被人察觉。

瑞利爵士和拉姆赛通过细致研究，在1894年发现了氩。他们在为史密森学会颁发的霍奇金奖提交论文时，没有公布这个与空气有关的重要发现。他们于1895年在《皇家学会哲学学报》上发表了他们的研究成果。1896年，史密森学会发表了他们的获奖论文。在他们众多的细致实验中，有一项实验是从"空气氮"中制备"化学氮"：通过使用碱石灰和磷酸酐（五氧化二磷）将空气中的二氧化碳和水除去，并通过炽热的铜除去空气中的氧气；剩下的"空气氮"与"亮红色"的镁在高温状态下发生反应，形成粉末状的氮化镁（Mg_3N_2）；向氮化镁中加入水产生氨（NH_3），氨与次氯酸钙 [$Ca（OCl）_2$] 反应生成"化学氮"。氧气与铜可以迅速反应生成氧化铜，而氮气的化学活性比氧气低得多，不与炽热的铜发生反应。镁是一种比铜活性更强的金属，可以在高温下与氮气发生反应。事实上，直到1808年，戴维用伏打电堆把镁从化合物中分离出来之后，人们才知道镁是一种金属。

图139（a）中的装置包括燃烧管A，该燃烧管填充有镁屑，并在宽火焰燃烧器上加热，燃烧管B填充了氧化铜（以去除燃烧管A中镁与残余水蒸气反应产生的残余氢气），也用宽火焰燃烧器加热。CD管中装有碱石灰和磷酸酐，E是测量气量体积的容器，F是与装有"空气氮"的容器相连的阀门，容器G储存每次循环后未被吸收的气体。图139（b）显示了一个规模更大的装置。在该装置中，气体可以通过装有红热的铜的C管进入容器A中。D管装有碱石灰（a）和磷酸酐（b）；

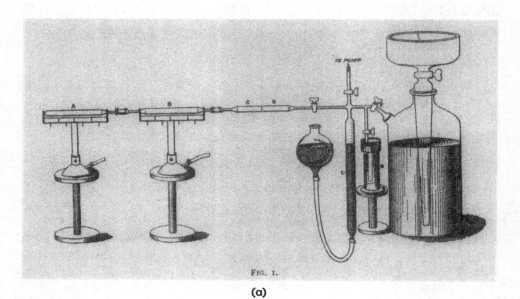

(a)

图139（a）到（c）的说明见正文，图片摘自瑞利爵士和威廉·拉姆赛发表的论文《氩，一种新的大气成分》（华盛顿特区，1896年）

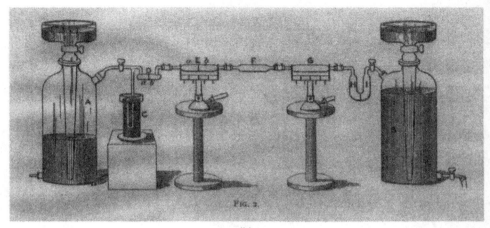

(b)

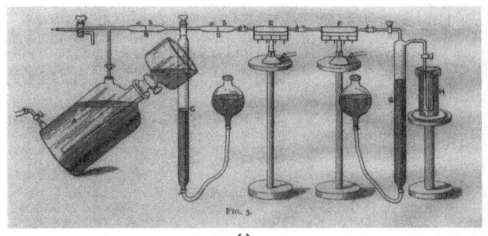

(c)

续图139

燃烧管E，用宽火焰加热，一半填充了多孔铜，一半填充了粒状氧化铜；F管中含有粒状碱石灰；G管在宽火焰燃烧器上加热，其中装有镁屑；H管中含有磷酸酐；I管中含有碱石灰。空气通过装有红热的铜的C管进入容器A中。在10天里，"空气氮"在容器A和容器B之间缓慢地来回移动。镁根据需要进行补充。剩余的少量残余气体被转移到如图139（c）所示的装置中，该装置是用于在剩余操作步骤中去除已知的空气成分。

由于通过上述实验装置制得的氩气中含有杂质，主要是氮气，因此很难准确测定氩气的密度。氩气测量的密度值通常为每升1.75—1.82g，大约是氢气的20倍。由于氢气的相对分子质量是2.0，所以氩气的相对"分子"质量应该是40左右。

瑞利爵士和拉姆赛通过观察这种气体的光谱来对其进行描述："在这根管子中看到的光谱与氮气的光谱没有任何共同之处，就我们所知，其与任何已知物质的光谱也没有任何共同之处。"为了测试这种新元素的反应活性，他们用了几乎所有能找到的易反应的化学物质，结果发现这种新元素完全不发生反应。他们给这个新元素命名为"Argon"，源自拉丁语a（没有）和ergon（工作），意思是"懒惰的"。

亨利·卡文迪许于1785年首次报道了他分离出一种不会发生化学反应的气体，这种气体在空气中的体积百分比为燃素空气的$\frac{1}{120}$。瑞利爵士和拉姆赛在向亨利·卡文迪许致敬时这样写道：

试图以卡文迪许的方式重复卡文迪许的实验，只会增加我们对这项奇妙的研究工作的钦佩之情。他研究了几乎可以算得上是微观数量的物质，并通过几天甚至几周的工作确立了化学领域最重要的事实之一。更重要的是，他尽可能清楚地提出问题，并在一定程度上解决了上述问题。

氩气是单原子气体——与众不同！

在发现氩的过程中，人们发现，除了化学惰性之外，氩还有一个惊人的特点。瑞利爵士和拉姆赛报道了他们在氩气中测量声速的结果。结果表明，对于双原子分子来说，氩气的定压热容与定容热容之比（C_p/C_v）太高了。唯一一个与氩气的观察结果类似的是单原子汞（蒸气），其原子量是已知的，因为它可形成化合物。在恒定体积下，向双原子分子（如N_2）输入热量既会影响分子的平移移动（平动），也会影响键的振动。在单原子物质中，没有键振动，因此吸收热量的能力较低。

氩气是一种单原子气体，原子量为40，这一发现对当时的化学体系产生了严重的冲击。首先，如果氩是双原子分子，那么氩的原子量约为20，因此它很合适被安排在氟（原子量为19）和钠（原子量为23）之间。然而，一种原子量为40的新元素不仅需要在元素周期表中安排一个完全出乎意料的新族，而且它与钙的原子量一样，打乱了门捷列夫最初制订的元素周期表的顺序。这些发现确实使门捷列夫和他的学生们感到不安。瑞利爵士和拉姆赛也指出："如果氩气是单一元素气体，那么我们有理由怀疑元素周期表是否完整。"他们的报告总结道："我们建议暂时假定这种气体不是混合物，符号为A。"（后来改为Ar。）

19世纪末，人们发明了通过冷却和膨胀来使空气液化的技术。1900年12月30日，《布鲁克林鹰报》的头版头条的主标题为《液态空气将开启一个充满奇迹的新世界》，副标题为《知名学者皮克泰称这种液体空气为长生不老药，并宣布它将从地球上消除贫困》。1898年，拉姆赛利用类似的技术冷凝空气，发现了与氩气相关的稀有气体（也被称为惰性气体）：氖（Ne）、氪（Kr）和氙（Xe）。氦（He）的英文为"Helium"，源自希腊文helios（太阳），法国天文学家皮埃尔·让森在1868年观测日食时发现其光谱。1895年，拉姆赛加热铀矿石，分离出氦气。由于他们的研究成果，瑞利爵士在1904年获得了诺贝尔物理学奖，拉姆赛在1904年获得了诺贝尔化学奖。1908年，拉姆赛从含镭的矿物中分离出最晚被人们发现的稀有气体——具有放射性的氡（Rn）。

在有趣的科普书《化学元素周期王国》中，英国化学家彼得·阿特金斯（1940—）将元素周期表描述为一片有山、谷、湖和海岸的大地，稀有气体被描述为位于东海岸的狭长地带。阿特金斯指出，"……元素王国中没有任何一块完整土地的发现像稀有气体这样完全归功于一个人（拉姆赛）"。

空气中究竟有多少种物质?

空气中有多少种物质取决于你（在测量浓度时）制定的精度标准。在百分比的水平上，我们只能检测出氮气（78.08%）和氧气（20.95%）。如果我们稍微提高一下标准，就可以检测出氩气（0.93%）。这三种物质占干燥空气的99.9%以上。在热带雨林中，水在空气中的浓度可以变化超过五个数量级，达到在百分比的水平上可以检测出的程度。这里说的百分比是体积百分比，因为在相同的压力和温度下，等量的气体分子占据相同的体积，这意味着在干燥的空气中，1 000个分子里面约有780个氮气分子、210个氧气分子和9个氩气原子。二氧化碳的含量约为0.035%（350ppm[①]）。其他处于或接近较低的ppm水平的气体包括Ne、He、甲烷（CH_4）和Kr。包括水在内，在ppm水平上，我们总共可以在空气中测量到九种物质。在ppb（十亿分之一）的水平上，我们可以测量出氢气、一氧化碳、二氧化硫、氨和臭氧。在ppb到ppt（万亿分之一）的范围内，我们可以测量出氮氧化物和数百种气态有机物，如苯、甲苯和四氯乙烯。实际上，在痕量水平上，空气中的有机污染物的种类为数千种。

组成"以太"的原子

早期关于光的波动性的证据包括衍射现象和干涉现象的发现。很明显，把一块石头扔到平静的池塘中会产生波。罗伯特·玻意耳证明空气是传播声波的必要条件。因此，似乎必须有一种传播光波的媒介，这种媒介被认为是一种"以太"，它无处不在，但不可感知。19世纪80年代，物理学家迈克耳孙和莫雷通过实验否定了以太的存在。尽管如此，这一概念仍然在此后20余年间影响着许

---

① ppm（parts per million）意为"百万分之一"。

多杰出的科学家。在《鱼肝油与化学》一书中，作者弗里德里希·佩克尔·莫勒认为：分子中的键顺时针或逆时针旋转，在以太中产生顺时针或逆时针的"尾流"，导致平面偏振光出现顺时针或逆时针旋转。

门捷列夫也是以太论的支持者。他从化学的角度对以太进行解释，是由元素周期表和新发现的稀有气体建立起来的。1904年，门捷列夫的著作《以太的化学概念初论》的英文版面世。他假设以太由一种未知的超轻稀有气体的原子组成。显然，这种气体必须是惰性的，才能穿透所有的物质而不被吸收或发生反应，而且显然它必须是超轻的，才能不被感知。

他按照图140所示的方式将"以太元素"放入元素周期表中。门捷列夫把稀有气体放在氢和碱金属左边的第0族。这使得氦被放在第2周期，并在第1周期的氢的左侧留下一个空位。现代的元素周期表把稀有气体放在第18族（有些版本是8A族），因此基于理论和实际的原因，氦现在位于第1周期。门捷列夫假设了一个新的第0族第1周期的元素，即图140中的元素 y，他计算得出该元素的相对原子质量为0.4（氢=1.0），并指出虽然这对于以太原子来说显然太重了，但它可能对应

Series	Zero Group	Group I	Group II	Group III	Group IV	Group V	Group VI	Group VII	Group VIII		
0	x										
1	y	Hydrogen H=1.008									
2	Helium He=4.0	Lithium Li=7.03	Beryllium Be=9.1	Boron B=11.0	Carbon C=12.0	Nitrogen N=14.04	Oxygen O=16.00	Fluorine F=19.0			
3	Neon Ne=19.9	Sodium Na=23.05	Magnesium Mg=24.1	Aluminium Al=27.0	Silicon Si=28.4	Phosphorus P=31.0	Sulphur S=32.06	Chlorine Cl=35.45			
4	Argon Ar=38	Potassium K=39.1	Calcium Ca=40.1	Scandium Sc=44.1	Titanium Ti=48.1	Vanadium V=51.4	Chromium Cr=52.1	Manganese Mn=55.0	Iron Fe=55.9	Cobalt Co=59	Nickel Ni=59 (Cu)
5		Copper Cu=63.6	Zinc Zn=65.4	Gallium Ga=70.0	Germanium Ge=72.3	Arsenic As=75.0	Selenium Se=79	Bromine Br=79.95			
6	Krypton Kr=81.8	Rubidium Rb=85.4	Strontium Sr=87.6	Yttrium Y=89.0	Zirconium Zr=90.6	Niobium Nb=94.0	Molybdenum Mo=96.0		Ruthenium Ru=101.7	Rhodium Rh=103.0	Palladium Pd=106.5 (Ag)
7		Silver Ag=107.9	Cadmium Cd=112.4	Indium In=114.0	Tin Sn=119.0	Antimony Sb=120.0	Tellurium Te=127	Iodine I=127			
8	Xenon Xe=128	Caesium Cs=132.9	Barium Ba=137.4	Lanthanum La=139	Cerium Ce=140						(—)
9	—										
10				Ytterbium Yb=173		Tantalum Ta=183	Tungsten W=184		Osmium Os=191	Iridium Ir=193	Platinum Pt=194.9 (Au)
11		Gold Au=197.2	Mercury Hg=200.0	Thallium Tl=204.1	Lead Pb=206.9	Bismuth Bi=208					
12	—		Radium Rd=224		Thorium Th=232		Uranium U=239				

图140 《以太的化学概念初论》（伦敦，1904年）中的元素周期表

于太阳光谱中的未被指认的谱线（这个时候氦已经被发现了）。然后，他假设了第0族第0周期空格中的另一个新元素x（见图140），他推断它的相对原子质量为0.000 000 000 055—0.000 000 96，这个原子由以太组成。

门捷列夫试图把以太的概念纳入元素周期表中，这种过于主观化的尝试，说明了我们人类在试图使自己的世界观与事实相符时往往存在着很大的局限性。图141是19世纪中期古生物学家绘制的恐龙复原图。图中的恐龙看起来非常奇怪，

A MASSIVE ANTEDILUVIAN ANIMAL—THE MEGALOSAURUS.

IMMENSE PRE-HISTORIC ANIMALS—THE IGUANODON AND MEGALOSAURUS.

图141 19世纪中期古生物学家绘制的恐龙复原图

当时的古生物学家试图把恐龙化石"填塞"成熊的形状，因为熊是这些学者当时已知的最大的陆地食肉动物。事实上，同样的事情也发生在尼尔斯·玻尔身上，他于1913年提出的原子的行星模型后来完全失去参考意义，而他创造这个模型的动机可能基于对宇宙统一性和将原子与太阳系进行类比的渴望。

非原子微粒

万物皆可分割！希腊哲学家认为物质的最小单位——原子（拉丁文为atomus）是不可分割的。约翰·道尔顿曾说过："你知道……没有人能分裂原子。"然而，到了19世纪末，人们不得不改变这种观点了。1859年，德国数学家、物理学家尤利乌斯·普吕克（1801—1868）发现，真空管中可见的放电可以被磁场偏转。1876年，德国物理学家尤尔根·戈尔德施泰因（1850—1930）提出了"阴极射线"的概念，英国物理学家威廉·克鲁克斯（1832—1919）证明它们是带负电荷的。英国物理学家、1906年诺贝尔物理学奖获得者约瑟夫·约翰·汤姆孙（1856—1940）确定了这些微粒的性质，并确定了电荷质量比$e/m=1.2\times10^7$ emu/g，现值为1.7×10^7 emu/g$=5.1\times10^{17}$ esu/g。"电子"是由乔治·斯托尼提出的术语。根据当时的实验结果测算，电子的e/m值是氢离子的1 300倍（现代的比率约为2 000）。

1908年，美国物理学家、1923年诺贝尔物理学奖获得者罗伯特·密立根（1868—1953）首次进行了著名的油滴实验，他确定了单位电荷为4.77×10^{10}esu（后来的值为4.80×10^{10}esu）。根据现在测定的e/m值（1.7×10^7 esu/g）计算，电子的质量仅为最轻的原子——氢原子质量的$\frac{1}{1\,837}$。

阴极射线管也被用于发现与电子相反的方向喷射的正离子。这些射线由更大质量的粒子组成。汤姆孙利用磁场弯曲这些离子的路径，用感光板记录它们的碰撞结果。他发现由于存在同位素，氖有两种相对原子质量：20和22。"同位素"的概念是英国化学家、1921年诺贝尔化学奖获得者弗雷德里克·索迪（1877—

1956）在研究具有相同化学性质但放射性性质不同的放射性元素时提出的。用磁场分离正离子，然后将其记录在感光板上是英国化学家、1922年诺贝尔化学奖获得者弗朗西斯·阿斯顿（1877—1945）发明的质谱分析法的基础。

晶体可以让X射线发生衍射现象

1895年，德国物理学家威廉·伦琴（1845—1923）意外地发现了X射线。当时，伦琴正在研究阴极管，为防止紫外线和可见光的影响，他用黑色硬纸板把阴极管严密封好。在接上高压电流进行实验时，他发现不远处涂有氰化铂酸钡的荧光屏发出微弱的浅绿色闪光。一旦切断电源，闪光就立即消失了。伦琴意识到这可能是某种特殊的从来没有被观察到的射线，它具有特别强的穿透力。他称这种射线为X射线，甚至用X射线拍下了自己夫人的手的照片。伦琴获得了第一届诺贝尔物理学奖（1901年）。

到19世纪末，光衍射已经成为一种众所周知和被充分了解的现象。大家知道，如果在透明薄膜上刻出与光的波长相近的狭缝，光穿过狭缝后就会发生干涉（衍射）现象。例如钠光（主要波长为589纳米）穿过每厘米有7 000条均匀分布的狭缝（间距为0.000 143厘米）的光栅就会发生衍射现象。尽管X射线是电磁辐射，具有光的性质，但X射线穿过这样的光栅后并不会发生衍射现象。1912年，德国物理学家马克斯·冯·劳厄（1879—1960）正确地假设，X射线的波长大约为10^{-8}或10^{-9}厘米（1×10^{-8}厘米=1埃），可能与晶体中原子（和离子）之间的距离相近。他发现这些晶体的晶格能够衍射X射线。图142的上部描绘了氯化钠（岩盐）和氟化钙（萤石）的晶体晶格。图142的下部描绘了劳厄使用的X射线装置：聚焦的X射线穿过晶体的晶格，撞击照相底片P。X射线发生衍射现象（理论结构图见图143上部），在照相底片上产生一个图形（图143下部），这提供了晶体对称性的直接线索。劳厄获得了1914年诺贝尔物理学奖。

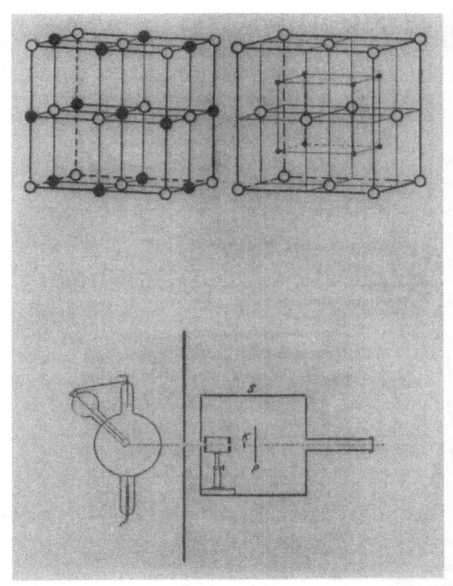

图142 摘自麦克斯·伯恩所著的《物质的构成》（伦敦，1923年）。在伦琴发现X射线后不久，劳厄假设X射线的波长与晶体中原子（和离子）之间的距离类似，并使用X射线装置开展研究工作

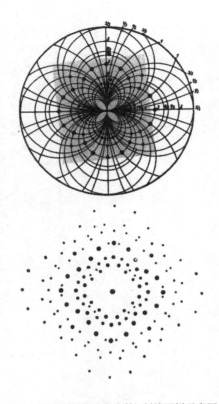

图143 劳厄衍射实验产生的X射线图样示意图

获得了两个诺贝尔奖？对法国科学院来说还不够好

受到伦琴发现X射线的激励，法国物理学家亨利·贝克勒尔（1852—1908）设想X射线和荧光之间存在某种关系。他把各种能够产生荧光的晶体的样品放在与感光板接触的地方，然后将感光板包裹起来，避免受到阳光照射的影响。当样品暴露在阳光下时，他发现硫酸铀酰钾使照相底片产生阴影。看起来，阳光使这些化合物释放出了X射线，就像阴极释放出高能电子产生X射线一样。然而，贝克勒尔也有一个惊人的发现：当硫酸铀酰锌与照相底片的混合物被置于黑暗中时，照相底片上也会出现阴影。贝克勒尔因此发现了放射性。

“放射性”是玛丽·居里和皮埃尔·居里（1859—1906）在他们发表在《法国科学院院报》的论文中引入的术语，他们在论文中报告了钋元素的发现（见图144）。玛丽·居里于1891年从波兰来到巴黎学习数学和物理。尽管家境贫寒，她还是于1893年在索邦大学获得了相当于物理学硕士的学位（她的成绩在班上名列前茅），并于1894年获得了类似的数学硕士学位。那一年，她遇到了皮埃尔·居里，一位巴黎物理化工学院物理实验室的教授。她打算回到她深爱的波兰教书，于是拒绝了皮埃尔·居里的求婚。当皮埃尔·居里提出放弃自己的研究事

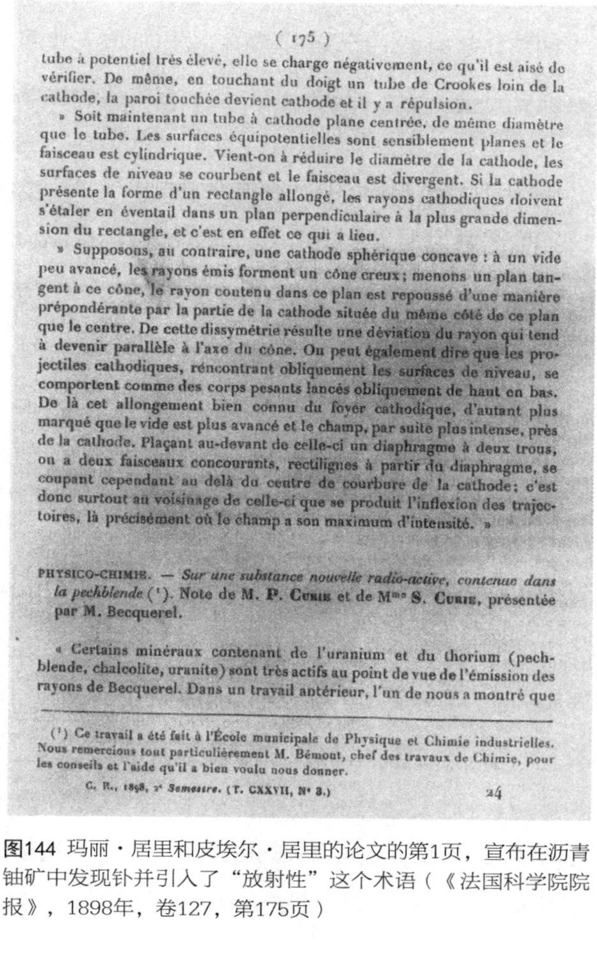
(175)

tube à potentiel très élevé, elle se charge négativement, ce qu'il est aisé de vérifier. De même, en touchant du doigt un tube de Crookes loin de la cathode, la paroi touchée devient cathode et il y a répulsion.

» Soit maintenant un tube à cathode plane centrée, de même diamètre que le tube. Les surfaces équipotentielles sont sensiblement planes et le faisceau est cylindrique. Vient-on à réduire le diamètre de la cathode, les surfaces de niveau se courbent et le faisceau est divergent. Si la cathode présente la forme d'un rectangle allongé, les rayons cathodiques doivent s'étaler en éventail dans un plan perpendiculaire à la plus grande dimension du rectangle, et c'est en effet ce qui a lieu.

» Supposons, au contraire, une cathode sphérique concave : à un vide peu avancé, les rayons émis forment un cône creux ; menons un plan tangent à ce cône, le rayon contenu dans ce plan est repoussé d'une manière prépondérante par la partie de la cathode située du même côté de ce plan que le centre. De cette dissymétrie résulte une déviation du rayon qui tend à devenir parallèle à l'axe du cône. On peut également dire que les projectiles cathodiques, rencontrant obliquement les surfaces de niveau, se comportent comme des corps pesants lancés obliquement de haut en bas. De là cet allongement bien connu du foyer cathodique, d'autant plus marqué que le vide est plus avancé et le champ, par suite plus intense, près de la cathode. Plaçant au-devant de celle-ci un diaphragme à deux trous, on a deux faisceaux concourants, rectilignes à partir du diaphragme, se coupant cependant au delà du centre de courbure de la cathode; c'est donc surtout au voisinage de celle-ci que se produit l'inflexion des trajectoires, là précisément où le champ a son maximum d'intensité. »

PHYSICO-CHIMIE. — *Sur une substance nouvelle radio-active, contenue dans la pechblende* (¹). Note de M. **P. Curie** et de Mme **S. Curie**, présentée par M. Becquerel.

« Certains minéraux contenant de l'uranium et du thorium (pechblende, chalcolite, uranite) sont très actifs au point de vue de l'émission des rayons de Becquerel. Dans un travail antérieur, l'un de nous a montré que

(¹) Ce travail a été fait à l'École municipale de Physique et Chimie industrielles. Nous remercions tout particulièrement M. Bémont, chef des travaux de Chimie, pour les conseils et l'aide qu'il a bien voulu nous donner.

C. R., 1898, 2e Semestre. (T. CXXVII, N° 3.) 24

图144 玛丽·居里和皮埃尔·居里的论文的第1页，宣布在沥青铀矿中发现钋并引入了“放射性”这个术语（《法国科学院院报》，1898年，卷127，第175页）

业和她一起前往波兰时，她便接受了他的求婚。 1895年，他们结婚了，这对夫妇决定留在巴黎。皮埃尔·居里取得了博士学位，玛丽·居里通过了教师职称考试。他们得到在巴黎物理化工学院共同进行研究的机会。

当皮埃尔·居里进行压电研究时，玛丽·居里用她丈夫设计的一种压电石英静电计——居里计作为探测器，开始在新发现的放射性领域进行研究工作。玛丽·居里很快发现钍（1829年由贝采利乌斯发现）和铀一样具有放射性，格哈德·卡尔·施密特也独立完成了这个发现。1898年，玛丽·居里发现沥青铀矿矿石的放射性远远高于其中所含的铀（80%的U_3O_8）的放射性，她怀疑沥青铀矿中存在一种未知的放射性远强于铀的元素。这时，皮埃尔·居里加入了玛丽·居里的研究。因为沥青铀矿非常昂贵，所以居里夫妇被迫从位于波西米亚的圣约阿希姆斯塔尔矿区以低廉的价格购买了数吨矿渣。为了对数吨沥青铀矿矿渣中的放射性元素进行化学分离，他们在巴黎物理化工学院的一个废弃的解剖棚里工作。皮埃尔·居里的工作集中在放射性研究上，而玛丽·居里的工作集中在化学分离和分析上。她说："有时，我不得不花一整天的时间用一根几乎和我一样高的沉重的铁棒搅拌沸腾的材料。一天结束时，我会感到筋疲力尽。"历经千辛万苦，玛丽·居里于1898年7月从沥青铀矿矿渣中提取出来一种化学成分，她发现了一种新元素，并将其命名为钋以纪念她的祖国波兰。

然而，另一种含有钡和其他碱土盐的化学成分同样有强烈的放射性。在将这一成分提纯到特定放射性是铀的60倍时，玛丽·居里在这一成分中检测到了新的光谱。正如光谱分析仪（由德国化学家罗伯特·威廉·本生和德国物理学家古斯塔夫·罗伯特·基尔霍夫于1859年发明）在探测元素发射的光谱时非常灵敏一样，居里计在探测放射性物质方面也非常灵敏。在进一步将该成分提纯到特定放射性是铀的900倍水平时，新的光谱的强度相应提升。这使得居里夫妇充满信心，他们在1898年12月的《法国科学院院报》上报道了新的元素镭。他们不断设法提高纯度，直到1902年7月他们才得到了0.1g纯氯化镭，这是从数吨沥青铀矿废料中提取出来的。居里夫妇采用了门捷列夫的思路，与碱土金属钡的化学性质进行类比，他们假设氯化物为$RaCl_2$，并将其原子量设定为225，从而在元素周期表中留下了很多空白。玛丽·居里于1902年提交了她的博士论文，并于1903年发表了《放射性物质的研究》。

居里夫妇和贝克勒尔共同获得了1903年的诺贝尔物理学奖。法国科学院提名皮埃尔·居里和亨利·贝克勒尔为该奖项的获得者，瑞典数学家马格努斯·科斯塔·米塔格–莱夫勒将玛丽·居里也列入提名。皮埃尔·居里于1904年被任命为巴黎大学的教授，而玛丽·居里则被塞夫勒女子师范学院聘为教授。1906年，皮埃尔·居里在一场马车车祸中不幸遇难。玛丽·居里后来被任命为巴黎大学的教授，成为巴黎大学650年历史上第一位女教员。令人难以置信的是，她未能于1911年当选为法国科学院院士，但在这一年的晚些时候，她获得了诺贝尔化学奖。她是在莱纳斯·鲍林①第二次获得诺贝尔奖之前唯一一位两次获得诺贝尔奖的人。

玛丽·居里的故事非常具有戏剧性，杰弗里·雷纳–坎汉姆和玛琳·雷纳–坎汉姆在他们合著的《化学领域的女性：从炼金术时代到20世纪中叶她们的角色转变》中对玛丽·居里的论述是简洁、敏锐而适当的。第一次世界大战期间，玛丽·居里停止了她的研究，她和大女儿伊雷娜（生于1897年；小女儿艾芙生于1904年）在战场上担任机动部队的X射线技术员。玛丽·居里大约在这个时候开始研究射线在医学领域的应用，包括癌症治疗。伊雷娜·约里奥–居里和她的丈夫弗雷德里克·约里奥–居里最终因为发现了人工放射性物质而共享了1935年的诺贝尔化学奖。伊雷娜参与激烈的左翼政治活动，这为法国科学院拒绝提名她为院士提供了一个借口。雷纳–坎汉姆夫妇指出，虽然同事中有明显的辐射导致身体健康受损和癌症的证据，但玛丽·居里拒绝接受关于放射性会危害健康的结论。玛丽·居里的女儿伊雷娜死于白血病，享年59岁。玛丽·居里死于白血病，享年67岁。雷纳–坎汉姆夫妇注意到玛丽·居里在吸引一批"足够数量"的智力超群的女性进入核化学和物理学领域方面产生了深远的影响。比如玛格丽特·佩雷发现了87号元素钫，并于1962年成为第一位入选法国科学院的女性。她死于癌症，享年65岁。雷纳–坎汉姆夫妇进一步注意到在晶体学和生物化学领域女科学家的

① 莱纳斯·鲍林（1901—1994），化学家，美国国家科学院院士。他因在化学键方面的研究成果获得了1954年诺贝尔化学奖。此外，他因反对核弹在地面测试的行动获得了1962年诺贝尔和平奖。

人数在达到"临界质量"后迅速提高。对于科学社会学家来说，这些女性科学家对女性参与科学研究产生的影响将是一项有趣的研究课题。美国国家科学院成立于1863年，最初成员为50人。第一位女性院士是1925年入选的弗洛伦斯·萨宾博士，她是约翰斯·霍普金斯大学的组织学教授。截至1999年4月27日，美国国家科学院共有2 222名院士，其中包括132名女性。

元素周期表是按照原子序数排列的

第一个明确使用原子序数的人是纽兰兹，他使用坎尼扎罗的系统，按"原子量"大小给元素编号，排列了他在1864年制订的元素周期表。当时，乔治·凯里·福斯特教授"幽默地询问纽兰兹是否曾按元素首字母的顺序对元素周期表进行研究"。

原子的特性信息被隐藏在原子核内，这一事实直到20世纪初才被发现。居里夫妇首先提出假定：铀和其他放射性物质发出的辐射在自然界中是特殊的。 1906年，卢瑟福和德国物理学家汉斯·盖革（1882—1945）确定了α粒子的电荷质量比值是氢离子（H^+）的一半。因此，他们推测，α粒子可能是H_2^+或He^{2+}。1911年，α粒子被证实为He^{2+}，其与放射性原子核衰变时产生的氦离子是一致的。1909年，盖革和英裔新西兰物理学家欧内斯特·马斯登（1889—1970）在卢瑟福实验室工作时发现，许多α粒子通过0.01毫米厚的金箔时几乎没有偏转，而只有极少数粒子偏转较大甚至反弹。一年前，卢瑟福和盖革也得到了类似的结果。这些实验结果和利用英国物理学家查尔斯·威尔逊（1869—1959）新发明的云室进行的相关研究成果，导致卢瑟福在1911年得出结论：在原子中，正电荷和大部分质量，都集中于一个很小的区域——原子核（卢瑟福在1912年提出的术语），电子分布在这个区域的外面。

利用云室测量偏转角，盖革和马斯登得出的结论是：原子核中的正电荷（以电子上电荷的整数倍计）趋向于原子量的一半左右。1913年，荷兰经济学家兼业余科学家安东尼斯·范·登·布鲁克提出，原子核的电荷量以电子电荷量为单位，等于元素周期表中元素的序数（1，2，3……）。

1913年，亨利·莫斯利使用了"原子序数"这个术语，并确定了它的定义。莫斯利研究了从不同金属阳极发射的某些X射线（K系X射线）的振动频率。在图145的右半部分中，我们看到K系X射线振动频率的平方根与相应元素的原子量之间有明显的相关性。K系X射线振动频率的平方根与原子序数的相关性（图145的左半部分）几乎是完美的。显然，原子序数不仅仅是一个计数方式。最终，它解释了某些令人费解的异常现象，比如使门捷列夫担心的碲和碘的位置颠倒的问题，以及当时新发现的必须将氩（原子量几乎等于钙）放在质量较轻的钾之前的异常现象。在化学性质的基础上，根据原子序数，钴被排在镍之前的位置，尽管钴的原子量比镍大。基于这个发现，元素周期表中存在尚未被发现的金属元素的猜测也被证实了。莫斯利在第一次世界大战期间被征召入伍，28岁时在加里波利战役中阵亡。

从1920年左右开始，人们认为相对原子质量和原子序数之间的差异是由于原子核中质子与电子结合造成的。因此，氯－35的原子核中被认为应有17个质子、

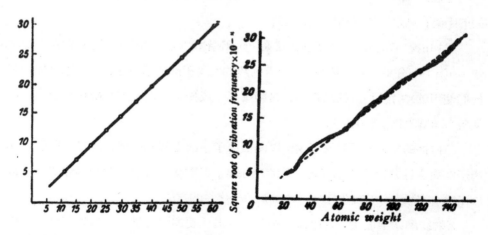

图145 摘自麦克斯·伯恩所著的《物质的构成》（伦敦，1923年）。元素周期表的基本依据是原子序数而不是原子量。不同金属阳极发射X射线频率的平方根与原子量不完全相关，但与原子序数成正比。这可以解释元素周期表中的一些异常现象

18个中子与18个核电子的结合物，原子核外有17个电子。当英国物理学家詹姆斯·查德威克（1891—1974）在1932年发现中子后，人们对于原子核的认知发生了改变。查德威克因为发现中子获得了诺贝尔物理学奖。事实上，一个自由中子可以分解成一个质子和一个电子（还有一个反中微子）。

用X射线测量原子或离子之间的距离

当劳厄用晶体进行X射线实验时，英国物理学家威廉·亨利·布拉格（1862—1942）和他的儿子威廉·劳伦斯·布拉格（1890—1971）用X射线来确定晶体的结构。1912年和1913年，布拉格父子发展并应用了以他们的名字命名的衍射方程（布拉格方程，又被称为布拉格定律）：

$$n\lambda = 2d \sin \theta$$

方程式中$n=1$，2，3，……；λ是X射线的波长；d是原子（或离子）平面之间的距离；θ是入射光与晶面的夹角。

图146摘自布拉格父子所著的《X射线和晶体结构（第4版）》（伦敦，1924年）。（a）部分是符合布拉格定律的X射线的发生干涉的示意图；（b）部分描绘了他们使用的X射线装置的示意图，其中单晶（或粉末）被放置在旋转台上，以便从各个角度收集反射的射线。

布拉格的X射线衍射仪不仅可以测量原子平面之间的距离，而且有助于证实离子的真实性，因为正如汤姆孙确定的那样，X射线的散射强度与晶体的电子数成正比（实际上，这提供了另一种确认原子序数的方法）。

X射线晶体学很快成为固体结构化学中最重要的"光学"。这为莱纳斯·鲍林的晶体学研究奠定了基础，他在1939年出版的《化学键的本质》中综合阐述了

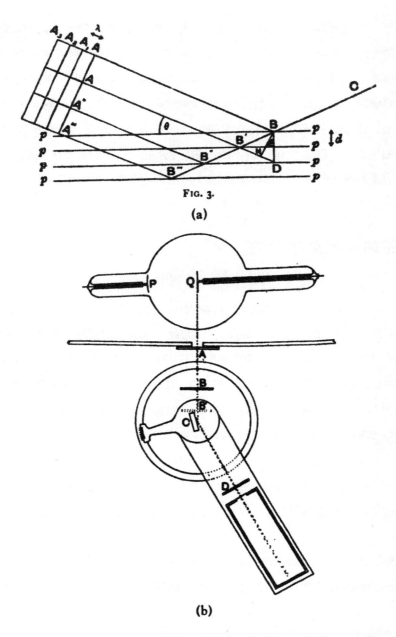

图146 摘自布拉格父子所著的《X射线和晶体结构（第4版）》（伦敦，1924年）。威廉·亨利·布拉格和威廉·劳伦斯·布拉格根据劳厄的实验思路，反其道而行之，用X射线测量晶体中离子或原子之间的距离。（a）部分为符合布拉格定律的X射线发生干涉的示意图；（b）部分为布拉格父子使用的X射线装置的示意图

相关原理。这些原理被他应用于通过简单地使用自制的分子模型来说明蛋白质的α-螺旋结构。詹姆斯·杜威·沃森[1]和弗朗西斯·克里克[2]利用莱纳斯·鲍林的构建模型方法，结合X射线数据，发现了DNA的结构。在20世纪60年代末，当我还是一名研究生的时候，通过X射线数据完整解决晶体结构的问题是一件相对罕见的事情。X射线主要用于结构化学研究，研究人员以此获得准确的键长、键角和其他相关数据。随着仪器设备不断改进，特别是计算机技术的飞速发展，X射线晶体学成为确认可以形成良好晶体的较大分子结构的一种常规工具。

我们是如何定义摩尔的？

现代的价（valence）的概念可以解释卡文迪许在1767年左右首次提出的早期的化学当量（equivalents）的概念。因此，36.5克氯化氢（HC1）可以中和56.0克氢氧化钾（KOH）；49.0克硫酸（H_2SO_4）或32.7克磷酸（H_3PO_4）同等地可以中和56.0克氢氧化钾。HCl、H_2SO_4、H_3PO_4的当量比始终为1.00∶1.34∶0.90。同样，53.0克苏打（Na_2CO_3）可以中和36.5克 HCl，因此KOH/Na_2CO_3的当量比始终为1.06∶1。同样，36.5克HCl中和29.1克"镁乳"[$Mg(OH)_2$；注意，$Ca(OH)_2$曾被称为"石灰乳"]可以产生47.6克$MgCl_2$和18.0克水。如果我们用铂电极电解47.6克熔融的$MgCl_2$，可以产生12.1克镁和35.5克氯气[在标准温度和压力（25℃和1标准大气压）下为11.2升]。因此，Cl_2/Mg的当量比始终为2.93∶1。

等效质量（equivalents masses）已经逐渐从现代化学教科书中消失，取而代之的是直接基于"粒子"（原子、分子、离子、电子）数量的定义，这还真是

---

① 詹姆斯·杜威·沃森（1928—　），美国分子生物学家、遗传学家，20世纪分子生物学的带头人之一。他在1953年和弗朗西斯·克里克共同发现了DNA的双螺旋结构，被誉为"DNA之父"。
② 弗朗西斯·克里克（1916—2004），英国生物学家、物理学家、神经学家，与詹姆斯·杜威·沃森共同发现了DNA的双螺旋结构。

有些讽刺。

"摩尔"（mole）最早由德国化学家威廉·奥斯特瓦尔德（1853—1932）于1901年提出。它源自拉丁语"质量、驼峰或堆"。"分子"（molecule）由法国科学家皮埃尔·伽桑狄（1592—1655）于17世纪初提出，与摩尔有相同的词根，大概指大量的原子。具体来说，奥斯特瓦尔德用摩尔来表示物质的分子量，单位为克：36.5克氯化氢是1摩尔。1971年举行的第十四届国际计量大会通过的摩尔的正式定义是：一个系统中的物质的量，该系统中包含的基本粒子数量与0.012千克碳-12中的原子数量相等。具有讽刺意味的是，在1906年玻耳兹曼自杀时，奥斯特瓦尔德曾强烈反对原子的概念，但奥斯特瓦尔德提出的摩尔的概念现在被原子明确定义了。

0.012千克碳-12中的原子数量是阿伏伽德罗常量（$6.022\ 140\ 76 \times 10^{23}$）。1905年，物理学家阿尔伯特·爱因斯坦（1879—1955）对布朗运动①进行了理论研究，认为可以把布朗微粒看成巨大的分子，它们的运动也遵守分子运动规律，从而在理论上指出了通过实验测量阿伏伽德罗常量的方法。佩兰在1908年对悬浮在水中的藤黄（一种绘画颜料）和乳香（一种天然树脂）微粒进行了实验，计算出阿伏伽德罗常量大约为6×10^{23}。密立根确定了一个电子的电荷（现代物理值，$q=1.602\ 189\ 2 \times 10^{-19}$C），并将其与电容单位法拉的现代值（1F=96 486.08 C，1摩尔电子中的总电荷）结合起来，就可以用另一种方法对阿伏伽德罗常量进行测定。还有其他很多方法可以测定阿伏伽德罗常量，如1克镭在一年内产生11.6×10^{17}个α粒子，这些粒子在标准温度和压力下产生0.043升氦气。事实上，我们也可以通过让天空呈现出蓝色的瑞利散射计算阿伏伽德罗常量。目前，人们普遍接受的阿伏伽德罗常量的值是基于纯晶体硅的密度、相对原子质量和X射线衍射测量的结果。

---

① 布朗运动是指悬浮在液体或气体中的微粒所做的永不停息的无规则运动，由英国植物学家罗伯特·布朗首次发现。

战胜氪的难度不大，氙也不是不可战胜的

　　稀有气体的惰性以及德国化学家理查德·阿贝格（1869—1910）于1904年提出阿贝格规则[①]是理解价和成键的重要依据。1916年，德国物理学家瓦尔特·科塞尔（1888—1956）提出原子利用其价电子形成化学键，并试图达成在元素周期表排在其前面（电正性元素）或后面（电负性元素）的稀有气体元素的电子结构。科塞尔的理论如图147所示。美国化学家吉尔伯特·路易斯（1875—1946）

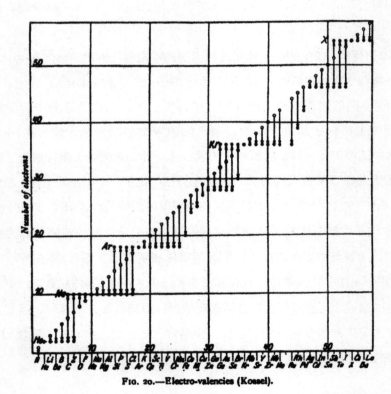

Fɪɢ. 20.—Electro-valencies (Kossel).

图147 摘自麦克斯·伯恩所著的《物质的构成》（伦敦，1923年）。瓦尔特·科塞尔提出：原子通过失去或获得电子形成离其最近的稀有气体元素的价层

---

① 阿贝格规则指出元素化合价的最大正值和最小负值的差值通常为8。

在他的论文《原子和分子》中阐述了八隅体规则。在图148（a）中，他描绘了元素周期表中第2周期的ⅠA族到ⅦA族的元素的价电子。稀有气体氖出现在这一周期的末尾，它的立方体的每个角都被电子"占据"。因此，惰性对应于一个完整的八隅体，这种价电子层的"填充"方式解释了原子的化合价。在那个时候，稀有气体的惰性已经成为化学家的一种信仰。1894年当亨利·穆瓦桑把他新发现的"塔斯马尼亚魔鬼"——氟气放入拉姆赛寄来的氩气样本中时，这一点得到有力的证实。结果是没有发生任何反应！

然而，1962年英国化学家尼尔·巴特利特（1932—2008）发现氧分子（O_2）被六氟化铂（PtF_6）氧化（失去一个电子），生成了新的化合物$O_2^+PtF_6^-$。他意识到氧分子的第一电离能与氙原子的第一电离能相近，因此Xe也可能被PtF_6氧化。他在低温下缓慢将氙加入六氟化铂，产生了一种橘黄色结晶固体，这就是$Xe^+PtF_6^-$。

无论如何，概念上的界限被打破了。现在，人们已知有一个含氟氙化合物的

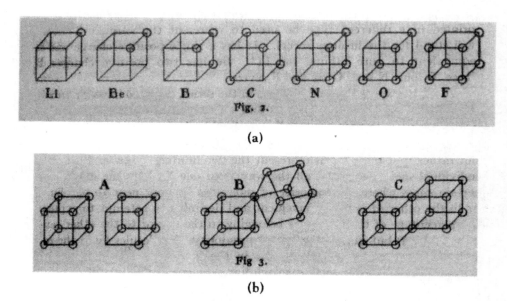

(a)

(b)

图148 吉尔伯特·路易斯在论文《原子和分子》中描绘的路易斯结构（摘自《美国化学会志》，1916年，卷38，第762页）

家族，例如将Xe和F_2以1：5的比例混合，在镍容器中加热，会产生XeF_4（熔点为117℃）。Xe和F_2在高温高压下形成的XeF_6可以腐蚀石英并与水剧烈反应生成XeO_3，而XeO_3有强烈的爆炸性。显然，对化学物质来说，氟氙化合物不是"友善的邻居"。

氪在−183℃的放电条件下与F_2反应形成一种在室温下缓慢分解的固体KrF_2。还有KrF^+组成的盐，如$KrF^+SbF_6^-$。尽管氡（Rn）比氙更容易失去电子，但它最稳定的同位素的半衰期仅为3.8天，已知的氡的化合物包括RnF_2、$RnF^+TaF_6^-$和RnO_3等，种类并不多。

图148（b）显示了共享一条边（两个电子）以在两个碘原子之间形成单键的"步骤"。如果两个原子共用一个由两个立方体融合形成的面，那么它们共用四个电子并形成一个双键。甲烷（CH_4）中四面体键被解释为立方碳原子顶部的两个相对的边与两个立方氢原子共用，立方碳原子底部两个相对边与另外两个立方氢原子共用。虽然范特荷甫通过共用两个四面体的面来解释三键，但用路易斯的结构图就有点儿牵强了。1919年，美国化学家、物理学家欧文·朗缪尔（1881—1957）对路易斯的结构图做了一些修改，并将其适用范围扩大到了过渡金属。

图149描绘了氮氧化物、氧的两个同素异形体、过氧化氢可能的异构体（从未被发现）。有趣的是，朗缪尔通过沿着立方体边缘架桥来处理氢的完整价层"二重唱"。

在20世纪60年代，人们在诸如$Re_2Cl_8^{2-}$中发现了金属原子间的四重键。没有直观的方法可以解释四重键与立方原子或四面体的关系。

路易斯在他的论文中提出了路易斯结构式，表示分子中原子的连接方式和电子分布（如H：H）。对于一个刚刚学习化学的学生来说，路易斯结构式是多么简单和强大啊！

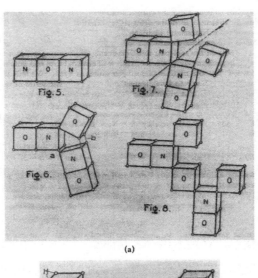

(a)

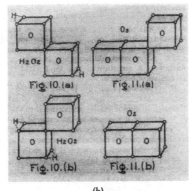

(b)

图149 欧文·朗缪尔在路易斯结构的基础上改进的结构［摘自《美国化学会志》，1919年，卷41，第6期和第10期和1920年，卷42，第2期］

原子就像太阳系

本生用加热元素和使光线通过棱镜折射所得到的光谱来鉴定盐。他的燃气燃烧器最初是被用来获得无色火焰以研究盐发射的光谱的，而不是用来加热烧瓶的。本生和基尔霍夫设计的用于光谱分析的分光镜让他们分别在1860年和1861年发现了铯和铷。1868年，法国天文学家让森在太阳色球层的光谱中发现了一种新元素的光谱，这种新元素后来被命名为氦。每种元素都有特定的非常精确的频率（或波长）的光谱，这是为什么呢？光电效应是物理学中的一个重要现象，在少量高于特定频率的光（电磁波）的照射下，某些物质内部的电子吸收能量后会逸出，进而产生电流。但是，大量低频率的光照射同样的物质却不能产生电流，这又是为什么呢？显然，问题的关键在于能量的质量而不是能量的数量。这些问题在德国物理学家马克斯·普朗克（1858—1947）于1900年提出了量子理论后，得到了解决。他提出的简单方程$\varepsilon=h\nu$表明，受激发的原子发射的光的频率与该原子衰减的能量成正比（h是普朗克常数）。

在卢瑟福原子模型建立后不久，人们都想知道电子在哪里。1913年，尼尔斯·玻尔利用普朗克提出的量子理论，结合氢的光谱（可见光、紫外、红外），建立了原子的行星模型。如果带负电荷的电子绕着带正电荷的原子核运行，那么根据经典物理学，电子会发射出电磁辐射，损失能量，以至瞬间坍缩到原子核里。玻尔假设电子只能有一定的离散能量（只占据特定的圆形轨道），并且永远不会有"中间值"。这些轨道对应于量子数$n=1$，2，3……这种模型是革命性的，甚至是颠覆性的。当电子在轨道间运动时，它们在哪里？它们永远不可能在"中间层"被发现。这个模型很好地解释了氢原子和氦离子（He^+）的光谱，但不适用于其他原子。德国物理学家阿诺德·索末菲（1868—1951）修正了玻尔模型，使其同时具有圆形轨道和椭圆形轨道。他通过增加角动量的第二个量子数解释了氢原子光谱的精细结构。索末菲的理论在解释H、He^+以及其他原子光谱方面取得了成功。图150摘自麦克斯·伯恩所著的《物质的构成》（伦敦，1923年），描绘了H、He和He^+的玻尔模型，并将其扩展到H_2。图151和图152摘自J. D. M. 史密斯所著的《化学与原子结构》（纽约，1924年），描绘了1926年量子力学"黎明前几个小时"的"旧量子理论"的"洛可可时代"。电子在$4s$轨道表面螺旋运动的美丽图像违反了德国物理学家沃纳·海森堡（1901—1976）提出的测不准原理。1926年以后根据测不准原理绘制的原子结构图似乎更符合抽象艺术风格，而不是"硬"科学风格。

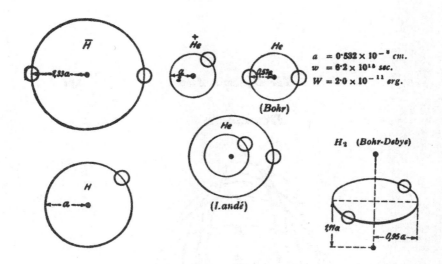

图150 玻尔原子模型的变化形式，摘自麦克斯·伯恩所著的《物质的构成》（伦敦，1923年）。实际上比看起来更具"颠覆性"，如果电子被禁止在两个轨道之间存在，它如何从一个轨道进入另一个轨道呢？

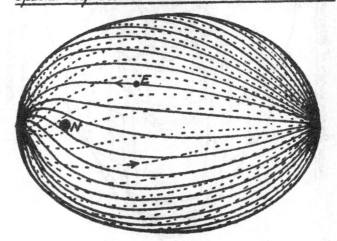

图151 电子轨道范围的空间示意图，摘自《化学与原子结构》

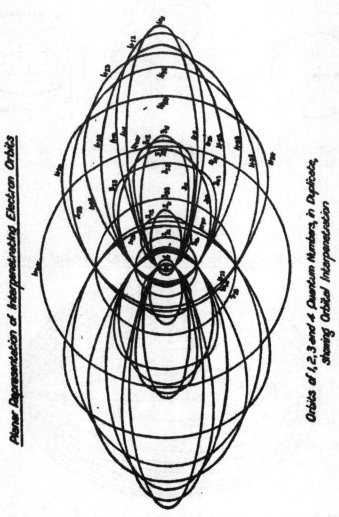

The Dynamic Atom 171

DIAGRAM XV

图152 互穿电子轨道示意图，摘自《化学与原子结构》

简单是一份礼物

简单的"计数规则"是有用的、强大的，并暗示了底层结构。1865年，当奥地利生物学家格雷戈尔·孟德尔（1822—1884）报道遗传规律时，他的研究结果中的"二重性"极其简单和强大，但最初并没有产生什么影响。"二重性"的来源是当时还不为人知的基因和DNA的双螺旋结构。

1926年，随着量子力学的发展，出现了四个量子数（n、l、m_l和m_s）。这些量子数的值指定了原子中每个电子的能量、轨道（"域"）和自旋方向。元素性质的周期性是量子数的外在表现。过渡金属元素的电子相应填充$3d$、$4d$和$5d$轨道；镧系元素的电子相应填充$4f$轨道；锕系元素的电子相应填充$5f$轨道。八隅体规则解释了为什么H_2和F_2有单键、N_2有三键，为什么氯化钠有Na^+和Cl^-离子而氧化镁有Mg^{2+}和O^{2-}离子，这与量子力学是一致的。

在以量子力学为核心的化学中还有许多其他的"计数规则"。尼霍尔姆和吉列斯比提出的价层电子对互斥理论（VSEPR）在预测分子几何结构（CO_2是直线形的，H_2O是V形的）方面表现得非常好。我们要做的就是计算电子对，这些电子对被直接围绕中心原子的符合路易斯结构的八隅体或扩展八隅体（如PF_5、SF_6）获得。苯的稳定性可以用德国化学家埃里希·休克尔提出的$4n+2$规则[1]来解释。伍德沃德–霍夫曼规则[2]遵循类似的$4n+2$和$4n$交替变化，并能够预测热化学和光化学作为进一步的替代选择。

上述内容并不能说明量子力学（或化学）很容易，但是化学中简单的"计数规则"的出现和其产生的效果确实让我感到惊奇和喜悦。

---

[1]　$4n+2$规则是有机化学领域的经验规则，指如果闭合环状平面的共轭多烯（轮烯）的π电子数为$4n+2$（其中n为0或者正整数），那么就具有相应的电子稳定性，由此形成的化合物具有芳香性。

[2]　伍德沃德–霍夫曼规则是美国化学家罗伯特·伍德沃德和罗阿尔德·霍夫曼将分子轨道理论引入化学反应领域，揭示反应发生规律的经验规则：在共轭多烯成环反应中，如果π电子数是4的整数倍，那么反应以一种方式进行；如果π电子数是4的整倍数加2，那么反应则以相反的方式进行。

从量子力学到化学

莱纳斯·鲍林对20世纪的化学的贡献可以比肩拉瓦锡对18世纪末19世纪初的化学的贡献。莱纳斯·鲍林在罗斯科·迪金森的指导下获得了博士学位。迪金森是加州理工学院培养的第一位化学博士，他手把手地指导莱纳斯·鲍林学习晶体学。在莱纳斯·鲍林作为一名学生来到充满活力的加州理工学院的三年前，亚瑟·阿莫斯·诺伊斯从麻省理工学院来到加州理工学院领导盖茨化学实验室。在莱纳斯·鲍林获得博士学位后，诺伊斯希望留住这位才华横溢的年轻人，并为莱纳斯·鲍林与加利福尼亚大学伯克利分校化学学院院长兼化学系主任吉尔伯特·路易斯日益加深的友谊而烦恼，诺伊斯的解决办法是马上把莱纳斯·鲍林送到欧洲。诺伊斯为24岁的莱纳斯·鲍林安排了与古根海姆基金会的主任（诺伊斯的朋友）共进晚餐。随后，莱纳斯·鲍林获得了在欧洲各大量子理论中心工作的奖学金。不过，距离莱纳斯·鲍林去欧洲访学还有一段等待时间，诺伊斯鼓励莱纳斯·鲍林早些出发。"如果莱纳斯·鲍林一家提前出发，"诺伊斯提议，"那么他们将有时间在马德拉、阿尔及尔和直布罗陀等地停留，然后在那不勒斯停靠，再花几周时间游览意大利。"意大利！诺伊斯热情洋溢地介绍罗马的辉煌历史，以及帕埃斯图姆的古希腊神庙遗址。"我会给你足够的费用去欧洲，"他说，"从3月底到古根海姆奖学金开始发放为止，我会一直资助你。"就这样，诺伊斯留下了他的"特权球员"。

1926年春，莱纳斯·鲍林在抵达慕尼黑后立即与阿诺德·索末菲取得联系。他后来在哥本哈根与尼尔斯·波尔会面。然而，作为波尔-索末菲原子论基础的"旧量子理论"在1925年末刚刚开始瓦解，莱纳斯·鲍林见证了物理学家路易·德布罗意（1892—1987）、埃尔温·薛定谔、沃尔夫冈·泡利（1900—1958）、保罗·狄拉克（1902—1984）、马克斯·玻恩（1882—1970）、沃尔特·海特勒（1904—1981）和菲列兹·伦敦（1900—1954）的工作方式。有一次，鲍林兴奋地向泡利介绍了自己关于波尔-索末菲模型的想法，但泡利简洁地说："没意思。"鲍林学习了新的量子力学和薛定谔方程的应用，并使化学家能够接触到它们。

莱纳斯·鲍林的《化学键的本质》（伊萨卡，第1版，1939年；第2版，1940年；第3版，1960年）是20世纪中叶的"化学圣经"。在《双螺旋》一书中，沃森写道："我翻阅次数最多的书就是莱纳斯·鲍林的《化学键的本质》。在很多时候，每当弗朗西斯·克里克需要查找一个关键的键长时，《化学键的本质》就会出现在实验室长椅上。我希望在莱纳斯·鲍林的杰作中找到真正的秘密……"莱纳斯·鲍林的书是根据1931年开始出版的系列文章"化学键的本质"写成的。图153显示了该系列第一篇文章的第一页。很多关于化学的基础内容体现在这些文章中。

虽然《化学键的本质》这个标题听起来很神奇，但化学键的本质确实是莱纳斯·鲍林最初涉足的领域。他提出了杂化的概念解释能量相近的原子轨道如何最好地重叠以形成双键。"科塞尔－路易斯－朗缪尔图"用八隅体规则解释了离子键和共价键。这里，有一个有趣的问题：从共价键到离子键（化学键的本质）的转变是平稳的、连续的，还是突然的？在《化学键的本质》中，莱纳斯·鲍林考察了部分第三周期元素氟化物熔点的突变情况：NaF（995℃）、MgF_2（1263℃）、AlF_3（1257℃）、SiF_4（−90℃）、PF_5（−94℃）、SF_6（−51℃）。看似显而易见的结论是前三个氟化物是离子型的（电子单纯地转移，而不是共用），后三个氟化物是共价型的（电子共用）。然而，莱纳斯·鲍林指出，结构才是关键，虽然AlF_3是聚合的，但SiF_4是作为单个分子存在的。他得出的结论是，$Al-F$键和$Si-F$键都是极性共价键，在本质上没有很大差别。莱纳斯·鲍林进一步探索了所谓的单电子键（被认为存在于B_2H_6中，这是1951年由赫德伯格和肖梅克报道的使用电子衍射发现的"非经典"结构；其三中心键由利普斯科姆解释）和一氧化氮（NO）等三电子键物质。他提出了电负性的概念来量化表示从纯共价键到纯离子键的性质转变。他的共振概念使氟化氢中的高极性共价键（H^+I^-和$H-F$共振参与者的贡献相当）向低极性共价键HI（H^+I^-的贡献较少）的转变变得合理。他也为苯的结构与其反应性之间的关系这个困扰化学家长达70

年的问题提供了解释。就像嵌入同一个木块中的两个音叉交换振动一样——一个音叉振动，然后将振动传递给另一个音叉，然后互换过来。因此，苯也可以表示为两个等价的"共振"结构。这只是一个类比，苯被认为是两个受限的经典路易

April, 1931   THE NATURE OF THE CHEMICAL BOND   1367

[CONTRIBUTION FROM GATES CHEMICAL LABORATORY, CALIFORNIA INSTITUTE TECHNOLOGY, No. 280]

THE NATURE OF THE CHEMICAL BOND.
APPLICATION OF RESULTS OBTAINED FROM THE QUANTUM MECHANICS AND FROM A THEORY OF PARAMAGNETIC SUSCEPTIBILITY TO THE STRUCTURE OF MOLECULES

BY LINUS PAULING

RECEIVED FEBRUARY 17, 1931   PUBLISHED APRIL 6, 1931

During the last four years the problem of the nature of the chemical bond has been attacked by theoretical physicists, especially Heitler and London, by the application of the quantum mechanics. This work has led to an approximate theoretical calculation of the energy of formation and of other properties of very simple molecules, such as H_2, and has also provided a formal justification of the rules set up in 1916 by G. N. Lewis for his electron-pair bond. In the following paper it will be shown that many more results of chemical significance can be obtained from the quantum mechanical equations, permitting the formulation of an extensive and powerful set of rules for the electron-pair bond supplementing those of Lewis. These rules provide information regarding the relative strengths of bonds formed by different atoms, the angles between bonds, free rotation or lack of free rotation about bond axes, the relation between the quantum numbers of bonding electrons and the number and spatial arrangement of the bonds, etc. A complete theory of the magnetic moments of molecules and complex ions is also developed, and it is shown that for many compounds involving elements of the transition groups this theory together with the rules for electron-pair bonds leads to a unique assignment of electron structures as well as a definite determination of the type of bonds involved.[1]

I. The Electron-Pair Bond

The Interaction of Simple Atoms.—The discussion of the wave equation for the hydrogen molecule by Heitler and London,[2] Sugiura,[3] and Wang[4] showed that two normal hydrogen atoms can interact in either of two ways, one of which gives rise to repulsion with no molecule formation, the other

[1] A preliminary announcement of some of these results was made three years ago [Linus Pauling, *Proc. Nat. Acad. Sci.*, 14, 359 (1928)]. Two of the results (90° bond angles for p eigenfunctions, and the existence, but not the stability, of tetrahedral eigenfunctions) have been independently discovered by Professor J. C. Slater and announced at meetings of the National Academy of Sciences (Washington, April, 1930) and the American Physical Society (Cleveland, December, 1930).
[2] W. Heitler and F. London, *Z. Physik*, 44, 455 (1927).
[3] Y. Sugiura, *ibid.*, 45, 484 (1927).
[4] S. C. Wang, *Phys. Rev.*, 31, 579 (1928).

图153 "化学键的本质"系列的第一篇文章，作者：莱纳斯·鲍林（《美国化学会志》，1931年，卷53，第1367页）。他后来整理了这些文章并出版了《化学键的本质》一书，其中的理念成为20世纪结构化学的核心

斯（"典型"）结构的共振"杂化体"。值得一提的是，由罗伯特·马利肯[①]提出和发展的分子轨道理论在计算机的帮助下，已经成为当今研究中强大的技术。

莱纳斯·鲍林开创性的科学生涯包括运用第一性原理和分子模型揭示 α – 角蛋白的结构。他也是第一个在分子水平上描述疾病基础的人。他发现镰刀型细胞贫血病的病因是血红蛋白中一种氨基酸被另一种氨基酸替代了。1954年，莱纳斯·鲍林被授予诺贝尔化学奖。

莱纳斯·鲍林还积极参与政治活动，在麦卡锡主义[②]盛行的20世纪50年代被定性为左翼人士，这给他在加州理工学院的工作造成了困难。由于护照被拒，他错过了1952年英国皇家学会的一次会议，那次会议交换了有关DNA的重要信息。他开展政治活动取得了成果，对达成《禁止在大气层、外层空间和水下进行核武器试验条约》至关重要。他于上述条约签署之日——1963年10月10日获得1962年诺贝尔和平奖。

汞可以转化为金

嬗变发生了！汞可以转化为金——但不是通过化学或炼金术的方法。每个核子（质子或中子）的结合能为数百万电子伏特（MeV）。从原子核中分离出来的中子的半衰期只有不到15分钟，然后就会衰变为质子、电子和反中微子。

化学反应只涉及电子得失的过程，因此化学反应发生时产生的能量至多只有几个电子伏特的量级——大约是原子核聚变的百万分之一。当三硝基甲苯（TNT）爆炸时，所有化学物质都炸裂散开了，但碳原子、氢原子、氮原子和氧

---

① 罗伯特·马利肯（1896—1986），美国化学家、物理学家，1966年诺贝尔化学奖得主。马利肯主要从事结构化学和同位素方面的研究 。他在1932年提出了分子轨道理论：将分子看成一个整体，分子轨道由原子轨道组成。1952年，他又用量子力学理论来阐明原子结合成分子时的电子轨道，发展了他的分子轨道理论。

② 麦卡锡主义是指1950年至1954年由美国参议员麦卡锡发起的在美国国内反共、极右的主张，它恶意诽谤、肆意迫害疑似共产党党员和民主进步人士，乃至一切有不同政见的人。从1950年初麦卡锡主义开始泛滥，到1954年底彻底破产的前后五年里，它的影响波及美国政治、外交和社会生活的方方面面。

原子的原子核都安然无恙。

放射性射线是从不稳定的原子核发射出来的，原子核也会因此自发地改变其结构。1896年，亨利·贝克勒尔把一块用纸包着的硫酸铀酰锌放在照相底版上，首次发现了放射性。两年后，玛丽·居里和皮埃尔·居里在沥青铀矿中发现了两种高放射性元素：钋和镭。α粒子即氦原子核，是这些物质自发转变时发射的粒子之一。事实上，由于数十亿年前地球形成后无法从太空中补充氦元素，因此我们现在所处的环境中几乎所有氦元素都来自放射性衰变。太阳持续通过氢原子核聚变形成氦原子核。卢瑟福在1919年用α粒子轰击氮原子（^{14}N）产生了氧原子（^{17}O）和一个质子，这是第一次人工嬗变。1932年，查德威克观测到中子，从而解释了同位素的存在，并在很大程度上统一了关于原子核的知识。

中子在人工嬗变中起着关键作用。认为中子是贤者之石（原子加速器是贤者之卵的熔炉），这种想法是牵强的吗？坦白说，是的。但是，在1941年，研究人员用快中子轰击汞，得到了微量黄金。炼金术这个古老的梦想实现了吗？会有现代版的戴克里先为了保护世界货币而烧毁所有笔记和期刊文章，并摧毁原子加速器吗？应该不会。通过这种技术制得1盎司黄金的成本很可能超过了地球上所有黄金的总价值，而且这样获得的黄金是有放射性的，最多只能存在几天。

现代"炼金术士"寻找的亚特兰蒂斯

图154的上图是格伦·西奥多·西博格在1944年制作的元素周期表。在地球表层，存在92种天然元素。从逻辑上讲，铀（92号元素）似乎应该是最后一种天然元素，而铀的确是我们在自然界可以大量发现的原子序数最高的元素。铀矿石中只有超微量的镎（93号元素）和钚（94号元素）。当亨利·莫斯利于1913年发现原子序数时，在43、61、72、75、85、87和91处都有空位。最后两种稳定（非放射性）元素铪（72号元素）和铼（75号元素）分别于1923年和1925年被发现。然而，原子序数仍有空缺。

43号元素锝（Tc）是第一个人造元素。1937年，美国加州大学伯克利分校物理学家欧内斯特·劳伦斯（1901—1958）使用回旋加速器加速氘核（含有一个质子和一个中子的氢同位素）"轰击"用42号元素钼制作的钼箔。欧内斯特·劳伦

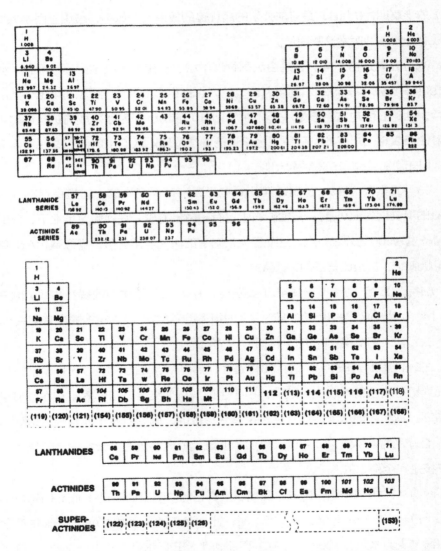

图154 上图是西博格于1944年制作的元素周期表，下图是他在1995年制作的元素周期表稍加修改的版本

斯将这样制得的有放射性的钼箔寄给此前来访学的意大利物理学家埃米利奥·塞格雷（1905—1989）。塞格雷感觉到这些钼箔的不同寻常，他想到了43号元素。但由于他是物理学家，化学分析并非他的专长，所以他求助于化学家佩列尔，他们合作发现了43号元素锝。^{97}Tc的半衰期是260万年。如今，Tc-99m（m=亚稳态）的半衰期为6小时，是目前公认的最优良的放射性显像剂，被用于医学领域，生成高分辨率的医学诊断图像。

87号元素是钫（Fr），是由法国物理学家、居里夫人的学生玛格丽特·佩雷（1909—1975）于1939年利用锕合成的。它最稳定的同位素^{223}Fr的半衰期为21.8分钟。铀矿石中也有超痕量（$2×10^{-18}$ppm）的钫，因为新生成的钫是铀矿中的放射性元素衰变形成的，只留下极微量的稳态浓度。人们虽然对它的性质研究不多，但知道钫与钾、铯的性质相似。

85号元素砹（At）是用加速的α粒子轰击铋而产生的。它最稳定的同位素^{210}At的半衰期为8.3小时。在铀矿石中也有超微量的砹。在实验室条件下，砹的最大制备量为500亿分之一克。这使得人们对它的研究非常有限。它像碘和AtI_2集中在甲状腺中，甚至比普通的I_3^-更稳定。

61号元素钷（Pm）于1945年被发现，并于1947年作为铀裂变的微量副产物（$<1×10^{-11}$ppm）被确切地报道。当时报道的同位素（^{147}Pm）的半衰期只有2.6年。随后，人们发现^{145}Pm的半衰期为17.7年。

在1号到92号元素中，只有90种是在自然界中存在的，因为43号元素锝和61号元素钷是由放射性衰变形成的。由于生成与衰变结合，自然界中存在超痕量的锝和钷。其实，地球上的氦几乎都是衰变形成的。因为氦原子非常轻，地球的引力不能有效地束缚住它，所以大气层中的氦气很容易逃逸到太空中，但氦原子的原子核是完全稳定的。

西博格在1944年制作的元素周期表上真正的"明星们"是超铀元素镎（Np）和钚（Pu）以及89号到92号元素（锕、钍、镤和铀）。1940年，美国物理学家埃德温·麦克米伦（1907—1991）和菲利普·艾贝尔森（1913—2004）使用加州大学伯克利分校校园内的小型回旋加速器合成了镎。1940年底，麦克米伦、西博格等人用氘轰击铀制得了^{238}Pu，他们在1941年初用中子轰击铀又获得了^{239}Pu。1944年，西博格提出了关于重元素电子结构的"锕系理论"，认为比锕重的14种元素作为锕系元素，在元素周期表中排列在镧系元素之下。在《化学元素周期王国》中，阿特金斯将镧系元素描述为化学元素周期王国南海岸外一个岛屿的北岸。因此，西博格发现了这个岛屿的南岸。

这里描述的嬗变是核物理过程而不是化学过程（或炼金术）。但是，如果我们沿用早期的比喻，那么我们可以把中子比作贤者之石，而^{239}Pu就可以被比作黄金了。^{239}Pu既是一种祝福，也是一种诅咒。它被用于制造投放在长崎的原子弹"胖子"，造成人口为23万的长崎有10余万人伤亡或失踪，60%的建筑物被毁。美国和苏联在冷战期间进行核军备竞赛，积累了大量核燃料：一方面，这与迈达斯国王的诅咒类似；另一方面，这也可以用于生产清洁能源。

图154的下图是西博格在1995年制作的元素周期表稍加修改的版本。"岛屿的南岸"终结于103号元素铹（Lr）。西博格借鉴了门捷列夫的思路预测101号元素"类铥"的性质，就像门捷列夫预测硅下面的类硅（锗）一样。它恰如其分地被命名为钔（Md）。关于原子序数超过100的元素命名存在的争议最终在1997年得到解决：101号元素被命名为钔（Md）；102号元素被命名为锘（No）；103号元素被命名为铹（Lw）；104号元素被命名为𬬻（Rf）；105号元素被命名为𬭊（Db）；106号元素被命名为𬭳（Sg）；107号元素被命名为𬭛（Bh）；108号元素被命名为𬭶（Hs）；109号元素被命名为鿏（Mt）。为了纪念西博格的重大贡献，106号元素以他的名字命名。107号到109号元素的半衰期都是毫秒级的。106号元素最稳定的同位素的半衰期为21秒，是可以进行化学研究的元素，可能存在硫酸𬭳盐或𬭳酸钙盐。𬭶于1984年被发现，在此后10年间，110号元素、111号元素和112号元素依次被发现。110号到112号元素的半衰期是微秒级或毫秒级的。这些发现符合共同获得1963年诺贝尔物理学奖的玛丽亚·格佩特-迈耶（1906—1972）和汉斯·丹尼尔·延森（1907—1973）在1949年各自独立提出的原子核壳层模型的理论。

格佩特-迈耶和延森的理论预言了超重元素中存在"稳定岛"，阿特金斯称其为亚特兰蒂斯。位于俄罗斯莫斯科的杜布纳联合核子研究所于1999年初进行了一项大胆实验，他们发表了一份谨慎的声明，通过^{48}Ca离子轰击^{244}Pu合成了半衰期约为2.6秒、相对原子质量为289的114号元素铁（Fl），使科学界为之振奋。美国核物理学家阿尔伯特·吉奥索（1915—2010）说："这是我们一生中最激动人心的事件。"

杜布纳联合核子研究所和美国劳伦斯利弗莫尔国家实验室合作，于2000年合成了元素周期表上的116号元素铊（Lv），但该元素在存在了0.05秒后便衰变成了其他元素。

高贵且不简单的金

这里有一个有趣的观点：古人认为黄金是"高贵的"，正如现在人们认为稀有气体（氦、氖等）是"高贵的"，"高贵的"指化学性质不活泼的。黄金不会像"表弟"银那样失去光泽。银在空气中变色是由于它与空气中的硫化氢反应，在表面形成了一层黑色的硫化银（Ag_2S）。金可以反复加热而没有变化，它不溶于盐酸或硝酸。虽然金会"溶解"于王水中，但是蒸发或剧烈加热溶液，可使黄金恢复原来的状态，不像贱金属那样会形成金属盐。即使在今天，与黄金有关的化学反应也很少。

我们知道黄金有一定的反应性（氙也有反应性）。例如黄金在王水中的"溶解"实际上是一种在HNO_3和HCl协同作用下发生的化学反应。单质金能被氧化为Au^{3+}的原因是$AuCl_4^-$离子的稳定性：

$$Au+HNO_3+4HCl= H[AuCl_4]+NO+2H_2O$$

最终产物是氯金酸。同样，在稀的氰化物溶液中，单质金在室温下被氧化，形成稳定的$Au（CN）_2^-$离子。这种反应用于从矿石中提取金。

对黄金的稳定性的解释并不是通俗易懂的。用现代术语来说，我们注意到铸币用的金属铜、银和金原子中最外层的电子是$4s^1$、$5s^1$和$6s^1$。因此，它们看起来是显然算不上贵重的碱金属（如最外层的电子同样是$4s^1$、$5s^1$和$6s^1$的钾、铷和铯）的"亲戚"。碱金属有一个完整的亚壳层结构，存在于它们最外层的电子"之下"，即原子序数排在前面的稀有气体的八隅体结构。这些八隅体结构屏蔽了最外层的电子（ns^1），使其受原子核的吸引力减弱，让它们易于被电离（失去），这就使碱金属很容易发生反应。铯的最外层电子离原子核最远，因此反应活性最强。相比之下，铜、银和金的ns^1电子"之下"有一个完整的18个电子的壳层，这意味着极高的稳定性。然而，d电子对ns^1电子的屏蔽效果不是特别好，因此ns^1电子被原子核强烈吸引，很难被电离。与碱金属进一步形成对比的是铜、银和金的反应性的顺序。铜的反应性最强，银的反应性次之，金的反应性最弱。显然，解释金的$6s^1$电子的行为需要用到物理学，因此在这种情况下，化学被"物理学的凯旋战车"拯救了。

完美的生物学原理

我们希望提出脱氧核糖核酸（DNA）的结构。这种结构具有新颖的特点，而且有重要的生物学意义。

詹姆斯·杜威·沃森和弗朗西斯·克里克在《自然》杂志上报道了他们提出的DNA双螺旋结构，上面是这篇开创性文章的第一段。这篇文章结尾部分的第三段这样写道：

我们注意到，我们假设的特定配对，立即暗示了遗传物质可能的复制机制。

从沃森的角度来看，他的经典著作《双螺旋》是一部精彩的、独特的，关于

DNA结构发现的竞赛史。它向非专业读者表明，科学家也是人，无论是好人还是坏人。

沃森叙述的论点是理解DNA的功能可能暗示其结构。他希望DNA的结构会是"美丽"的，并使其功能不言而喻。沃森在《双螺旋》中回忆了弗朗西斯·克里克在喝了几杯啤酒之后，对"完美的生物学原理"的假设——基因的完美自我复制机制。正是沃森和克里克这种对总体功能的兴趣和"玩"分子模型的意愿，使他们在研究中占据优势。一个持续的历史争论是他们在未经英国物理化学家罗莎琳德·富兰克林（1920—1958）许可或让其知情的情况下使用了她对DNA进行X射线晶体衍射的实验数据。尽管沃森和克里克发表在《自然》杂志上的那篇文章承认了她的数据，而且在这期杂志中，由莫里斯·威尔金斯等人撰写的文章紧随其后，罗莎琳德·富兰克林和雷蒙·葛斯林的文章排在最后，但关于罗莎琳德·富兰克林在构建DNA模型中的作用，至今仍有一些令人疑惑的地方。很明显，罗莎琳德·富兰克林正确地得出了磷酸盐位于螺旋外侧的结论。此外，她知道数据表明DNA分子是螺旋形的。尽管使用了非常严谨的基于直接实验得出的数据分析结构，但她使用的分子模型并不是当时最新的。

莱纳斯·鲍林利用他在《化学键的本质》中介绍的化学键的原理构建模型，从而揭示了α-角蛋白的结构，并为解释耗时费力才能取得又极其复杂的X射线数据提供了一条捷径。沃森和克里克在与莱纳斯·鲍林的竞争中取得胜利。沃森在《双螺旋》中记录了一个美妙的时刻：当时，剑桥大学卡文迪许实验室的博士生彼得·鲍林是莱纳斯·鲍林的儿子，彼得·鲍林告诉沃森和克里克，莱纳斯·鲍林也在研究DNA的结构，并认为DNA是三重螺旋结构的。彼得·鲍林与沃森和克里克分享了莱纳斯·鲍林的论文的初稿，沃森和克里克惊讶地发现，莱纳斯·鲍林的论文中有一个漏洞，沃森和克里克为此暗自庆幸。但他们也知道，莱纳斯·鲍林应该很快就会发现自己的问题，这刺激了沃森和克里克加倍努力解决问题。沃森和克里克最终提出了DNA结构，并因此与威尔金斯共享了1962年诺贝尔生理学或医学奖！（这一年是1953年，莱纳斯·鲍林将在1954年获得诺贝尔化学奖。）

罗莎琳德·富兰克林发现了DNA的两种形态：在干燥的时候，DNA变得较短较粗，被称为A型DNA，其结构如图155所示；在潮湿状态下，DNA变得较长较细，被称为B型DNA，其结构如图156所示。罗莎琳德·富兰克林和雷蒙·葛斯林拍摄的B型DNA的X射线晶体衍射照片清晰地反映了DNA的双螺旋结构。后来，罗莎琳德·富兰克林离开伦敦大学国王学院，前往伦敦大学伯克贝克学院，在英国物理学家约翰·贝尔纳（1901—1971）领导下工作，负责自己的研究小组。她是一位高效的小组领导，成为世界著名的研究病毒的晶体学专家。她的研究成果

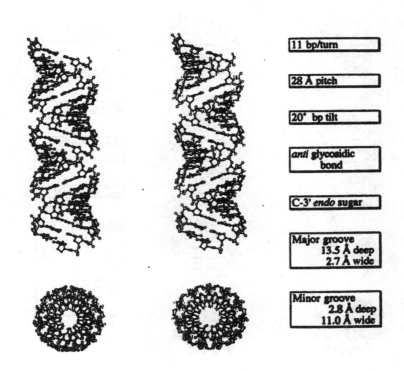

Right-handed A-DNA

11 bp/turn
28 Å pitch
20° bp tilt
anti glycosidic bond
C-3' *endo* sugar
Major groove 13.5 Å deep 2.7 Å wide
Minor groove 2.8 Å deep 11.0 Å wide

图155 A型DNA的结构（由凯瑟琳·J. 墨菲教授提供，基于阿诺特和钱德拉塞卡兰的模型）

证明了病毒是空心的。1956年，罗莎琳德·富兰克林被诊断出患有卵巢癌。在生命的最后几个月里，她对极其危险的脊髓灰质炎病毒进行研究。罗莎琳德·富兰克林于1958年去世，时年37岁。

1987年上映的电影《生命的故事》讲述了发现DNA结构的故事。在电影《侏罗纪公园》中饰演伊恩·马尔科姆的杰夫·高布伦，在《生命的故事》中饰演詹姆斯·杜威·沃森，他演得很好。

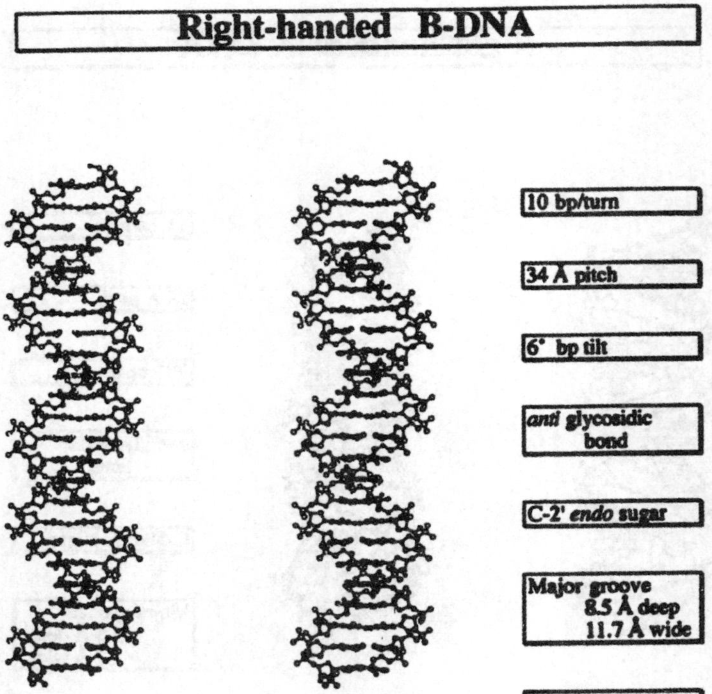

图156 B型DNA的结构，罗莎琳德·富兰克林得到了一个清晰的X射线晶体衍射图，显示了双螺旋结构（由凯瑟琳·J.墨菲教授提供，基于阿诺特和钱德拉塞卡兰的模型）

纳米 "天堂"

在科幻电影《神奇旅程》中，女演员拉蔻儿·薇芝饰演女医生科拉，她是医疗小组的一员，他们的任务是对一名脑血管遭到破坏的科学家进行脑血管手术。医疗小组乘坐一个类似潜艇的血管手术工具，然后这个工具被缩小到微观尺寸，并被注入患者的血液中。当科拉在血管外被抗体攻击时，小组队员们争先恐后地从她的紧身衣上取下抗体，经过一些紧张的时刻，手术终于成功了。

微观物体是指可以在普通光学显微镜中检测到的物体，它们的尺寸是微米（1微米=10^{-6}米）级的。单个原子的尺寸以埃（1埃=10^{-10}米）计量。足够大的原子团形成分子或分子聚集体（如病毒），其尺寸可达几十埃或纳米（1纳米=10^{-9}米）级。如果我们能用纳米级的零件制造电脑、机器，甚至机器人，那会怎么样呢？显然，大自然已经掌握了纳米技术，为什么我们不能呢？

图157描绘了两种分子，它们分别是通过仅仅混合等量的线性双功能分子（以氮原子作为正方形的"边"的末端）和呈90°弯曲的角状双功能分子［正方形的"角"以金属（M）原子为中心］合成的。图158中的B反应方程式描述了这种合成反应。图158和图159显示了线性双功能分子（L）和角状双功能分子（A）形成规则多边形的其他可能的反应方程式（图158的A到F、图159的H和I）。如果两种分子中有一种是三功能分子并且与双功能分子结合，它们可以形成规则的多面体（图159的J到M）。

使用这种方法（见图160），平面三功能分子（1）仅仅与角状双功能分子（3）以2:3的摩尔比在二氯甲烷溶液中混合，在10分钟内，就能几乎完美地发生反应，生成了立方八面体（5）。这个大分子的尺寸约为5纳米（50埃）。此外，运用这种非凡的方法，将非平面三功能分子和线性双功能分子按2:3的摩尔比混合，可以成功制备由4 980个原子组成的纳米十二面体（见图161），其分子式为$C_{2\,000}H_{2\,300}N_{60}P_{120}S_{60}O_{200}F_{180}Pt_{60}$。

经过了2 500年，我们走完了一个完整的循环。古代毕达哥拉斯学派的学者设想了物质的数学基础：四种地球元素和第五种元素（“以太”），由五个柏拉图多面体来表示（见开普勒的《宇宙和谐论》，图3）。由强共价键结合在一起的柏拉图多面体已为人所知有一段时间了。在白磷（P_4）中，四个磷原子分别占据正四面体的四个角。古人如何知道正四面体既可以描述火也可以描述易燃的白磷

22. M=Pd
23. M=Pt

24. M=Pd (84%)
25. M=Pt (74%)

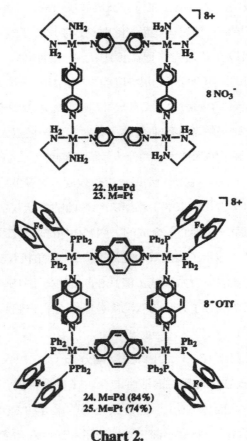

Chart 2.

图157 由线性双功能分子和角状（90°）双功能分子通过配位键连接组成正方形配位化合物，配位键的强度约为共价键的20%。四个分子通过不断重复成键、断键、再成键的过程，结合形成上述结构，直到所有分子都“正确地结合”（P. J. 斯唐和B. 奥利纽克，《化学研究述评》，1997年，卷30，第502页；由美国化学会提供）

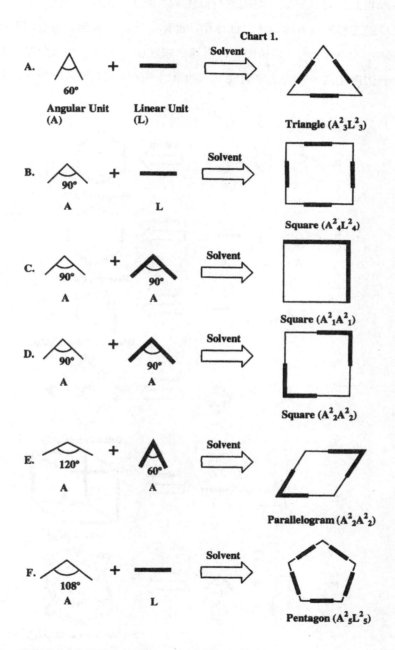

图158 连接形成多边形的分子（同图157，由美国化学会提供）

呢？从20世纪60年代开始，聪明的有机化学家费尽心思地"欺骗"大自然，组装了碳共价键连接的立方体、十二面体和四面体。然而，大自然有自己的妙招，在20世纪80年代末，C_{60}（足球烯、巴基球）被发现，这是一种截角二十面体（由十二个五边形和二十个六边形组成）。截角二十面体和立方八面体都是阿基米德

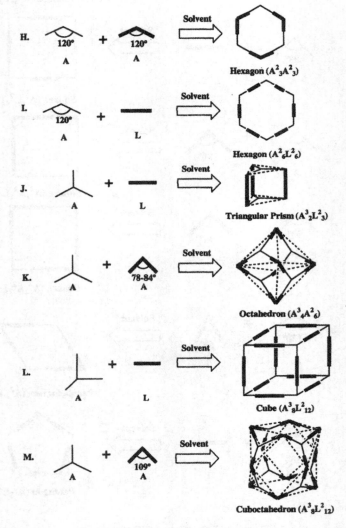

图159 形成多边形和多面体的分子（同图157，由美国化学会提供）

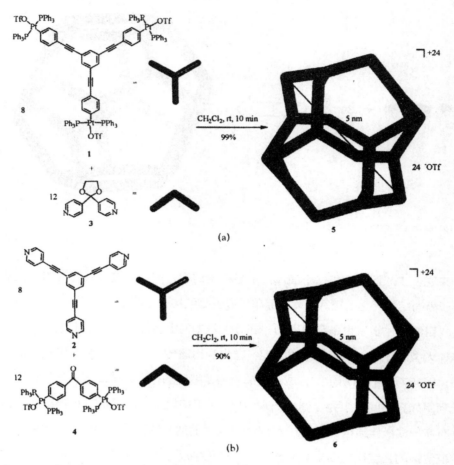

图160 采用图159中M所示的方案，在10分钟内形成的纳米级立方八面体（5纳米宽），产率为99%
（B. 奥利纽克、J. A. 怀特福德、A. 费希滕科特和P. J. 斯唐，《自然》，1999年，卷398，第794页；
由《自然》杂志提供；感谢P. J. 斯唐）

多面体[①]。五个柏拉图多面体都只有一种正多边形的表面，如正二十面体的表面都
是三角形。相比之下，截角二十面体既有五边形面也有六边形面。虽然对于碳原

---

① 阿基米德多面体又被称为半正多面体，是由边数不完全相同的正多边形为面的多面体，共有十三种。如将正方
体沿交于一个顶点的三条棱的中点截去一个三棱锥，如此共可截去八个三棱锥，得到一个有十四个面的半正多面
体，它们的边都相等，其中八个为正三角形、六个为正方形，这样的半正多面体被称为二十四等边体。

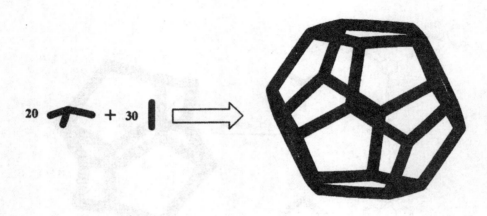

图161 纳米十二面体，这是通过自组装形成的最大的非生物分子

子来说，正八面体和正二十面体都不是稳定结构，但含过渡金属元素如铼和钴的分子就有结构稳定的正八面体，而单质硼就是结构稳定的正二十面体的代表。

　　自然（化学家也是自然界的一部分）是如何组装像病毒和纳米级的十二面体这样大型有序的纳米级的物质的呢？它先利用遗传密码预制复杂的单元，如蛋白质。图157至图161所示的合成结构单元需要精确的化学合成反应。然后，这些单元利用如分子间作用力、偶极－偶极相互作用和氢键等次级键进行自组装，自发并有序形成最佳结构。在图157至图161描述的纳米结构中，配体与金属离子形成的配位键的强度往往弱于共价键。如果在化学反应中会形成强共价键，那么化学反应的最终产物很可能取决于初始反应条件（如温度、压力），因为有时会主要形成反应速度最快的产物，有时会主要形成性质最稳定的产物，有时会形成两者的混合物（如果它们确实不同的话）。这正是在原子论诞生前夕困扰贝托莱的问题（见图99相关内容）。相比之下，由次级键连接在一起的结构将重复成键、断键、再成键的过程，直到形成最佳结构，整个过程很可能在几分钟内完成。简言之，大自然有它的办法。

逐个移动原子

化学教科书告诉我们，约翰·道尔顿在1803年阐述了原子论，并暗示原子从此以后就被人们接受了，但事实并非如此。19世纪中后期出版的一些书，如英国化学家本杰明·布罗迪所著的《化学操作演算》（伦敦，1866年）就是由当时著名的科学家而不是怪人或"疯子"写的反对原子论的书。直到20世纪初，奥地利物理学家恩斯特·马赫（1838—1916）和德国化学家威廉·奥斯特瓦尔德还在抵制原子论。雅各布·布洛诺夫斯基在《人类的攀升》中暗示，路德维希·玻耳兹曼于1906年自杀的部分原因在于他未能使科学界完全相信原子是真实存在的。玻耳兹曼成功地把热解释为原子和分子的运动。

然而，几乎在同一时间，阿尔伯特·爱因斯坦发展了一种微观粒子在液体中运动的数学理论，该理论将微观粒子模拟为气体分子。1908年，法国物理学家让·佩兰解释了微观粒子在液体和烟草烟雾中的布朗运动，并利用他的数据极为准确地估算了阿伏伽德罗常量。佩兰的《原子论》（巴黎，1913年；伦敦，1916年）一书阐述了原子的绝对真实性，并提出了许多确定阿伏伽德罗常量的方法。这些研究使他获得了1926年诺贝尔物理学奖。

在玻耳兹曼去世大约80年后，人们可以对原子进行成像，把它们夹起来、移动，然后一次一个地按照人们的想法把原子放置到相应的位置。格尔德·宾尼格和海因里希·罗雷尔因发明扫描隧道显微镜（STM），与恩斯特·鲁斯卡共享了1986年诺贝尔物理学奖。扫描隧道显微镜将原子尺寸的探针尖端"滑"到离样品的原子或分子表面接近原子级的距离的地方。在如此近的距离内，探针尖端与样品之间产生隧道效应[①]，有电子逸出形成隧道电流。扫描隧道显微镜能感应到保持恒定电流需要的微小压力变化，从而形成原子图像。在某些条件下，人们可以在扫描隧道显微镜的探针尖端下制造一个"能量陷阱"，使单个原子被捕获并在样

---

① 隧道效应，又称量子隧穿效应，是量子力学中的一个重要概念，指粒子在面临能量高于其自身能量的障碍时，仍然能够以一定的概率穿越障碍的现象。比如电子在两种物质间遇到绝缘层面时，它应该无法穿过，然而在一定的条件下，电子却能在"瞬间"穿过绝缘层面，就好像这面"绝缘墙"在瞬间为电子打开了一条"隧道"。

品表面移动。图162是计算机生成的扫描隧道显微镜探针尖端移动氙原子的示意图。扫描隧道显微镜已成为研究纳米技术的重要工具。

图163中的图像是外星景观，还是有凹槽的馅饼，或是变色龙的眼睛，抑或是抽象艺术家的作品？令人难以置信的是，这是一个"量子围栏"的扫描隧道显微镜图像，它是由48个铁原子被一个接一个地移动进一个圆圈而形成的。中心的波纹反映了被原子圈限制的表面电子产生的驻波，这"为电子的波粒二象性提供了一个惊艳的证据"。

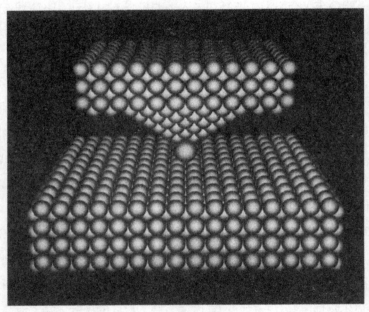

图162 扫描隧道显微镜探针尖端移动氙原子的示意图（费东·阿沃里斯，《化学研究述评》，1995年，卷28，第95页；由美国化学会提供；感谢IBM研究部的费东·阿沃里斯博士）

电子的波粒二象性是什么意思呢？在20世纪20年代，路易·德布罗意将电子描述为粒子和波，因为它们具有精确的质量，进入盖革计数器后会发出咔嗒声，它们也会被干扰，显示出类似无线电和光波的性质。说"电子的波粒二象性"是一回事，但真正描绘它们是另一回事。电子不在我们直接感觉和经验范围之内。

正如布洛诺夫斯基在《人类的攀升》中指出的那样，20世纪的物理学引入了抽象概念和不确定性，以及他所描述的在给自然建模的过程中增加"容忍度"的必要性。埃德温·艾勃特在《平面国》说明了我们的局限性。

　　一个居住在三维世界的"空间国"的球体访问了二维世界的"平面国"，在那里遇到了一个平面国的居民正方形。正方形对球体的感知是有限的，但只有当他和球体一起访问一维世界的"直线国"时，正方形才开始真正认识到自己在感知方面的局限性。具有讽刺意味的是，正方形在不经意间指出了看似无所不知的球体在感知方面的局限性，故事原文如下所示：

　　正方形：但我的主人把我带到了三维世界，使我得见我在二维世界的所有同胞的五脏六腑。因此，现在还有什么比带着他的仆人再次旅行，前往四维世界的

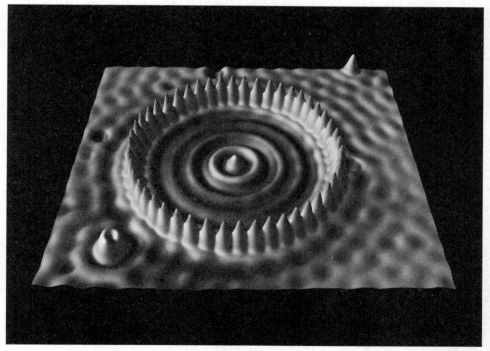

图163　"量子围栏"的扫描隧道显微镜图像，显示了电子的波粒二象性（费东·阿沃里斯，《化学研究述评》，1995年，卷28，第95页；由美国化学会提供；感谢IBM研究部的费东·阿沃里斯博士）

福地更容易的呢？

　　球体：但是你说的四维世界在哪里？

　　正方形：我不知道，但我的老师您肯定知道。

　　球体：我不知道。没有这样的世界。这个想法本身就是不可思议的。

　　顺便说一句，球体和正方形最终参观了零维世界的"点国"，他们听到那里唯一的居民唱着赞歌："它填满了所有的空间，它填满了什么，它就是什么。它想什么，它就说什么；它说什么，它就听到什么；它本身就是思想者、说话者、倾听者，它就是思想、语言、听觉；它既是一，又是全部。啊，幸福，啊，存在的幸福。"你见过这样的人吗？这种自我满足和孤立的想法对包括科学在内的所有人类的努力都是有害的。

　　我们对物质的想象力在不断进化。1999年底，一群科学家将X射线和中子衍射技术与量子力学计算结合起来，从物理上"看到"电子轨道的形状。这项技术涉及比较实验观察到的电子密度分布情况和理论计算的电子密度分布情况，并绘制描绘密度差的图片。"当它第一次出现在屏幕上时，我们都惊呆了。"其中一位科学家惊叹道。当我们继续探索化学键最深处的秘密时，玻尔的原子行星模型首次给出了部分解释，这让我想起了英国作曲家古斯塔夫·霍尔斯特（1874—1934）的交响曲《行星》结尾的乐章。神秘的最外层行星在音乐中被唤起，音乐逐渐消失在虚空中，留下一种无限的奇妙感——这是对人类好奇心的隐喻，正是这种好奇心促使人们进行科学探索。

结语

以意象结尾

本书的结尾和开头一样——用隐喻暗示了物质、自然和人类精神的统一，并以一首短诗《白杨》和两首长诗的节选作为结尾，这三首诗是由获得1995年诺贝尔文学奖的爱尔兰诗人谢默斯·希尼创作的。

白杨

风撼动大白杨，像水银

一下子让整棵树颤抖发光。

什么明亮的秤盘落下，指针颤动？

什么负载的天平令人绝望？

水银般的光芒和关于天平的启示为我们描绘了一幅画面，"记录了美丽的瞬间并质疑什么自然平衡被打破才产生了它"。

砾石路（节选）

珍藏并赞美这砾石的真理。

不惑者的宝石。大地的鱼白。

它与铁锹撞击时那朴素的磨牙之歌

为"诚实价值"这类词语试音并喷砂。

砾石的声音和感觉被比作人类最高尚的价值观。

献给一位在爱尔兰的荷兰陶工（节选）

而假若釉料，如你所说，使太阳陨落，

那么你的陶轮正托起大地。

荣光属于地下。燃烧的井。

荣光在于洁净的泥沙和高岭土

以及，"黑麦在废墟旁起伏"，

在于灰坑、氧化物、碎片和叶绿素。